防衛大学校
初代校長 槇 智雄 Maki Tomoo

新版 防衛の務め

自衛隊の精神的拠点

中央公論新社

新版への序

防衛大学校は、戦前の失敗に対する深い反省のうえに立ち、新たな民主主義社会における士官教育の在り方をめぐる激しい議論と試行錯誤のなかで磨き上げた戦後叡智の結晶である。それが防大校長八年を経たいまの私の心境である。防大では一九五二（昭和二十七）年の創立以来（創立時の名称は保安大学校）、今日にいたるまで、草創期の精神をベースに、より精緻で時代に即した教育体系に創り上げるべく日々努力が積み重ねられている。

私は三十年以上にわたって慶應義塾大学の教員として奉職したが、振り返れば、反省することも多い。前職では自分自身の研究に追われ、学生教育について現在のような情熱を十分に注いでいなかったからである。今日の大学では入試と就職ばかりに関心が向き、教育の中身についての議論は手薄になりがちである。学生たちにどのような教育を施し、彼らを将来のこの国と社会の中枢を担う人材としていかに育て上げるのか、残念ながら、私自身もこうした議論を深いところで教員同士で交わした記憶がほとんどない。

防衛大学校は一般の大学とは異なる。防大の卒業生は、十年、二十年、三十年後のこの国と国民の平和と安全を護《まも》る最後の砦《とりで》である自衛隊の中心幹部となるよう運命づけられているからである。教育の議論についていえば、目標と目的の違いが重要である。いかなる分野を勉強したいのか、将来どのような職業に就きたいか、これらは目標であるが、何のために勉強するのか、何のためにその仕事に就きたいのか、これらは目的である。一般の大学では学生の目標に力点が置かれがちであり、目的に対する配慮は弱い。だが、防大ではすでに幹部自衛官という目標は明らかであるため、圧倒的に目的に比重が置かれる。国民、国家、世界のために働く使命感（ミッション）を学生の心身に浸透させること、それが防大教育の目的である。

数多くの世論調査は、自衛隊が日本で最も信頼される組織・公共機関であるとの結果を示している。たとえば、最近の読売新聞の調査によると（二〇一九年十二月十八日「日米共同世論調査」）、首相、国会、警察・検察、裁判所、自衛隊、寺・神社・教会、中央省庁、地方自治体、学校、病院、新聞、テレビ、大企業、労働組合、巨大ＩＴ企業という数多くの選択肢のなかで、最も高い信頼感を示したのは七八％を得た自衛隊であった（複数回答）。

なぜこのような結果が生まれるのであろうか。戦後、自衛隊は目立たぬ舞台で毎日二十四時間三百六十五日、この国と国民を護り続けてきた。その地道な活動と努力が今日の高い信頼感につながっている。自衛隊幹部の多くを防衛大学校が輩出したことを想起すれば、自衛隊の今日的評価の一部は防大卒業生たちが作り上げてきたといっても過言ではない。

防大教育の基礎はその草創期に形作られた。吉田茂、小泉信三、槇智雄、この三人が防大設立の三恩人といわれる。吉田茂はいうまでもなく当時の総理大臣であり、防大創設に大いなる期待と関心を寄せており、総理在任中を含め生前に七回防大を訪れている。彼は駐英大使時代の駐在武官であった辰巳栄一元中将などのアドバイスを受けつつ、民主主義下の士官学校の在り方を模索した。防大は世界にも珍しい陸・海・空統合の士官学校であるが、その由来は戦前の陸・海軍の乖離《かいり》状況が教訓としてあるといわれ、また当初防大には文系がなく理工系分野しか置かれなかったのは、戦前の軍部が過度に精神主義を強調し、科学的思考が足りなかったとの反省からであった。さらに世界の士官学校の校長は現在でもその多くが軍人であるが、文民統制を重視してか吉田は民間人からの登用にこだわった。

吉田はまず旧知の前慶應義塾長の小泉信三に校長就任を打診したといわれる。しかし小泉は東宮（現上皇）御教育参与の要職にあり、自身は辞退し、代わりに慶應義塾大学法学部教授であった槇智雄を吉田に紹介した。槇は小泉塾長時代の常任理事（学務担当）であり、当時二人しか常任理事がいなかったことを考えれば（現在は十人）、小泉自身も述べているようにまさに副塾長に当たる存在であった。小泉は防大を毎年のように訪れ、そのたびに学生たちの前で新たな時代の士官学校の意義を語った。その講演録は、『任重く道遠し――防衛大学校における講話』（甲陽書房）として出版されている。

戦後日本を語るときに吉田と小泉はしばしば脚光を浴びるが、初代校長となる槇智雄とはどのような人物であったのか。槇は慶應義塾大学卒業後イギリスに五年滞在し、一九二〇年にオックスフォード大学を卒業している。専攻は政治哲学であり、指導教授は民主主義論の大家アーネスト・バーカーであった。帰国後の一九二四年に慶應義塾大学法学部教授となり、翌年には体育会理事に就任、イギリスで見聞した体育施設を次々と見事に建設していったという。その手腕と行政能力の高さを見た小泉は、一九三三年に塾長に就任するや槇を常任理事に抜擢《ばってき》した。このとき小泉は四十五歳、槇は四十一歳であった。

当時、慶應義塾は横浜日吉に大学予科の校舎の建設計画に着手しつつあり、槇は常任理事としてその担当となった。槇の理想のモデルはイギリスのパブリック・スクールであった。学生たちは寄宿舎に住み、衣食住をともにすることでお互いに切磋琢磨《せっさたくま》しあう。学生寮があってはじめて「カレッジ（college）」となり、そこで仲間（colleagues）ができる。彼は予科教育のなかに、いわば教養課程としてのリベラル・アーツ・カレッジを夢見たのであった。やがてその基本が完成し、軌道に乗りはじめたが、戦争の足音とともに時代はすでに安寧を許さない状況に陥っていた。太平洋戦争の開始、そして戦局の悪化、学徒出陣と続いたが、槇は小泉のもとで戦時下の学校の運営に奔走した。戦争の最終局面に至ると、海軍は東京と横須賀の中間に位置する慶應日吉校舎に総司令部を移動させた。そのため、槇の夢見たリベラル・アーツ・カレッジは米軍による空襲の格好のターゲットとなり、焦土と化した。

槇の無念ははかり知れない。しかし、戦後から七年後の一九五二年七月、夢に向かって再挑戦する瞬間が訪れた。小泉が吉田との面会の機会を設定したのであった。この三人がイギリスの話題で盛り上がり、吉田が初対面にして槇の人望と能力に好感を抱いたことは想像に難くない。こうして防衛大学校の創設という槇の新たな人生の挑戦が始まったのである。「塾（慶應義塾）」ではやれなかったことを、もう一度、防衛大学校でやった」。槇は後年このように語っている。

防大には現在でも「槇イズム」が建学の原点として息づいている。偏することなき均衡のとれた人間、民主制度に対する的確な理解、広い視野と豊かな人間性、自主自律の精神、ノーブレス・オブリージュ（高貴な身分には義務が伴う）、士官にして紳士、規律は理性ある服従の習性、等々がそれである。槇はパスカルの次の言葉を好んで引用した。「正義は力なくしては空虚のものであり、力も正義なくしては暴力に過ぎない」。槇の発する言葉には、自衛隊を戦前の悲劇の再現とみなす誤解が蔓延《まんえん》する風潮のなかで、時代の難しさを超える迫真力がある。

不思議なことに、私は防大に移ってからのほうが福澤諭吉を紐解《ひもと》くことが多い。「一身独立して一国独立す」、「独立の気力なき者は、国を思うこと深切ならず」、こうした福澤の言葉を防大に来てからのほうがより身に沁みて感じるからである。

本書は、田中宏巳氏（現、防大名誉教授）の詳しい解説にあるように、もともと一九六五年に出版された『防衛の務め』（甲陽書房）を、五百籏頭眞《いおきべまこと》前校長の時代に当時の岡崎匠副校長などが中心となって旧来の版を大幅に再編集し、中央公論新社から二〇〇九年に出版したものである。現在ではそれも絶版となり、防大生の必読書であるにもかかわらず手に入れることが難しくなった。そこで友人で元中央公論新社社長の小林敬和氏に相談したところ、学芸編集部長の吉田大作氏をご紹介くださり、しかも幸運なことに前回本書を担当された学芸編集部の宇和川準一氏が今回も担当してくださることとなり、このたび「新版」としての再版（第五版）につながった。防大関係者の熱き思いを理解してくださった三氏に心よりお礼を申し上げたい。また、今回の出版にあたっても防衛大学校同窓会（岩崎茂会長）に多大なるご支援をいただいた。ここに記して感謝の意を表したい。

二〇二〇（令和二）年初春

防衛大学校長　國分良成

序

防衛大学校「創立の父」あるいは「三恩人」と呼ばれる方々がいる。吉田茂首相、小泉信三氏、そして槇智雄初代校長である。

吉田首相は信念の強い保守主義者であり、戦前は帝国主義外交官として日本の栄光を求め続けた。一九三〇年代が進むとともに、首相は日本帝国の破滅を必ずもたらすと信ずる英米両国との戦争の回避に懸命の努力を重ねた。奮闘も空しく戦争に突入すると、今度は早期和平に向けて苦闘の日々を送った。保守主義者の信念は、一般理論や抽象観念から来るのではなく、歴史的経験と事物への洞察から来る。

苦闘を通して得た認識を、首相は防大生や防大関係者に折にふれ語った。第二次大戦期の日本軍は、「進むを知って退くを知らず……兵を用いて兵をとどむるの用意なくんば、善謀善戦も何の益するところなし」、あるいは「下剋上《げこくじょう》、上司をないがしろにして、国運を破綻《はたん》の一途に追いやった」と、旧軍の弊《へい》を厳しく指摘した。

国を誤らせた旧軍への吉田首相の批判は、深い愛国の心に根ざすものであり、戦争と軍人の一般的否定を意味するものではなかった。首相は防大の第一回卒業式の祝辞において、燃えるような愛国心と敢闘精神をみなぎらせたクレマンソーやチャーチルのリーダーシップを称讃した。愛国心と軍人一般がいけないのではなく、愛国心のあり方、軍人のあり方が重要なのである。

吉田首相がこうした問題を含めて、もっとも信頼を置いていたのが元慶應義塾塾長小泉信三氏であった。ドイツ、イギリスに四年間留学し、戦争直後の日本における支配的思潮であったマルクス主義のドグマに負けない学識、教養、人格の持ち主である小泉氏を首相は深く信頼した。首相に完全な自由があれば、小泉氏を初代校長に任命したに違いないが、小泉氏はすでに皇太子教育の任に就いていた。校長人選の件で首相から相談を受けた小泉氏が、慶應義塾大学の同僚の中で信頼する槇先生のことを話すと、首相は瞬時にその気になり、逆に小泉氏から、御自分で確かめるようにたしなめられたといわれる。

一九五二（昭和二十七）年七月三十日に引き合わされて、吉田首相は槇先生が期待通りの人物であると確信を深めたことは間違いない。約二週間後に槇先生は初代校長に任命された。

槇先生の方に吉田首相はどう映ったか。首相は槇先生に語った。「今日は民主主義の時代である。……多くは昔のままではいかぬ、士官教育また然《しか》り」。伝統を重んずる保守主義者でありながら、民主主義時代の新しい士官教育を求める首相に、槇先生は深く共鳴した。後年、「就任後、幾度この言葉を思い出して、自分なりにこれを講述するに努めたか数知れない」（本書三二三頁）と述懐している。

陸海別々の士官学校でなく一つの統合学校とすること、またその校長が軍人ではなく民間から選ばれることは、ともに吉田首相の指示であった。「陸海両軍の争いを根絶するため、この学校一つで教育を行なう」、「校長は自分が軍人以外から選ぶ」との首相自身の言葉を槇先生は本書に記している。

吉田首相は、一九五一（昭和二十六）年はじめのダレスとの講和交渉に際し、再軍備をまず拒否し、やがて小規模ながら「立派な」軍隊を時間をかけてつくりたいと申し出た。首相にとって「立派な軍隊」とは、下剋上のない、規律のしっかりした民主主義時代の軍隊であり、その中核となる幹部の養成学校の創設こそ、吉田首相にとって最重要の課題であった。

こうした意向をうけて、創設関係者の手になる具体化の作業が展開された。その中で槇先生はどのような役割を果たされたのか。もとより初代校長として全責任を負われたが、具体的な諸問題について余り介入しようとはなされず、多くを教職員の尽力に委ね、それを謝して受けとる姿勢を基調とされたようである。そんな中で槇校長が不退転の陣頭指揮ぶりを示されたのが、小原台《おばらだい》キャンパスの獲得であった。かなり無理な状況にあったものを、生涯にただ一度強引に覆してまで取得された。槇先生は人間教育における自然環境を格別に重視し、この海原を三方に見はるかす丘の上を、まるで啓示された約束の地のように求められた感がある。

それを別として、槇先生が初代校長としてもっとも力を注がれたのは、新しい幹部養成学校の理念を豊かな思想性をもって肉づけし、学生に語り続けることであった。槇先生は第一次大戦期に五年間英国オックスフォード大学に留学し、ヨーロッパ政治思想史の碩学《せきがく》アーネスト・バーカー教授に師事して、自由主義思想の真髄を学ばれた。学校長として権威主義的支配ではなく、教職員の貢献や学生の自主自律を大事にされたのは、個性と人格の尊重という先生にあって肉体化した思想の実践であった。英国紳士の「ノーブレス・オブリージュ（高き者の責務）」も、言葉をもって説くだけでなく、自らの生き方で範を示そうとされた。

幹部自衛官たらんとする者は、軍事専門家である前にまずよき社会人であれ、紳士であれと訓《さと》され、「広い視野、科学的思考力、豊かな人間性」の土台を築くことを重視された。そのような方針を、西洋の思想的背景に裏打ちされた滋味豊かな言葉をもって語られたことが、小原台を忘れがたい「魂の故郷」と学生たちに感じさせる一因となったのではないだろうか。

時代が行き詰まれば、アメリカ人は独立革命に、フランス人は大革命の原点にそれぞれ立ち帰って、再出発することをならわしとする。戦後の日本人にそのような共通の精神の拠点を見出すことはできない。しかし防大生には、槇先生の思想と人格という帰るべき精神の拠点がある。それは日本社会にあって容易に得ることができない幸せだと思う。今日、冷戦を後にし、二十一世紀の波瀾《はらん》に満ちた新たな航海にわれわれが出航しなければならない状況にあるだけに、そのことの意義は大きい。自衛隊は国防という究極任務だけでなく、国際平和活動や災害救援、さらには海賊対処にも、国内と世界の各地へ赴かねばならない。自衛隊への期待が高まり、多機能的な安全保障活動を求められる今後であろうが、内面の充実なき東奔西走は、文字通り「忙」、すなわち「心を失う」事態を招きかねない。今ほど精神の拠点に立ち帰り、原点をしっかり体内に温めるべき時はないであろう。

その意味で、昨二〇〇八（平成二十）年秋に防衛大学校資料館の一階に槇記念室が開設されたのは時宜に適《かな》ったことであった。小原台キャンパスのランドマークが何であるかはともかく、小原台の内面的、精神的な拠点が可視的に定まったと感ずる次第である。

さらに、本書が防衛大学校同窓会の強い意思と支援をうけ、新版として上梓《じょうし》されるのは誠に喜ばしい限りである。本書は幹部自衛官をめざす防大生に対し、防衛の考え方を語り、いかに学び修養するかを説くものである。その意味で防大生と関係者に貴重な書であるが、それにとどまらない。ここには民主主義時代における自衛隊のあり方について豊かな考察がなされており、自衛隊そのものの精神的拠点を示す意味を帯びるのである。混迷の時代に、自らをしっかりと律する安全保障の担い手のあり方を語る書として、社会に贈りたいと思うのである。

最後に本書の出版を快く引き受けて下さった中央公論新社にお礼を申し上げたい。また編集作業や各種調整のために時間を割いて下さった岡崎匠前副校長ほか編集委員各位にも感謝したい。

二〇〇九（平成二十一）年九月

防衛大学校長　五百籏頭眞

草創期の防衛大学校と初代校長・槇智雄

久里浜の仮校舎（当時、保安大学校）の柔道場で休憩中の吉田茂首相（右から２人目）と槇校長（左隣）（昭和28年10月17日）

久里浜の仮校舎（当時、保安大学校）における第２期生入校式典で式辞を述べる槇校長（昭和29年４月10日）

起工式後に新聞部学生のインタビューを受ける（昭和29年４月26日）

学生の冬季スキー訓練を視察する
（昭和30年１月14日）

海上訓練で艦上に立つ槇校長
（昭和29年10月）

新校舎小原台でパレードを巡閲する槇校長（昭和30年４月）

共済組合四支部対抗野球で始球式に臨む（昭和30年７月１日）

昭和30年代初期の防衛大学校全景

航空適性テストを試みる（昭和30年10月）

式典で祝辞を述べる小泉信三（撮影年月日不明）

第６回開校記念祭でパレードを巡閲する槇校長（昭和33年11月９日）

第３期生卒業式典（昭和34年３月17日）

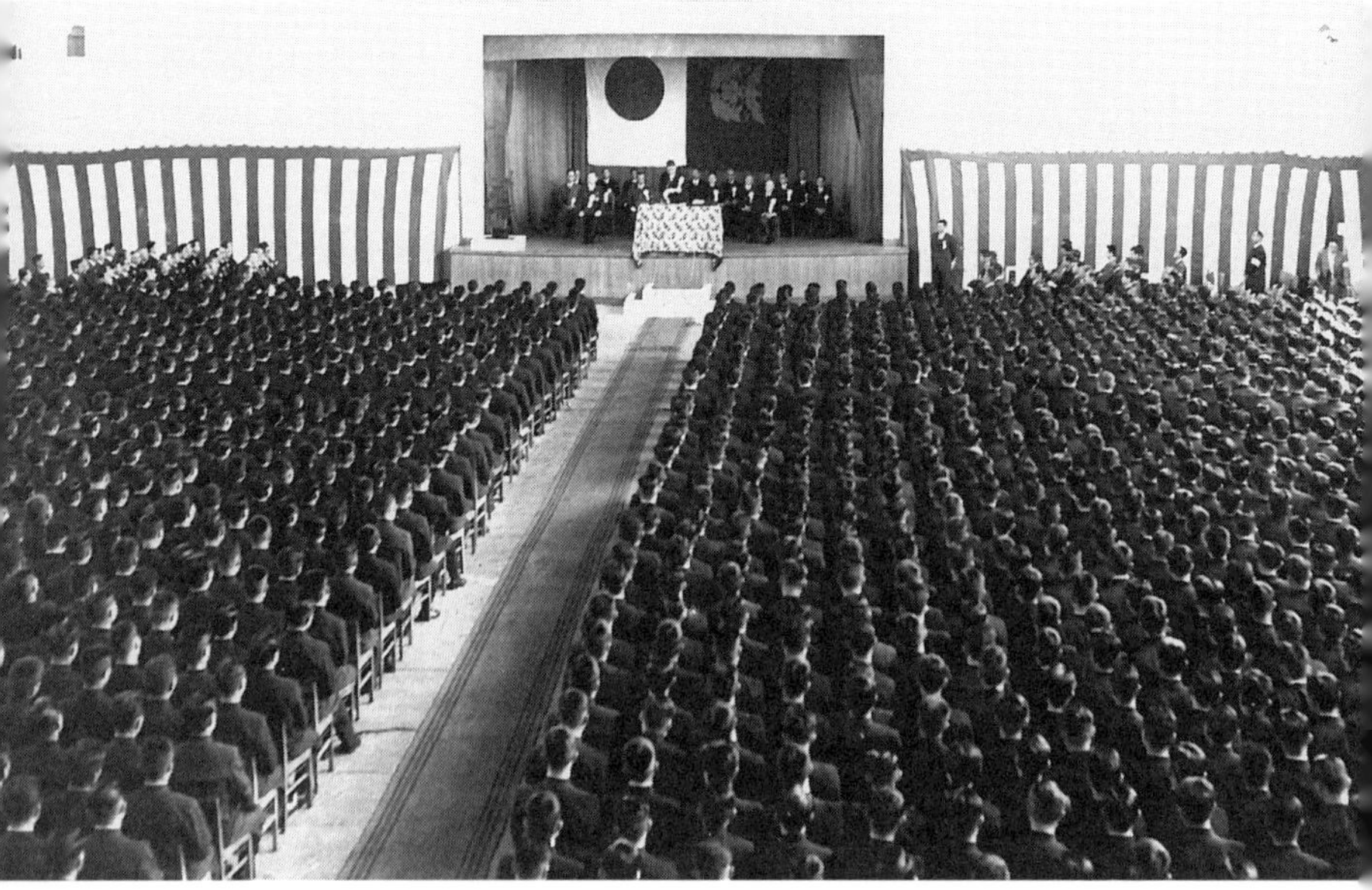

第８期生入校式典（昭和35年４月７日）

第５期生卒業式典で式辞を述べる槇校長（前列左は池田勇人首相、昭和36年３月18日）

第５期生卒業式典を終え、退場する池田勇人首相と槇校長（昭和36年３月18日）

第９回開校記念祭で仮装行列等を見る（昭和36年11月12日）

学生たちとともに（前列の学生は第８期生。昭和39年３月）

東京オリンピック開会式でオリンピック旗を掲げて入場する海上自衛隊員。後方はプラカードを持って選手団を先導し、整列する防衛大学校学生（昭和39年10月10日）

創設12周年記念式典で訓示する吉田茂元首相（第12回開校記念祭。右隣は小泉純也防衛庁長官、右端に槇校長。昭和39年11月８日）

昭和30年代の防衛大学校全景

課業行進中の防衛大学校学生（昭和41年５月）

夫人とともに（撮影年月日不明）

オックスフォード大学卒業記念写真
（大正９年）

くつろぐ槇校長（撮影年月日不明）

槇智雄校長（昭和37年11月）

離校にあたって帽子をとって応える（昭和40年２月18日）

新版　防衛の務め　自衛隊の精神的拠点

目次

Ⅲ　記念式その他の折に

新版

防衛の務め

自衛隊の精神的拠点

はじめに

防衛大学校における過去十二年、いろいろの機会に行なった講話を、数篇の随想文とともに収集したのが、「防衛の務め」と題するこの一書である。講話のうち、あるものはすでにさまざまの形で印刷に付せられた。これらのものに未載のものを追加し、気づくかぎり誤りを訂正し加筆した。この際に試みたことは、従前のように講話と執筆の年月順を追わず、内容に従って分類したことである。大わけにおいて、入校、卒業、記念式等の三篇とし、そのおのおのを、さらに講述の趣意文意について分け、章節の形を整えた。また、目次において各講話にその内容の要項を掲載した。

ここに収めた多くの講話は、各種の儀式において式辞中において述べたものである。編集の分類方針を内容本位としたために、講述された儀式と講話との機縁がいちじるしく後退する結果となった。殊《こと》に不本意のことは、儀式に儀容を与え、これを意義あるものにした、その都度の参列者に対する挨拶と謝辞を省略したことである。専ら講述の内容論旨をもって読者に接しようとする意図からやむを得ないことであった。講述の機を与えられたのも、またこれを励まされたのも、これら参列者と学生にあったことを、ここに書きとめて銘記したい。ただ講話の行なわれた機会と、その年月日を目次の講話要項の末尾に付記するとともに、巻末に講話年譜とその索引を掲載した。
講話の多くは特に題名もなく述べたもので題名は後につけた。したがって名実必ずしも一致しない箇所もでき、また反復重複する部節も避けがたく、通読には煩《わずら》わしいことも免れない。その多くは、毎年、同じ演壇で、同じ場合に立って学生に話した独立の話なのである。以上の点を諒《りょう》として判読を得れば幸いである。
本書の刊行については、防衛大学校助教授上田修一郎氏の並々ならぬ助力を煩わした。記して謝意を表する。

昭和三十九年十一月二十五日　　槇　智　雄

右の文章は、一九六五（昭和四十）年四月二十日に甲陽書房より刊行された『防衛の務め』初版に収録されたものである。ここに述べられている目次の「講話要項」と巻末の「講話年譜とその索引」は、本書では割愛されている。ただし「講話の行なわれた機会と、その年月日」及び掲載紙誌は、各文章の末尾に明記した。なお、本書における増補改訂の経緯と詳細については、巻末の田中宏巳による解説を参照されたい。

（平成二十一年九月、編集部）

I　学窓の人となる折に

一　心の準備

均衡のとれた人、民主主義を理解する人

本日第一期生を迎えましたことは、事実上の本大学校の発足であり、われわれ一同は心よりの喜びを禁じ得ないのであります。この大学校が将来有能にして忠誠なる多くの人材を輩出して、かがやかしい歴史を作るものと確信いたしますが、もしこのような想像が許されるならば、本日の入校式は真に意義の深いものでありまして、今日の機会に遭遇したお互いの幸運を喜ばずにはいられないのであります。

諸君が本大学校を志望し、今日この席に列するについては、必ず慎重な考慮の結果決定されたことと信じます。

その堅い決意と誠実に対して心強い信頼の念をいだくものでありまして、四ヵ年の課程を終了して保安官並びに警備官（注）たるの初志を貫徹されんことを期待するものであります。

われわれはその生を受けたこの国とその民族に無限の愛着と大きな誇りを持つのであります。わが祖先はここに住みかつ励み、われわれに多くの遺産を残してくれたのであります。その伝統、文

化、勤勉、不屈の魂と、数えれば限りなく挙げることができましょう。長い間にはいずれの国にも消長があり、興隆衰退のあることは免れません。しかしその興るや必ずそこには理由があり、また衰うるやその原因も必ずあるのであります。

われわれは最近誠に悲惨な多くの労苦を重ねて参りました。しかしすべての希望を失い、その誇りを捨てるには余りにも強い自負の心の残るを如何《いかん》ともなし難いのであります。われわれは心を新たにし、国の興隆する原因を探究して、ひたすらこの途《みち》に励みたいのであります。わが国民は言わば運命を共にする船中にあって航海を続けるようなものであります。いつ火を発し浸水を招くか、全く予知し難きものがあります。これは平和を念じ、その郷土と文化を愛する国民の一日たりともゆるがせになし得ないことでありまして、災難に際して立ち向かう忠誠の心なくしてはかかる災難を防ぐことは絶対に望み得ないのであります。国が諸君に要請するところも、また国民の諸君に期待するところも、危急に際しての、人としてまた国民としてのかかる忠誠の心であると考えております。諸君の眼前に拡がる今後の四年間は、保安大学校における諸君の希望の歳月であります。これは諸君にとって大切な年月であるとともに、実に国民にとっても希望か、失望かの月日であります。その成否は独り諸君の問題であるばかりでなく、国民の立場よりすれば、その期待が報いられるか否かの重大事なのであります。われわれはこのことを常に記憶せねばなりません。そしてこれに答える途は種々挙げることができようと思いますが、われわれは今日特に二つの点を考えてみたいと存じます。

第一に諸君の任務は偏することなき均衡のとれた人物を要求していること、第二に諸君の任務は民主制度に対して的確な理解を要求していること、これであります。

第一の点でありますが、諸君が有用な国家の一員であることと、教養高き社会の一員であることを心がけねばならぬはもちろんであります。四ヵ年の諸君の課程をわれわれは三つに要約して考えております。すなわち一つは人としての修養練成であり、他の一つは理工学及び保安学に関する基礎知識の習得であり、さらに他の一つは指導統率の資格を備えることであります。この三者はそのいずれかに偏することを許さぬものでありまして、常に均衡を保つことが重要な要件であります。いかに学問技術の造詣に深くとも、人としての性格や指揮する材幹において欠くことあれば、本大学校に履修せる目的の大半は失われるのであります。また人として優れていても、学術上の能力が劣るならば、かかる人は今日の有能なる指揮官として期待することは困難でありましょう。さらにその修練学修の態度についても一言述べますが、これも均衡のとれた態度を必要とします。学理を無視する、または、冷静な判断を欠く徒《いたず》らなる興奮や、狂信的な行動はわれわれの絶対にとらないところでありますが、さりとて信念のない修業の態度にも賛成しないものであります。要は諸君がその将来の任務の重要性とその責任及び名誉を自覚して、強い意思の力をもって錬磨することであります。われわれの心よりの願いは、諸君の修業や学業の結果が一つの信念となって諸君の生涯を通じて役立ち、諸君の学校の選択が誤りでなかったことを証し得て、そのことに大きな誇りを感じていただきたいのであります。

お話ししたき第二の点は、諸君が民主主義に対して的確な知識を持っていただきたいことであります。本大学校は、諸君の責任感や名誉心について大きな関心を持つものでありますが、また規律や服従の精神についても同様に重大な関心を持つものであります。民主主義と服従の精神、あるいは自由と規律というがごときことは、おそらく諸君には撞着《どうちゃく》矛盾の言葉と響き、不思議の感じを持たるるでありましょう。しかし実際には規律なくして真の自由はなく、遵法《じゅんぽう》精神または正義に服従する意思なくして真の民主制度は成立いたしません。承知の通り、個性の尊重は近代文明の基礎であるとともに、その大きな推進力でありました。個人に蔵せらるる創意と発現の力が近代の人類生活に大きな変革をもたらしたことは今さら述べるまでもありますまい。われわれは個性の発展を重視するとともに、大きな期待をこれにかけるものであります。諸君の個性の発展がわれわれの最大の関心事であることは申すまでもありません。しかし、われわれの言う個性は野放しのものではなく、また個人の自由は放縦《ほうじゅう》を意味するものでありません。簡単に言えば、正しきことを目指すことにおいてのみ個性の発展があり、正しき行ないにおいてのみ自由があるのであります。社会は一つの約束の下に行なってならぬことを抑制し、あるいは禁止し、また行なわねばならぬことを奨励し、あるいは命ずるものであります。この約束を作るのが世論であり、あるいは国民の総意と呼ばれるもので、われわれの道徳的拘束となり、あるいは法律となり、道徳的服従とか遵法精神となって現れるのであります。このようにして命令服従の関係が合理的に成立した時に民主主義が実現されるというべきでありましょう。すなわち命令を発して正義の信念に何の曇りなく、服従してわれわれの理性や自由に何の矛盾も感じないのであります。

このような考え方は、国民全体にとって共通の問題であることは言うまでもありません。しかし諸君にとっては、その任務の関係から特に考えるべき理由があるのであります。すなわち指揮統率に関することであります。諸君の義務の遂行には常に命令及び服従の関係が伴うものでありまして、最も注意深き研究と練達を必要といたします。今後四ヵ年間の大学校生活において規律及び服従の真髄を体験されんことを望みます。服従のみ存在して自由や個性尊重が認められないならば、それは奴隷的関係でありまして近代文明の許し得ないところであります。また自由のみ存して服従のない社会があるとしたら、それが夢に描く国でなければおそらくは無秩序混乱の社会でありましょう。いやしくも共同生活の営まるるところ、規律なくして自由の生活はありません。この点は諸君の任務上本大学校において習得される重要なる教課の一つであります。

今日諸君は国の要請によって入校・任命を受けました。その要請された目的に対して努力することと諸君の自由なる道徳的義務とは一致するのであります。その任務を尽くすことによって諸君の個性はいよいよ光輝を増すことでありましょう。諸君の入校の決意に対してわれわれは満腔《まんこう》の敬意を表するものであります。またその誠実に対して全幅の信頼を寄することを再び申します。われわれもまた誓って諸君の誠実と希望に応えたいのであります。今日よりの諸君の生活は日を追って意義あるものとなりましょうし、またすべての青年の特権である旺盛な元気と高き希望に燃えあがることでありましょう。われわれの念願は、諸君がその決意をいよいよ堅くして、やがてこの学校を選びしことを無上の喜びであるとし、またわれわれも諸君を得たことを無上の誇りとしたいことであります。

（第一期生入校式、昭和二十八年四月八日）

（注）創立当時は保安庁法の下に、保安庁であり、保安大学校であり、保安官並びに警備官であった。昭和二十九年以後、防衛庁設置法の下に、防衛庁、防衛大学校、陸・海・空の自衛官と呼ばれるようになった。なお平成十九年一月、防衛庁は防衛省に移行した。

修業の生活とその務め

第三期生諸君。われわれは諸君今日の入校を衷心《ちゅうしん》より悦《よろこ》びをもって迎えるものであります。諸君もまた、大きな希望を抱き、堅い覚悟をもって、今日の入校式に臨まれたことと信じます。誰しも新たな学校に進む時、希望と迷いの交錯する感情を持つものであります。殊《こと》に諸君の場合のごとく、上級学校を選ぶこと、すなわち、自衛官たる生涯の職を定むることになりますと、一層この感が深かったことと推察いたします。しかしそれだけに、心ある人々は諸君の決意を、国家のために慶祝しているのであります。今後四ヵ年の防衛大学校における学生生活の意義多かれと祈る者は、ただわれわれのみではありますまい。諸君の入校を国民は大きな関心と期待をもって眺めているのであります。

防衛大学校は将来の自衛隊幹部たる人を養成するところであります。かかる学校へ入校後の諸君の生活及び学業とはどんなものか。またそこに新しいなりに何か気風とでもいうものがありとすれば、どういうものか。これらの点を簡単に述べてみましょう。

入校後諸君は在学の四年間を、市井《しせい》の巷《ちまた》から離れて、学生舎内に起居して、組織された団体生活を送ります。このことは諸君が雑事に煩《わずら》わされることなく、修業の一途に専念することを願うがゆえであります。これは僧房、修道院が好んで山頂や山中に、またしばしば大学、あるいは学問の府が、都心を避けて建立されるのと軌を一にします。共同生活はまた規律ある団体訓練を通じて、将来の幹部たるに必要な素質の育成に役立つものであります。すべての行事及び日課は綿密な計画のもとに規則正しく行なわれ、起床及び就寝、学業及び訓練への出席、食事及び入浴、すべて時間の厳守が励行されます。かかる規則正しい生活のもたらす結果には、誠に大きいものがありまして、一年後に諸君が自分の考え方と意欲の進境に驚くがごときは、その一例でありましょう。こまかい話ですが、諸君の頭髪には常に櫛がはいり、顔には毎朝剃刀《かみそり》があてられ、衣類は常に清潔で、靴は泥土に汚れていないことが堅く期待されております。諸君はあるいはかかる些細《ささい》のことまで、そんな干渉を受けるかと思うでしょうが、このような些細のことを若い時代に怠ったばかりに、世に軽んぜらるることが甚だ多いのです。規律及び躾《しつけ》は防衛大学校の教育の重要な教課であります。

次に学業の履修について一言いたしましょう。われわれは幹部自衛官の職務が非常に広範な知識の分野にわたることに気づき、かつ驚嘆するのであります。高き教養なくして指揮官たることは困難でしょう。かかる性格の源泉は一に一般的な学問に求めなければならぬのはもとよりであります。また自衛官の任務と技術の関係は、近来著しくその重要さを増して参りました。高度の技術の発達と、その分化、及びその部門の拡大は驚くべきもので、日に月に進歩する有様は、真に目まぐるしいものがあります。さらに防衛の諸学問に関する理論とその応用、外国語の履修、教練及び体育等と数えあげますと、非常に広い知識及び術科にわたっております。しかも、すべて消化と理解をせねばならぬのであります。二兎を追うもの一兎を得ずと申しますが、ここに述べた有様では三兎も追う類であります。時にも制せられ、力にも限られております。ただ幸いなことは、卒業後の諸君の生活は勤務と教育の連続であることで、このことは諸君にこの学校において四年間落ち着いて、基礎的な教育と訓練を受けるを可能ならしめております。広く必要な科目を多く学ぶか、あるいは少なく深く学ぶか、前者は卒業後比較的直ちに人を役立たしめ、後者はいずれかといえば多くを将来に期待することを意味するでありましょう。いずれにも一長一短は免れますまいが、防衛大学校課程の今日の情況は、むしろ後者に傾いていると申せましょう。日本現在の技術の水準にも考慮を払った結果、防衛大学校の学科課程は理工学に重点がおかれ、しかも、専攻別の制度を採用しており、これは深さに対する関心のあることを示しております。

今日よりの諸君の日々は学問の研究の朝夕であり、規律の生活であるとともに、また活気に溢《あふ》れる愉快明朗な若人の四年間でありましょう。しかし慢然たる学生生活でないことはもちろんで、諸君はまず防衛大学校学生たる誇り、その気品を忘れることができません。幹部自衛官は昔ならば、士官または将校と呼ばれ、専門知識と技術の外に、高い人格の陶冶《とうや》を重んずる人々でありました。英米においては、こと士官の養成に関しますと、必ず「士官にして紳士」を教育すると、ことわりを言うております。これは遠く武士と呼ばれた階層とのつながりもありましょう。洋の東西を問わず、彼らには単に武術に通ずるばかりではなく、忠誠と名誉を重んじ、力なき人々の味方となるを誇りとし、あるいは勇気を尊び、卑怯《ひきょう》を賤《いや》しみ、清廉《せいれん》を賞するの風がありました。時とともに世は移り、近代国家の出現、さらに民主主義の発達に伴い、忠誠を尽くすことは、挙げて国家または国民のために行なうものとなりました。しかし彼らの持すること高かりし風格は、時の移り世の変わりにかかわらず、今なおわれわれを首肯せしめ、追慕せしむるものがあるのであります。けだしそこには社会に対し、また国に対するわれわれの務めと堅くつながるものがあるがゆえであります。

人の尊きは立派な行ないを自ら進んで行なうことにあると言われております。あるいは自分の課する掟《おきて》、また法に従うことでもあります。むずかしく言えば自己発現、または意思の発現とも言い、人の真の自由とはこの境涯を指すものとされております。表現の仕方はいろいろありましょうが、自由にしても、意思にしても、または掟にしても、そのいずれもが人の気儘《きまま》勝手でもなく、または独りよがりの意見でもないことは明らかであります。人の勝手な選択によって定まるものでも、また人ごとに、その意に従って異なるものでもありません。個々を超越し、また主観的見解を越えて高く位するもので、これらは善と呼ばれ、徳操と称せられ、法でもあり、またわれわれの言う規律でもあります。われわれの生活には、良心的に見て行なわねばならぬものが存するのであります。道徳意識がかくせよと命ずるものがあり、これがすなわちわれわれの義務と称せらるるものであります。

十九世紀の後半に英国のブラドレーという哲学者は「わが部署とその義務」という論文の中で、「ここに私の義務がある。これは私の義務であって、他人の義務ではない。しかし義務そのものは勝手に私のものとしたのではなく、この義務は私と同じ立場にある誰でもが、必ず行なわねばならぬ」と言うております。すなわち義務もまた、客観的であることは社会を前提としてでなければ考えられないのです。社会あって、法も、徳も、善も、考えることができるのであります。そうして義務が実際に行なわれるためには必ず現実的でなければなりません。義務を口にするならば家族の一員としての義務、学生の義務、職業人の義務、あるいは日本国民の義務と言わねば何ら意味のないことであります。そうして諸君の義務は何であるかと問うならば、家族、社会、国民等の一員としてそれぞれの義務を負うのはもちろん、本日入校とともにここに防衛大学校学生の一員としての義務が新たに加わりました。防衛大学校学生の性質上、特に諸君は国民及び国に対する関係において、その義務と務めを考えてみる必要がありましょう。

フランスに「高い身分には義務が伴う」Noblesse oblige という言葉があります。高貴な身分のものは当然徳を備え、公共に奉仕することを意味し、また事実こういう事例は幾多数え挙げることができるのであります。諸君の身分が高いとは誰も思わぬでありましょう。しかし諸君は大きな特権を持っております。すなわち修業する暇を持っているのです。毎日のこの忙しさに、どこに暇があると反問するでしょうが、諸君は生活のために労することなく、四カ年落ち着いて勉学できる。こういう人々を leisured class すなわち暇のある階層と呼ぶのであります。フランスの格言に従えば、諸君は当然義務を負うております。直ちに公共に奉仕することは事情が許さないが、その特権にふさわしい徳は備えなければならない。数ある徳のうちで、諸君はまず国民の期待と信頼にそむいてはならないとわれわれは考えます。われわれは諸君が正邪の判断のつく、また自分の行為に対して責任の持てる人々として応待します。「うそをつくな。ごまかすな。盗むな」との標語は、米国陸軍士官学校の学生が、その名誉にかけて守り抜くと聞き及びます。このことの守れぬ者を、どうして国民は信頼することができましょう。国民の信頼にそむかぬ道に東西はありません。わが防衛大学校の学生また、国民の信頼を裏切らぬことを、その名誉にかけ、勇気をもって守らねばならぬでありましょう。

（第三期生入校式、昭和三十年四月十一日）

規律、自主、信頼

第五期生諸君にお話しいたします。

諸君が本大学校を志望し、本日この席に参列されしについては、深く考えられてのことと信じます。その堅い決意と志望に対し、心強い感銘と信頼の念の起こることを禁じ得ません。四年の課程を終了して幹部自衛官たるの初志を貫徹されんことを期待するものであります。われわれもまた新たなる喜びをもって諸君を迎え、希望に満ちて全力を挙げることに大きな責任を感ずるものであります。

本校は、教育という観点に立てば、わが国教育の綱領である教育法の下にあることは申すまでもありません。またその教育の程度の点より見れば、大学設置基準に則《のっと》ってその課程を編成しております。この意味において他の大学と大差はないのでありますが、一つの大きな相違点があります。それは防衛大学校の使命が将来の幹部自衛官を教育訓練することであります。教える者、学ぶ者も、この目的に向かって一切の努力を傾けていることであります。したがって将来の幹部自衛官を養成する本校の教育訓練にはおのずから特質があり、独自の本領を有することは当然であります。

幹部自衛官養成は二つに分けて、その目標を見るのがよいと考えております。一つは、卒業生はその卒業と同時に、または卒業後きわめて短時間に、有為なる初級幹部としてその任に就くことを考慮することであります。このために、指揮指導に欠くことのできない教養と気力、体力及び学識技能を授くることであります。その二は、生涯を通じて絶えず向上伸展のできる性格、学識技能並びに体力を養成することであります。すなわち、学識の研鑽《けんさん》と経験の蓄積とにより、適切なる思慮判断を下し、絶えず変化する情勢に対処し、防衛に価値ある貢献をなすことであります。このために視野を広く持つことに努力し、学識訓練共に基礎的なる課程に意を注ぐことであります。これは現時大学教育の主眼でありまして、多少専門職業教育を遅らせても、またやむを得ぬことと信じております。この考えの上に課程が組まれておりますが、その説明は本日は省略します。諸君は漸次《ぜんじ》これを明らかにすることと思います。

本日は、諸君の入校に当たって特に承知してもらいたいことを、三つ挙げて話してみたいと考えております。一つは規律のこと、次に積極自主の気風のこと、最後に信頼を受くるに足る性格を築くことの三つであります。

諸君は、入校とともに学生隊に編入されます。学生隊は将来部隊幹部たるべき性格が、最も多く養われるところであります。上級生によって指揮指導され、指導官によって忠言補導が行なわれ、生活を営み、よき慣習に従うとともに、その改善に絶えず協力を致す場所なのであります。本校と使命を等しくする内外の学校における過去現在の伝統を慎重に検討し、あわせて過去四年の経験は一つの「学生慣習」を築いております。その内容は多岐にわたっておりますが、主なるものとして規律、礼儀作法、日常の任務を挙げることができましょう。また教室、学生舎、食堂、広く校内校外における心得があり、伝統のあることも忘れてはなりません。しかし本日はこのうち規律について一言いたします。

規律は、理性ある服従の習性であると言われております。理性とは盲目的ではなく、知性が伴うという意味であります。部隊幹部に最も重要な資質は指揮指導の能力であります。部隊の生命は厳正な規律の維持にあって、規律のない部隊は行動能力のない、したがって、その任務を達成し得ない群衆に過ぎぬでありましょう。規律に従うことによってのみ、組織に生命があり、一体として確実にして迅速なる行動が可能になることは述べるまでもありません。しかし、規律にはその本質上抑制があり、矯正することのあることは免れません。将来部下に規律を要請する立場に立つ者は、まず従うことをその習性とする必要はこのことより起こるものであります。同時に規律の実施には、その本質をよく理解することと、周到な計画と方法を会得することは、最も肝要のことであります。

規律服従の実施は、その精神に間違いがなければ、人間としての威信を傷つけるものではありません。修練を積んだ社会には、自由のうちに規律が行なわれ、自制あり責任ある行為がなされ、人の威信は尊重され、おのずから公共の精神が起こるものであります。本校における規律服従もこの以外の何ものでもないのであります。ただわれわれは正しく、かつ速やかに、しかも力強く、どのような場合にも挫《くじ》けないように、個人としても、また学生隊としても、この修練ある社会の状態に達することを念願するものであります。規律服従が一日も早く、単に受動的なる時期を去って、やがて協力となり自信となり、ついに諸君の誇りとなることを願うのであります。将来重責に任ずる覚悟を有するものは、速やかに感情の上にも安定を得て、強い鍛錬に堪え得る力を持たねばなりません。

次に積極自主の気風が、本校伝統の一つであるべきことを述べてみましょう。従うことを語り、協力を言うは、一つのものの全体のみを見ることであり、これを構成する個人個性の重要さを忘れるきらいがあるのであります。従うことのみをもって足れりとし、自信、信念に生きる意欲のない者は、意義なき人生に堕しているのであります。諸君も承知のごとく、個性の尊重は近代文明の基礎であり、個人の成熟完成は国家社会にも、繁栄の原動力であり、文化の推進力でもあります。われわれは個性の成育を重視するとともに期待をこれにかくるものであります。みずからの力に頼る気風の興らざるかぎり、学業はもちろん、訓練の成果もなければ、課外活動、共同生活の士気も奮い立たないのであります。殊に将来の任務においてその持ち場を頑強に守り抜く魂も、個人の中に育てられる意思の力によるものであります。慣習に従い、規律を守ることは、結局積極自主の目標を見失うてはならないのであります。

気力、体力、情操が、学生生活の力と気品の源泉であることは言うまでもありません。その自主的な発揚のために、本校はスポーツ、文化の両部を設けて、校友会を組織し、原則的に学生縦横の活躍舞台としております。校外校内の各試合には、学校の全員は心を一つにして、そのフェア・プレーと巧みなる技倆《ぎりょう》を観賞し、勝てば喜び、敗れては再起を誓うのであります。学術趣味の研究会、音楽、弁論、演劇等の発表、展覧、演出等には、その出来栄えに批評を加え、または喝采することを忘れてはおりません。同時に全学生は傍観者であってはいけない、すべて参加者であることを誇りある主義として運営しております。この間に学生は自制と敢為《かんい》の風を養い、積極自主の真髄を学び、これを発揮することに努めておるのであります。個性を尊重することなくして、励みの起こる理由もなく、みなぎる若人の生気は決して高調することはありません。この励み、この生気は、本校の何ものにも替え難い綱領として重視するところであります。

最後に述べたいことは、信頼を受くるに足る性格の問題であります。一言に尽くせば言動を重んじて、信頼を受くるということでありましょう。言うことが真実でなく、行なうことに誠実を欠く者に、信頼をおくことのできないのは当然で、殊に任務の性質が部隊の安危に関し、正確と敏速を期待せねばならぬ者にとり、これは最も基本的の性格であります。本校において最近「性格評定の基準」と称するものをつくりました。容姿と挙措《きょそ》、服装態度、礼儀にはじまり、真勇と称して道義的に勇気に強くなければならぬという一項に終わる、合計十項目を定めましたが、いずれも、自衛隊幹部として、人間として、また組織に働く者として、欠くことのできない性格であります。この十項目はただ口に唱えるばかりではなく、必ず行ない、かつ練磨するものとして、日常観測し、学生間においても相互に測定し、項目ごとに良否両面の判断を下し、その向上に努めんとするものであります。

この制度の一貫する精神は、信頼のできる性格をつくるというに尽きると思います。性行のいさぎよく、節義を重んずる風なくしては、本校における学生生活は魂のなきに等しいのであります。言いかえれば、名誉廉恥は本校学生の生命なのであります。米国ウェスト・ポイントの陸軍士官学校では「うそをつくな。ごまかすな。盗むな」との簡単な言葉のうちに一切の廉恥を言い表し、犯す者はこれを理想の実現に恐れを知らぬ学生仲間より退ける「きびしさ」を持つものであります。米国民が陸・海・空の士官学校に対する絶対ともいうべき信頼とその誇りは、このような自戒自律に発していると思います。このような気魄《きはく》は時代の古今を問わず、洋の東西を論ずることなく、志を立つる者の心情に差異はないのであります。

親切であること、友情に厚いことは、人の持つ尊い心情であります。しかし、きびしい公務義務に生きんとする者には、これさえも場合によっては限界のあることを心にとめねばなりません。教育訓練の世界には賞讃激励はありますが、事理の判別に従っては甘やかしや、おだてや、過ちを看過することがあってはならぬものであります。偽りのあった時、不正の行為のなされた時、卑怯の行為のあった時、日常の親切も友情もたちまち影を消すことがあり得るのであります。名誉廉恥を重んじ、友情と公務をはっきりと区別することが、独りわが学生隊の信頼を維持し昂揚《こうよう》し得る力であります。

今日よりの諸君の生活は、日を追うて意義あるものとなるでありましょうし、またすべての青年の特権である旺盛なる元気と高き希望に燃えあがることでありましょう。われわれの念願は、諸君がその決意をいよいよ堅くして、やがて諸君がこの学校を選びしことを無上の喜びであるとし、われわれもまた諸君を得たことを無上の誇りとしたいことであります。

（第五期生入校式、昭和三十二年四月十日）

馴化と同化

防衛大学校の職員及び在学生一同は本日第九期生諸君の入校を心より喜んで、迎えております。今後四年の諸君の小原台生活が、意義深いものであり、今日の志を貫徹されんことをひそかに祈っておるものであります。

諸君は英語でいうクライメート、すなわち、気候風土を意味する言葉を知っているでしょう。この言葉の頭部に接頭詞ａｃの二字をつけて動詞にするとアックリマタイズとなるでしょう。名詞ではアックリマタイゼーションであります。気候風土に馴れることを意味し、馴化《じゅんか》と訳しております。一例を挙げれば、ヒマラヤに登らんとする者は、住民の住む最高地点五〇〇〇メートルぐらいの生活に、まず馴化せねばならぬと言われています。また、英語にアッシミレーションという言葉があり、これは同化と訳されています。前者の馴化が自然と人との関係を説明するものならば、後者の同化は人と人、人と文化の関係を説明するに用いられます。風土、人間、文化の間の関係は、その互いの接触、馴化、同化であると言われております。文化には他と接触のない孤立孤独の文化圏も存在しますが、また、接触、馴化、同化の大規模に行なわれる所にも、文化は大いに興ることも事実であります。

これと同様なことが、小さい天地ではありますが、本校の小原台にも見受けられるのであります。諸君到来する人の馴化すべき気候風土もあれば、同化すべき人もあり、文化もあるのであります。諸君は第九期生であります。諸君の以前に八回の先輩があり、そのうちの五回は卒業生であります。八年の歳月と、この人々とわれわれの接触は多くを考えさせ、教え、また、有形無形の多くのものを生み出したのであります。本校はもちろん高い教育の理想、高い基準を求めて、一般大学との比較においても遜色《そんしょく》なきを期しております。しかし、同時に本校は幹部自衛官を養成する特別の学校であり、これを大きな誇りともしているのであります。本校が一方において、大学教育を採用し、殊に科学技術に力点をおくと同時に、他方において、国防の任に当たる士官を養成すること自身が、独得の風土文化を築いているのであります。世界共通の言葉でいえば、本校は明らかに士官候補生教育を行なう学校なのであります。したがって、必然的に内外の異彩あるこの種類の教育上の伝統を継いでおることも事実であります。厳密に言えば、本校は一般大学ではなく防衛大学校にほかならぬのであります。この事実に馴化し同化することが大切のことであり、これなくしては、迷いためらい、困惑当惑の跡を残すを断たないでありましょう。

士官候補生の教育には、常に精神的の雰囲気が伴うものとされており、通常、気高い学風と伝統があるものと考えられております。これは防衛の任に就く者の養成という教育目的の然《しか》らしむるものでありましょう。このような明確な教育上の目標の存在は、これに続いて一連の道義的な気風を生み出すものであります。その一つに防衛の使命遂行の責任のあることは当然であり、また、忠実と誠実を語らずして、ここの教育のあり得ないことも明らかであります。小原台に集まる学生には、この共通の目的によって心が通い、したがって日常の生活において共通の励みが出るのであります。心を同じ目的に一つにすることは、また、共通の強い意思と深い信頼の念を呼び起こさずにはおかないものであります。これは各人の態度と行為に自然に現れて、その生活をいよいよ、潤沢ならしむるものであります。士官候補生教育の特徴は、ひとりその道義の上においてではなく、学業学術の上にも、これを見るのでありまして、その一つは著しく合理性に富んでいることであります。少しく目を海外に転じ、米国の場合を眺めましょう。陸海の士官教育は、前者は百五十年、後者は百年の歴史を持ち、その光輝には事欠かぬのでありますが、むしろその教育方法の新鮮さと徹底した合理性に目を見張らずにはいられないのであります。教育は科学でなく技術であると言われますが、これが技術ならばその応用の鋭さに驚かずにはおられません。馴化、同化はひとり古い伝統を求めるのではなく、新しさを大胆に採用する気魄の大切さも痛感する次第であります。

馴化、同化を語って、本校のような士官候補生教育の本質に少しく触れてみましたが、実際の馴化及び同化は、日常生活の細かい点に目をつけねばならないのであります。あるいは、これを些事《さじ》というかも知れませんが、実際には人の運命を左右するかも知れないほど大切のことでもあります。日頃われわれの口にするのは次の三点でありまして、これについて少しく意見を述べてみたいと思います。その一は作法を持つこと、その二は約束事を守ること、その三はためらいのない服従ということであります。

第一に作法についてでありますが、イギリスに「作法は人をつくる」（manner makes man）という格言がありますが、立ち居振舞いが研究され、訓練されると、心もこれに従い間隙《かんげき》のない充実した姿になるというのであります。茶道を持つわが国が、作法の国であることは言うまでもなく、大いにこれを誇りとすべきであると存じます。作法に対する無関心、冷笑のような虚無的態度より速やかに脱出して、高い容儀、挙措、礼儀を淡々として、やり遂げてもらいたいものと存じます。諸君の起床より学業開始までの短い時間をとってみても、語るべき作法に充満しているように考えられます。寝具の整頓、着衣着装、洗面までは単独でありましょうが、きびきびした洗練された姿がほしいものであります。朝食となると、これは対人または社交の一端にも触ることであり、挨拶、食卓上の諸動作、着座の姿勢に至るまで、ことごとく論議研究される値打ちを持つものであります。生涯を支配するような問題が、この間にひそんでいるのであります。約半カ月前卒業して本校を去りました第五期生は、あるホテルの食堂において食卓の作法の研究会を開き、将来を益するような多くの発言の行なわれたのを、感銘深く親しく聞いておりました。本校の学生が標準以上の作法を持つ人々でなければならないことは、論議の余地のないことであります。

第二の約束事を守る点について述べます。約束は本来相手のあることでありましょう。この約束を文字にすることもありましょうし、単に口頭のこともありましょう。また時には心に誓うというように自分を相手とすることもありましょう。「彼は自分の言葉を守る人」であると言われるのは、人の信頼に寄せられる最高の賛辞であります。ここに言う約束事は、ややこれと性質を同じくしております。これは学生二千名が、その生活、名誉、規律、礼儀の上で定めた約束事であり、これは学風、伝統、慣習慣行、規則、言い伝え、常識良識を通じて実施するおびただしい件数にのぼるものであります。これは各人が本校の学生となって、獲得した名誉とともに荷《に》なうに至った責任であります。共同生活、団体行動の円滑な運営は、例えば時間の厳守、敏活な行動、危険に対する配慮、衛生清掃に至るまでの献身的な努力なくして、これを全うすることはできません。このいずれを欠いても団体の士気低しとの評価は免れますまい。学校の内外を問わず諸君の行くところ、必ず本校学生の名誉と体面は伴うのであります。公衆の間における作法、また然りであります。これをわれわれの約束事と呼んでよかろうと思うのであります。

　第三にお話ししたいことは「ためらいなき服従」ということであります。**Obedience without question.** これは主として英国系の軍隊で言われている言葉のようです。服従ということは誰にも大切のことでありますが、本校の学生には特にその意義の深さを知る必要のあるものであります。簡単に説明したいと存じます。人を服従せしむるのは権威であります。この権威には色々ありますが、われわれは正しいものには服しますが、正しくないものには服しません。また、服してはいけないものであります。正義は人を服せしむる権威の一つであります。また、社会には道徳律があります。これに服するなんの強制も受けませんが、われわれはこれに服するのであります。また、国家には法律があります。法律には、国民は例外なく、また選択の自由なく、これに従わねばなりません。しかし民主国家において、法律は民意、国民の総意、あるいは主権在民の原則の下に制定されるもので、この意味では、国民はみずからのつくった法律に服するのであります。このように理解される服従には一貫した合理性と合法性があって、これを理性ある服従と呼んでおります。この意味での服従は、封建的の隷属とは全く異なるのであります。

国家防衛を決する国民の意図には種々ありましょう。しかし、その任務に実際に就くわれわれにとっては、国法、道義、正義のいずれの点より見ても、このことが合理にして合法たることについては、何の疑義もないのであります。正しきことに従うことは真の個性の発揮であり、責任を解せずして自由や権利が考えられないように、合理合法の権威に服することは真の自己の発現の要件でもあるのであります。この環境において「ためらいなき服従」は美徳とも呼び得ましょうし、服従は忍従ではなく、積極的な個性の発展にほかならないのであります。

（第九期生入校式、昭和三十六年四月七日）

心の環境

第十一期生の諸君を迎えて、特に心強さを感ずるものがあります。式辞にかえて、以下少しく防衛大学校の心の環境とでもいうべきものについてお話ししてみたいと存じます。諸君は本校選択に際して、おそらく両親、恩師、友人等にはかられたでありましょう。しかし、最後の決意は諸君自身にあったものと信じております。われわれはこのことを高く評価し、その自由意志を尊ぶものであります。諸君の向学、鍛錬の意欲も、また、多彩な学生生活も、この意思決意あるがゆえに燃え、かつ実を結ぶでありましょう。これは諸君の心の光明であって、これなくして、本校はその教育訓練の使命を達成することはできないのであります。周知の通り、本校は将来国防の任に就く幹部養成のために特に設けられた、独得の性格を有する学校であります。この任務には困難と忍従を予期さるるものであって、勢い学問の履修も心身の訓練もひとしおきびしいものであることは免れません。防衛の任務は、ひとり均勢ある教養とともに、鍛練された知能気魄のみが、これを可能ならしめるものであります。

　本校創設以来十年、ここ小原台に集まる学生に接して強く心に残る一事は、彼らの成長成人の時期において、いかにみずからを見失うことなく、しかもみずからを律して行ったかであります。すなわち、自主自発の精神を貴び、勉励努力して、規律規制に服して行ったことであります。これは彼らの残した心の環境であり、その伝統であります。本校の留意するところもまた、学生の自由意志に基づく、この自発積極の気風であり、この気風のあるところ、常に清新の気はみなぎり、心に力を与え、活気躍動の源となるのであります。次の時代を担う人々のこの意気こそが、国の興隆の元であり、社会、ひろくは人類の威信と福祉となり、その安泰をもたらすものと信じております。また、自主自発の精神は、みずから進んで行なう勉励努力の湧き出《い》づる泉でもあるのであります。『論語』に「逝《ゆ》く者は斯《かく》の如きか。昼夜を舎《や》めず」（子罕《しかん》篇）という言葉があります。孔子の「川《せん》上《じょう》の嘆《たん》」として有名でありますが、河川の滾々《こんこん》として流れて尽きぬを思うての詠嘆であり、また、営々として止まぬ人間の努力であるとも解されています。励んで小原台に心の環境を築いて行く人々を指すが如く、また、ここに志を立てている者の忘れてならぬ言葉のように思われるのであります。

自主勉励は心の環境の活力であり、その生命でありますが、奔放無軌道のものではありません。軌道を無視し、あるいはこれを間違えて進むならば、これはひとり無駄な努力に終わるばかりではなく、時には思わぬ禍根《かこん》とすらなり兼ねないのであります。思うところ、行なうところ、共に必ず制約があり、規律規制のあるものであります。すなわち、学問を履修するのは学識思慮の制約を知ることであり、道義と信念を養うのは心と行為の規範に従うことであります。いかに熟練した技術技能も、また、鍛錬した心身も、規律規制の下に育成化されたものでなければ、目標も確かならず、基礎も危うく、意義ある構築物は結局その上には出来難いでありましょう。小原台上の教育、訓練及び生活もこの軌道の上に動いて初めて、正しい計画を持ち、正しい方向に進むことができるのであります。思慮知識も教えの手を借りずには、正しいその門戸を開くことは難事中の難事であり、道義と信念も日常の分別と行動において、伝統と習慣、規則と指導に問うことを欠いては、その達成は困難であります。これが心の環境であり、しかもその清純と活気を保つために、無知と盲従を排して、自主自発の精神と理解納得の力によって推進せねば、気風は直ちに停頓《ていとん》後退を免れないのであります。

本校の学生には他に見られない恵まれたものがあります。おぼろげながら諸君もこれを意識していましょう。われわれの思うところによれば、その最大のものは、共に起居し、共に錬磨する団結ある一団であることであります。その成果を挙げずして、何の顔《かんばせ》あって国民にまみえんやということでありましょう。フランス語にノーブレス・オブリージュ（noblesse oblige）という古い言葉があります。近代的に意訳すれば「恵まれた者には義務が伴う」ということでしょう。本来は剛勇、仁慈《じんじ》、高潔等の徳を備えることを意味していたのであります。いわゆる道徳的義務、または道義の伴うことを言うと解するのが適当でありましょう。諸君は今回、防衛大学校という教育機関に入校して、その学生としての持ち場を得たのであります。道義は社会を離れて考えられません。また、持ち場も社会を無視してあり得るものではありません。防衛大学校という一つの小社会の環境は、この道義の行なわれる持ち場にほかならないのであります。道義は外力による束縛ではなく、進んでみずから行ない服する調子の高い秩序であり、戒律節制のある生活様式であります。ルッソーという十八世紀の哲学者の考えを借りれば、このような団結に身を投ずることは、服して自由を失うのではなく、より高い自由を獲得することであります。防衛は国民の信頼の上にあるものであります。世間の本校に対する信頼は、防衛任務に対するわれわれの誠実によってのみ得らるるのであります。この誠実を可能ならしめるのが小原台の心の環境であります。以上述べまして式辞にかえ、第十一期生諸君の参考に供します。

（第十一期生入校式、昭和三十八年四月五日）

二　任務と社会、国家、防衛組織

社会、国家を守る意欲

二期生諸君は今日の入校式に列席するためには、慎重な考慮と決意とともに大きな希望を抱いて来校されたことと信じます。今後四ヵ年の本大学校における諸君の生活は、この初志貫徹に全力を挙げるということに尽きるのであります。諸君の入校及びその覚悟について語るとき、この学校の性格上われわれはどうしても、社会と国との関係においてこれを考えざるを得ないのであります。このことはわれわれがこの国土に生を受けたという宿命的事実に出発するのであります。たとえその土地が狭く、人は島嶼《とうしょ》に溢《あふ》れ、資源また乏しく、したがって生活はきびしいのでありますが、われわれはこの国土及びその民族に大きな誇りを持ち、愛着を感じるのであります。遠き昔よりわが祖先はここに住み、かつ勉励して、多くの遺産をわれわれに残してくれました。われわれはその伝統に生き、その文化に浴し、その勤勉と不屈の魂を受け継いだのであります。この祖先の遺産を守ることはわれわれの当然の義務でありますが、益々これに光輝を与えて次の世代に送るのでなければ、われわれに課せられた任務を果たし得たということはできますまい。われわれは最近十数年にわたって、かつてなめたことのない悲惨なる事態を経験して参りました。ただ、これを慰め、かつ生きる気力を与えてくれるものは、わが民族が宿す発奮心であり、また強い自負心が甦《よみがえ》り来たことでありります。多くの国においても長い年代の間にはその国運に盛衰があり、興隆衰退を免れ得ぬ事例は数多く挙げることができます。ただこの間にあって一つの明白なことは、国の興るや必ずそこには興るの理由があり、また衰うるやその衰うるの原因も必ず存することであります。われわれ殊《こと》に若き世代は心を新たにして、その変化せる事態を考えにおきつつ、国の興隆する原因を探究し、もって偉大な国家と幸多き社会を築き上ぐべきでありましょう。ここに本日入校して、これより四年間修業に励む諸君にとりまして、国家興隆のことに携わるほど意義深いものは他にはないと信じます。またこれほど大きな希望に燃えしむるものも、他に考えることはできないのであります。

諸君はこの国の独立と、この民族の自由を、何ものにも替え難い大切なものとし、この独立に対する侵略と、その自由の破壊には、あらゆる犠牲を払うて守るものと考えておらるるでありましょう。国に独立なければ国民の生活は隷属の日々であり、活動の自主性は全く奪われて、その働きには何の感激もなく、かかる社会には全く生命が見出せないのであります。同時に国民としての希望の何物もあり得ぬことは言うまでもありません。もしかかる侵略及び破壊が行なわれたとしたならば、わが国民はこれをただ、手をつかねて見まもるでありましょうか。また何ら抵抗することなく、侵略者をして、その思うがままにわが海岸線を通過せしむるでありましょうか。わが国民の誇りと、その知性並びに感情は、これを許さぬでありましょうし、またその国土を蹂躙《じゅうりん》にまかすものでないことも堅く信じてよかろうと考えます。もし抵抗の無益なることを説き、抵抗の準備を怠るをもって平和の福音であるかのごとく論ずる者があるならば、それは敗北主義と呼ぶべきもので、戦わずして降服を申し入れ、門を開いて敵を迎えんとするに異なりません。そのいずこに人としての知性が見受けられ、文明人としての気魄《きはく》と尊厳があるのでありましょうか。平和を愛し、郷土とその文化を想う国民が、諸君に期待せんとするものは、実にこのようなあわれな有様に陥ることを防ぐにあるのであります。国の危急に際して立ち上がるのはただに諸君のみではなく、国は挙げて諸君と共に立つことでありましょう。ただ、国家は諸君に特別に重き任務を要請しているのでありまして、その任務と、任務遂行に必要なる素質とを、諸君は保安大学校において習得せんとしているのであります。

本大学校の教育及び訓練の内容については、ここに述ぶることは省略いたしますが、われわれは大体三つの目標を考えております。一つは立派な社会の一人であるとともに有用な国民の一員であること、他の一つは立派な部隊幹部であること、さらに他の一つは立派な学識を持つ人たることであります。諸君の手近な目標として部隊幹部をとりあげてみましょう。指揮統率上の技術も必要なことであります。これのみに重きをおいて人物の修練を欠くならば、統率の資格は決して得られないのであります。教育なくして世の尊敬は受けられません。この尊敬なくして部隊統率のことは不可能でありましょう。ゆえにこの階層には高い気風の存するのが常でありまして、史上にも封建時代の士風であるとか、騎士の道義とか称せられ、勇気を貴び、卑怯《ひきょう》を賤《いや》しみ、清廉《せいれん》を賞する風がありました。時代の推移とともに近代国家が誕生し、一切の忠誠は挙げて国家また国民のためのものとなりました。しかし時は移り世は変わりましたが、指揮統率の真髄は依然として変わらぬものがありまして、今もこの職務に就くためには、その性格が依然として最も重きをなしているのでありま す。これとともに立派な学問の持主であることは、また部隊統率の性格より分離することのできない要素であります。この学校の場合、その学問学芸の主体は理工学及び指揮統率に関するものでありますが、教養に関する学問も等しく尊重することは、人物養成の重視について述べたところにより明らかでありましょう。しかも四年間の学業の重点は、多くこれらの学問の基礎であります。これはあるいは直ちに役立たぬかも知れませんが、諸君の生涯を通じて創意に富む工夫の糧《かて》となり、その応用により、諸君の遭遇するすべての問題の解決に役立つものであります。すなわち基礎学の習得と共に、われわれは学問の実践と応用の部面より目を放すものでないのであります。いかに基礎理論が応用され、科学が実践の世界に入るかは、この学校の学業の主たる目標であり、諸君が今後取り組まんとする課業にもこのことが常に現れて来るのであります。

最後にお話しすべき二つのことがあります。そのいずれもが修業の支柱となるものであり、一言に尽くせば民主主義は法と道義による支配であるということであります。一つは、本日諸君が日本国憲法に従う旨を宣誓されましたことと、他の一つは、本大学校の教育もまたこの憲法と同様に民主主義の上に立っているということであります。この宣誓は一面に諸君の行動は憲法を擁護することを約束したものでありますが、他の一面には、国法に従ってこそ初めて人間個性の尊重と発揚があり得るという、民主主義教育の原則を認めたことを意味するものであります。憲法を擁護するということは、合法的手段によるほかはその改変に与《くみ》しないことを意味し、これを逆に言うなれば、非合法手段による改革は一切受け付けないことを約したものであります。さらに宣誓の他の一面である、法に従うこと、規則に従うこと、または規律に従うことは、民主主義教育といかなる関係にあるか、これは少しく説明を要しましょう。通念によれば、個人と言うて己を主張し、自由と称して束縛干渉を排除するのが民主自由の観念であるかのごとく解されます。もちろんわれわれは個性の尊重が近代文明を築き上げた大きな原動力であることを信じます。また自由のみが個人の創意と精神文明を生み出した親であることも知っております。しかし、われわれのいう個性は野放しのものではなく、また個人の自由は放縦《ほうじゅう》を意味するものでもありません。一言にいえば、正しきことを目指すことにおいてのみ個性の発展があり、正しき行ないにおいてのみ自由があるのであります。社会は、一つの約束の下に行なってならぬことを抑制しあるいは禁止し、また行なわねばならぬことを奨励しあるいは命ずるのであります。人は何が正しく、また何が正しくないかを判断するもので、そこに道徳的の判断が生まれ、国民の常識となり、または総意となって、道徳的拘束または法律が生まれるのであります。言いかえれば国民の道徳的服従となり、遵法《じゅんぽう》精神となって現れるのであります。服従して屈辱を感ぜず、規制に服してわれわれはいよいよその個性を発揮するのであります。訓練を受けた、したがって統制ある社会において、民意は常にこの方向に向かうものとされ、民主主義の原則もまたここにあるとされております。このことはただに国の制度においてそうであるばかりではなく、共同生活のあるところ、民主的であるかぎり、必ず存在せねばならぬことであります。部隊は本来、団体的行動を生命とするものであります。また諸君は真の個性を発揚せんとして本大学校に修業せんとしております。諸君は規律ある生活をなすことによってその真価を発揚し得るとともに、部隊幹部たる資格を具備するに至るのであります。したがって保安大学校は、学生の規律ある生活を無視して、その教育上の職務を果たすことは不可能であります。諸君は規律ある生活を送ることによって、決して個性を傷つけられないのみか、この規律のあることによって、諸君の学業も生活もその成果を挙げることができるのであります。共同生活及び教育における民主主義とはこのようなものであると信じております。

諸君の入校の決意に対してわれわれは満腔《まんこう》の敬意を表するものであります。またその覚悟の誠実に対して全幅の信頼を寄するものであります。今日より諸君の生活は日を追って意義あるものとなりましょうし、またしたがってこの上なく愉快なものとなりましょう。すべての青年の特権である旺盛な元気と高い希望は燃えあがるでありましょう。われわれの念願は諸君がその決意をいよいよ堅くして、やがてこの学校を選びしことを無上の喜びであるとし、われわれもまた諸君を得たことを無上の誇りとしたいことであります。

（第二期生入校式、昭和二十九年四月十日）

全体への忠誠と個人

本日の六期生入校式に当たって、諸君はさまざまの感想を抱いて来校されたことでありましょう。次に少しく本校の性格とその教育の情況についてお話をして参考に供し、諸君が一日も早く学校に親しみ、その実際を理解せんことを希望いたします。また日頃、本校が学生に求め、共に努力している一端も、あわせて述べてみたいと存じます。

われわれは、諸君が将来の自衛隊の幹部たらんとする志望をもって、本日の儀式に臨まれたことをかたく信じております。この志望は尊く、誇りあるものであります。われわれの願うところは、諸君がこの志に誠実であり、熱意をもって初志を貫徹することであります。志への忠実は、同時に諸君の使命への誠実を意味するものであります。

防衛大学校が特別の目的のために設立され、国の防衛の任に就く幹部自衛官を養成する学校であることは、ここに述べるまでもありますまい。しかし、教育という見地より眺めますと、その教育の真髄は、諸君の年齢層の教育である一般大学と軌を一にしております。すなわち大学設置基準に従い、この学校の場合、理工学系統の大学が定める課程を設けております。また本校の特質という観点より眺めますと、この学校の教育は非常に多くのことを意味しております。すなわち、大学通常の学業の外に、特別の課目及び訓練が設けられており、また学生の全員が起居を共にして、規律ある団体生活を営んでおることを挙げることができましょう。殊に本校の特質を述べるに当たって大切なことは、ここの学窓生活が、道義及び節操については、ただこれを口に唱えるのみではなく、実際の生活において、学生が互いにその実践を強く要望されていることで、志への誠実は、このような実践によって日常の生活、交友、任務の履行の間に表現されねばならぬのであります。道義節操の熱意の強弱は、本校教育の成果の高低を標示する指針なのであります。

学校の目的とその使命に忠実誠実であることは、あるいは、独りこの学校に限らるるものではありますまい。すなわち個人教養の向上と社会及び文化への貢献の道を学び、国家社会に対する義務を含めての徳操情操の涵養《かんよう》を目指すことは、およそ学校のあるところ必ず誠実をもって果たされねばならぬ事柄でありましょう。ただ本校の、防衛という明らかに定めらるる設立目的と使命に鑑《かんが》みますと、本校はその誠実を微温的な寛容の態度で看過することができないのであります。もしこの学校の特色を求めるならば、それは使命に対する誠実であって、屈託なき人間味溢るる生活のうちにも、事《こと》、誠実に関しては、きびしさを持って襟《えり》を正すことであります。われわれは、個人の自由と自発心を尊ぶものでありますが、これは決して放縦や気儘《きまま》を意味するものではなく、自由自発心の尊いのは、正しいことをなし、これを主張し行なうにあたって屈せざる気魄を持つことにあるのであります。この意味での自由自発心は力であります。本校の使命である防衛に対する誠実も、また高い意味の自由自発心に発するもので、これは各人個々の意見であり、見識であり、また主義主張でなければなりません。したがって単なる受動的の盲従、追従とは本質的に異なるものであり、この誠実は、それが本心よりほとばしり出るのでなければ信頼し難いものであります。誠実はもとより、一切の道義の観念は、学生諸君の心に発し、みずからこれを育成し、これが全体のものとなって発露するのでなければなりませぬ。このようにみずから発するものであってこそ、初めて本校の気風は尊く、誇りあるものと呼ぶことができるのであります。

諸君は、本日の入校によって、防衛大学校の一員となり、またその学生隊の一員となりました。これは一つの組織に加わり、その構成員となったことを意味します。この学校及び学生隊の組織は、その目的が終始教育にあることを忘れてはならないのであります。すなわち組織の力によって、教育の環境をつくり、学校に与えられた教育の目的を達成することであります。しかし、この環境は、他力に待っていたり、あるいは、他の模倣のみによっては、決して誕生するものではありません。自力に頼る以外に方法はないのであります。幸い本校も開校以来五年を経過し、その伝統にもやや見るべきものが醸成されつつあるのを感ずるのであります。価値のある伝統の興隆は学校全員の責任であるのはもちろん、特にこれは学生自身の責任であると言わねばなりません。しかし、教育環境も伝統も、その力の源泉は、結局学生個人にあることを深く考えねばなりません。団体生活の目標は、人を一つの坩堝《るつぼ》の中に個性をなくして溶かすことではありません。各人が協力し、生活し、励むことであって、各人は全体に属しますが、やはり各人は依然として個々の人であります。このゆえに個人の励みが生じ、自発心が起こり、その能力が発揮されて、初めて全体の精華が発現するのであります。個人の意欲、希望、誇りが傷つけられることなくして、全体に対する強い愛着、献身的なる協力の念、さらに義務、犠牲の精神が湧き起こり、全体は各人がその心に何の曇りもなく、全力を傾けるに価する存在となるのであります。全体はその構成員にとって、希望であり、期待であり、やがて全体は意思を持ち、生命を生み、精神を有するかの観をすら呈するに至るのでありま す。このことは、個人個性を尊重するいかなる社会、国家、または民族においても同様でないかと考えます。われわれは全体を語って個人の順応服従のみを説いて、個性伸展の泉を涸《か》らしてはならないのであります。諸君の学生隊も、その環境伝統もやはり諸君個人の思慮を待って初めて起こるのであります。

諸君の志への誠実は、諸君の使命への誠実を意味すると述べました。この使命は言うまでもなく、わが国防衛のことであります。それは郷土の防衛でありましょう。何となれば郷土の防衛は、非常に多くのことをわれわれに意味するからであります。この郷土はわれわれの祖先が住んだ所であり、またわれわれの子孫の住む所であります。われわれは長い歴史、独得の文化と伝統を誇っておりますが、これがさらに育成されて栄え行かねばならぬ未来の土地でもあります。喜びと悲しみ、希望と失望の交差して来た過去、しかも正義と人道がいよいよ興らねばならぬ土地でもあります。しかも、その社会及び国家も分割のない一つのものであって、その統一を長い間続けて来ているのであります。またみずから選ぶ政府を有し、その郷土の独立と平和と秩序を維持して来ました。かくも恵まれた国は、世界広しといえども決して多くはなく、むしろ無慈悲できびしい生活にあえぐ民族や社会、国家が世界の各地に散在することは、諸君承知の通りであります。しかし、かかるわが郷土の幸福も、その独立と平和と秩序が確保されているがゆえに続けることができるのであって、このような幸福の獲得が、またその維持確保が、いかに多くの血と努力を要するものなるかは、歴史の物語るところであり、また今日の世界の現実が示しているところであります。一度失った国家の独立と民族の自由は、容易のことで戻るものではありません。防衛の任務の尊く、かつ重いというのは、かくの如き事情に発するものと考えております。

諸君、今後四年の本校における学窓生活は、諸君の生涯において最も反応の多い、吸収力の旺盛な、弾力性があり、また多感の時代に行なわれるものであります。ただに知識技能にとどまらず、気力体力の強く伸びる時代でもあります。諸君は本校において恵まれた、また意義の多い生活を送ることを信じて疑いません。ただ願うことは、今日の志を粘り強く押し通すことであります。一度決定せる意図を変更し、または挫折せしむるくらい、無駄のことはありません。過去一切の努力の蓄積をこの一瞬に失うとともに、迷いと疑いの救い難い深淵におちいります。強靭《きょうじん》なる気魂のみがこれを救い得るのであります。

（第六期生入校式、昭和三十三年四月八日）

制服、個人、組織の意義

第七期生諸君。防衛大学校の使命は言うまでもなく、将来自衛隊の幹部たる人々を養成することであります。諸君の選びし防衛の任務使命の大切なものなることは、充分承知の上のことと信じております。今日の世界を見渡して、民族の自由と独立を確保し、その安全と平和を、みずから守ろうとしない国の皆無であることは、民族に通有の事実であります。みずから守ることなく、ただ手をつかねていて国が栄え、文化が興ると考えるくらい、大きな間違いと危険はないのであります。安全と平和が脅かされては、国民の福祉も望めず、社会の物心両面の発展も、努力勤労の意欲も燃えあがることはできないのであります。防衛は国家のなさねばならぬ、大切な役目であって、その職に進んで就かんとする諸君の使命は誠に重く、また尊いものと言わねばなりません。

この諸君のために創設された本校の教育には、一方には一般大学の水準を堅く維持するとともに、他方には防衛大学校独得のものがあるのであります。その教育の根幹をなすものは、学問の習得、知識の練磨であり、他方には人として、また自衛官としての習熟練達であることは言うまでもありません。そのいずれに偏することも、厳に戒むるところでありますが、教育の持つこの二つの部面は、決して平行線をたどるものではないのであります。学問の習得練磨は、ただに諸君に知識を与え、任務に必要な知識を会得せしむるに終わるものではなく、人の性格、その人格の上に大きな感化を及ぼすものであります。同時に、人たりまたは自衛官としての習熟練達も、その基礎を学問におかず、徳操情操を顧みず、国家及び社会の事情に暗くては、その信念も力のない空しきものに終わるでありましょう。

われわれは、いろいろと考えて、一つの任務に就く人の理想的の姿を観念の上でつくりあげることはできます。この脳中にえがく理想の姿も、われわれを啓発するものであり、意義あるものではあります。しかし、結局は観念であり、紙上の計画であります。これに反し教育は、日々の実行実践であり、一日一日が積み重なって、諸君は四年後にはどうなるか、また長い諸君の人生の上にどう響くかということであります。あたかも建築家が、その完成の日の建物の姿を心にえがき、日々の工事においては、その材料の吟味、強度の計算、線や面のゆがみに注意を怠ることができないように、教育もまた毎日を怠ることができません。一日をおろそかにすれば、責任の荷重に堪え得ぬ基礎が出来上がるかも知れないのであります。このために学業、訓練、体育にはそれぞれ試験テストのごとき測定があって、その成長の有様を測ります。また心や、資質や、性格も等しくその成長を測定せねばなりません。心を測る物差しはないというかも知れません。しかし、われわれは常に次の三つの点を挙げて測りたいと考えております。すなわち、諸君の身につける制服の持つ意義、個人の持つ力量、並びに団体における適応順応の資質の三つであります。

第一に、諸君は今日防衛大学校の制服に威儀を正して集合しましたが、このことに大きな意義があるのであります。制服をつけたことは、諸君の将来が約束されたことを意味すると同時に、防衛大学校学生たる威信と誇りを表すことでもあります。制服にふさわしい姿勢、態度は、その動作、礼儀作法とともに、将来の自衛官としての覚悟と気品を表すものでもあります。その着衣、姿勢、行動において、一つの間違い、一点のしみもない姿は、諸君の職責に対する誠意と熱意の象徴であり、また責任と自信の表明にほかならぬものであります。殊に団体として整一した体形において整列し、あるいは行進するとき、これは結集の力及び団体精神の表現を意味するのであります。やがて諸君は、自由な討議討論の機会を与えられて、その意義の深さを互いに論じ、容儀、態度、礼儀が生活の基本であることを納得し、進んでこれを実践することに大きな意義を認めるでありましょう。

第二は、個人に属する力量であります。われわれにとって、人たるの威信、人たるの誇りを傷つけてはならぬということは大切な信条でありますが、さらに積極的に個人の力量、すなわち個性を尊重することも同様に大切な信条であります。この力量の一つは知性でありまして、暗愚、迷信、狂信的な思慮行動を極力避けて、一切の判断行動を理知の俎上《そじょう》に乗せて反省してみたいのでありす。このためには、諸君の在学四年の学業並びに訓練の練磨によってはもちろん、集団生活の四年の経験は、諸君の判断行動の資質を著しく伸長せしむるものであります。知性は自信を与え、判断行動の精確と妥当性を可能ならしむるものであります。さらに個人の力量に求めらるるものは、率先先導の資質であります。日常の行動においても、また新たに遭遇する問題においても、これに対処するに当たっては、建設的な創意と責任をもって率先先導することであります。率先先導は、指導者が持たねばならぬ一つの資格であります。さらに個人に求めらるる他の資質は、信頼でありす。われわれの日頃感銘しておかないのは、米国陸軍士官学校における素朴な名誉律であります。すなわち曰《いわ》く「うそをつくな。あざむくな。盗むな」という三つの戒律であります。これを犯す者は同僚仲間よりはずされて、結局は学校をみずから立ち去って行かねばならぬのであります。学生は、みずからこれを守り抜いてきびしく実行するのであります。重き任務を荷《に》なわんとする者の心の戒めは、ここまで達せねばならぬかと、人をして深く感銘せしむるのであります。国家国民の信頼は、このようにして初めて受けられるのであるを思わしむるものがあります。集団の秩序、規律、組織の持つ一切の機能は、この信頼の上に築かるることを銘記すべきであります。

話したき第三は、団体生活において、適応順応する資質についてであります。本校の教育は、諸君の個性に期待せねば、その効果を発揮し得ないことはすでに述べた通りであります。同時に諸君は、一つの共同の目的をもって行なう団体生活の中にいるのであります。この台上の敷地には数多い建物が立ち並んでおりますが、建物だけではないのでありまして、この台上の生命は、各種各様の団体があって、それぞれの活動によって続けられているのであります。学校自身の持つ組織はす。暫《しばら》く別として、学生生活について眺めますと、各人は数多い組織に関係参加しているのでありま学業及び訓練のために教務班及び訓練班が編成されており、起居生活のためには室長を中心とする各室、この上に小、中、大の各隊、これが全体となって学生隊を編成しているのであります。スポーツ、学術、趣味、娯楽のためには、部または会が存在し、その大部が校友会の組織に包含されております。また年間を通じて競技会、記念祭等数多くの行事があり、そのつど組織が構成され、また定期的には、長期または短期の校外の訓練、実習、見学等の団体行動があります。学生は一日を通じ、また年間を通じて、これらの組織団体の間を往復しており、その状態は、絶えず離れては結び、また結んでは離れる、集団的の脈動を続けております。ある人はこれを評して、見渡したところ一つの大きな混雑と日に映るのであるが、子細に見れば、それぞれはよく組織された団体の活動であると述べましたが、確かにその景観があると思われます。

この多種多様の団体生活の中には、一つとなって通う目標を追い、共通の生気に溢れるものがなければなりません。この目標を追わしめ、この生気を生むものは、団体生活の運営が主として学生自身の手によって行なわれているからであります。ここに団体生活のみによって経験し得る積極的な熱意と、責任ある行動が誕生するのであります。また教育の生命である、盛んな成長成育が続けられ、その生気を生むのもこのためであります。

この団体生活に適応する資質を育成するためには、いくつかの要素、掟《おきて》のあることを忘れてはならないのであります。その一つは協力の精神であります。団体生活において自己の意思及び意見のみが通るものでは絶対になく、常に調和を必要とすることは言うまでもありません。その二は判断と決断であります。遅疑《ちぎ》逡巡《しゅんじゅん》することを避けることであります。もし「男らしさ」が美徳であるならば、これは判断決断に負うところの多いものであります。その第三は、指導者の精神であり、その第四のものは、勇気であります。協力は決して他の意を迎えるというような消極的のものではなく、人の積極的な素質であります。ただ盲従をもって能事《のうじ》終われりとするならば、これは卑屈で信念のない態度であります。常に指導的な気魄をもって、正しいことと、約束された事柄には、進んで従う雅量《がりょう》と誇りを持つことが肝要なのであります。規則、命令、規律慣行に服することも、定められ命ぜられるままに動けば事足れりというものではなく、従うことの価値、四囲の緩急の情勢並びに組織に生活することを常に意識して判断すべきであります。また、間違い、正しくないこと、自己の判断信念に背くことを、ただ見過ごすことは勇気のないことでありまして、おのれの考えとその主張、またその反省も、常に守らねばならぬ掟であることを記憶すべきであります。

今日の入校式に当たってお話しすることは、以上の諸点であります。これらの諸点は、防衛大学校がその学生の学生たる適性であると考えるものであって、単にこれを口にするのみならず、よくこれを理解し、互いに戒め互いに観察し、進んで評定して、学生の心がけの環境あるいは精神の環境ともいうべきものを作りあげんとするものであり、切瑳琢磨《せっさたくま》とはこのことを言うのでありましょう。新入生諸君の在校四年が、諸君の人生にとって意義あり有用のものとならんことを心より祈願するものであります。

（第七期生入校式、昭和三十四年四月九日）

混乱の惨を誰が防ぐか

本校への入学は、十期生諸君にとって、多かれ少なかれ違った環境に入ったという感を与えているのではないかと思います。しかし、人はしばしば異なる環境に順応馴化《じゅんか》せねばならぬのが常であり、また、かかる経験をすることも、人の一生にとっては意義のあることと考えております。本来、われわれの心身は大幅な適応性を有するもので、人は常に主観の世界に閉じこもることは、許されないことであり、危険なことであります。必要なことは、このような機会に際して進んで与えられた世界に身を投じ、周囲を知り、全般を量って、社会のうちに生きることであります。この学校も今年は十年を迎え、十年の過去は、学校に何物かを与えたことも事実であります。何物かを持つことは、人に一種の自信を与え、同時にこの自信は将来の路につながり、結びついていることを思わずにはいられません。諸君の今後の四年は、この過去を基礎とする、学業、訓練、体育、共同生活を一丸とする一連の基盤の上の修練であります。学校十年の過去と環境が諸君の修練に、心に迷いも曇りもなく、喜びと希望を与えて、勇躍、取り組み挑戦して行くようなものであってほしいと念願しております。諸君には自分の人生の意義と、その生きがいを知ってもらい、社会からはここに学ぶ者の真摯《しんし》と廉潔《れんけつ》がたたえられ、国家からはその有為と有能の期待を受けたいものと希《ねが》っております。

国家の誰ひとりが、国の平和と安全を祈願しないものはありますまい。平和と安全があって学問芸術が起こり、繁栄と豊かな生活が可能であることは言うまでもありません。しかし平和と安全は、ただこれを口に唱え、無防備、無為であっては、予期せぬ災厄を回避し、これを防ぐことは不可能であります。みずからを守る意思のない国民は、民族の理想や、その自由、独立、正義を唱えても、その声はか弱いばかりか、その資格すらないのではないかと思われます。災厄侵略は、決して尋常正規の形で襲うとは限らず、不軌不測の時に、不軌不測の姿で迫ることも充分にあり得るのであります。国土が荒廃するばかりでなく、文明人として最も忍び難いことは、国民としての自由の精神、人類としての道義の精神をすら、その暴力の前に屈服するを余儀なくされることであります。十七世紀にイギリスのトーマス・ホッブズは『リヴァイアサン』という有名な本の中で、人間性に対して悲観的な見方をして、暴力と無秩序が生み出す悲劇を次のように書いております。「法の行なわれない所では、人は自力に頼るより外に途《みち》はなく、絶えざる争いがあるばかりで、働いてもその果実の確保がないので産業は起こらず、土地も耕作されず、交易もなく、交通も開けず、知識も、時の観念も、芸術、文学、人間相互の交友も起こらず、最も悲惨なことは、絶えず恐怖とはげしい死にさらされていて、人生は孤独でみじめであり、禽獣《きんじゅう》の生活と異ならず、かつ、短い」と述べております。

ホッブズの言は、不正無秩序の支配に対する極端な論理であります。しかし、これは今日の国際社会に対して、一度、混乱の起きた時の極端の論理としても成立すると考えられるのであります。もちろん、われわれは国際社会における友誼《ゆうぎ》や修交、同盟や集団保障に大きい望みと信頼をかけております。また正義の支配する恒久平和と、このための国際機構の実現の可能性にも、固い信念を持っております。しかし同時に、今日の平和が力の均勢にあるという危険極まりない事実に目を覆うこともできないのであります。不正と暴力を制御する力に欠け、または弱い時、変に際し、乱において、みずから備えずみずから守らず、誰が備え、誰が守り、何を頼りとして平和と安全を確保することができましょう。防衛大学校の生まれたのは、国民のこの憂慮からであると堅く信じております。防衛大学校の教育訓練計画、またここに出発すると堅く考えております。諸君は在学四年間に、自衛官として、その指導者としての素質と、日に月に増すであろう責任担当者の適性を示して行かねばならぬのであります。ここに本校設置の理由があり、独得の教育訓練計画を持つゆえんでもあります。

さきに、この学校に十年の時の経過があったと述べました。この間、学校の努力して来ましたことは、一方に学問を尊重し、他方に実動実技を訓練する明け暮れであったと言うことができましょう。学問の幅はできるだけ広く基礎的であり、人文、社会科学、外国語、理工学、防衛学の各分野にわたっております。本校の教育訓練の方針に言うように、広い視野、科学的の思考力及び豊かな人間性の涵養をその使命としております。本校創立以来の方針として、今日の幹部自衛官の重要な素質の一つとして科学に深い理解を持つことを目標として、理工学に重きをおいて参りました。最近その陣容整備も一段と進み、特色ある教育の効果を挙げ得るのではないかとひそかに期しております。次に実動実技の訓練は、訓練、体育及び規制ある集団生活を包含する本校の重要な教育課程の分野であります。諸君の任務は激動と耐久力の鍛練を必要とし、水火も辞せない気性を必要とします。ただ追随追従することをもって能事とせず、自主自律、積極率先する気風の尊重がなければならないものであります。ひとりよき自衛官としてのみでなく、民主国家の有用な一員、一市民であることも諸君の大切な素養であります。

学問の尊重、実動実技の訓練に続いて、最後ではありますが、前二者に譲らない重要なことをつけ加えたいと存じます。諸君の生活態度についてであります。外に現れます行為行動、挙措《きょそ》容儀についてわれわれは関心を持ちますが、これは外整うて、内整うことを言うているのであります。しかし、実際はこれは心の問題であります。多くの言葉、多くのことが、心の持ち方のために語られていますが、ここに特に諸君の考慮を促したいことが四つほどあります。その一つは、諸君に対する信頼に対し、心をもって応えてもらいたいことであります。将来の任務は、絶対の信頼の上に築かれております。嘘言をはき、人を欺くことの許されないことであり、正直が最強の武器であるということであります。その二は誠実であり、諸君は熱意を持ち、全力を挙げて任務に尽くさなければならないことであります。規則、規律、守らねばならぬ慣行が数多くあります。しかしこの学校で最も高く評価されることは、自由意思による動きであり、これは人の伸びる原動力であり、人の価値を定め、誇りの源泉であります。献身的な奉仕の生活は、これを忠誠と呼んでよいのではないでしょうか。その三は服従であります。民主主義の真髄は約束に従うことであり、人は服従して、その自由を得ると言われています。条理に服し、理性に従い、正義に自我を譲ることは、屈従盲従とは異なるのであります。したがって防衛が正義のため、平和独立のためであり、自衛隊がそのための組織であり、機構であるならば、その組織、その指図に従うことは屈従でも盲従でもなく、高い理想、尊い使命に服することを意味していると思うのであります。その四は人の威信を尊重することであります。先輩を敬い、同僚、後輩を敬うことで、これは集団、団結、協力、共同の推進力であり、人間の社会生活の生命であり、支柱でもあります。他を尊重するによって節度が生じ、高い学生生活が営まれ、個人及び全体の名誉が維持されるのであります。以上述べました四つの事項は、すべて諸君の心の問題であり、これを実践することもまた、ことごとく諸君自身の事柄であります。調子の高い学生生活は、諸君の手で守られ、心によって行なわれて、ここに初めて生活には節操があり、徳操があるということができましょう。人の共同生活において、これに優る誇りはあり得ないのであります。こういう点にこそ最も大きな努力が集中されねばならないのであります。

（第十期生入校式、昭和三十七年四月六日）

三　何をどう学ぶか

教室だけが教育の場ではない

第四期学生諸君にお話しします。

本日諸君を迎えることは本校に在職する職員並びに在学生にとりまして、誠に悦びに堪えぬものがあります。年々全国各地より有為の青年を迎えることは、そのこと自身が大きな悦びでありますが、今春は本校の四学年の課程が諸君を迎えて全学年を満たすのであります。このことは本校にとりまして誠に意義深きことであるとともに記念すべき日であります。

今よりちょうど三年前第一期生の入校以来、教職にある者も、建設及び運営に当たる職員も、また在学生も、この三年間はその一日一日が思慮計画の日々であり、新たなる問題の解決に努める日が続いたのであります。希望に湧く日が来たかと思うと、また迷いが出、あるいは失望に時を過すということもありましたが、この間常にわれわれを勇気づけ鞭撻《べんたつ》するものは、国民の期待に報いんとする念願と、その使命責任に対する自覚でありました。第四期生を迎えるに当たり、われわれが日頃考え、また到達せんものと願望しているところを簡単に述べることも、また意義なきことではないと考えるのであります。

本校教育の目的は防衛庁設置法に定むる「幹部自衛官となるべき者を教育訓練する」ことにあります。すべての教育計画及びその組織は、この数語の上に築かれているのであります。本校の教育は、これまで諸君が受けた教育の延長であることはもちろんであります。これと同時に、さらに新たなる教育と訓練が加わるのであります。諸君は教育に関して常に用いられる徳育、知育、体育という三つの言葉をよく知っておりましょう。諸君の今日までに得て来た教養は、学校教育の関する限り、この三項目の上に進められて来ているのであります。職業が専門化するに従い、これに関連する学問、また教育が専門的となるに伴い、教養についてもこれを重視するのは近時世界を通じての共通現象であります。蓋《けだ》し教育が職業的であり専門的になればなるほど、人は広い視野を持つことに務めることが、人類福祉のため、また社会国家のため、いよいよ必要となって来ているゆえであります。本校また、諸君の今日までの教養を基礎とし、教養教育に関するこの主義を堅く守りたいと考えております。

さらに諸君は本校において初めて、職業教育と密接な関係において理工学の専門教育を受けると同時に、幹部自衛官たるに必要なる職業教育とその訓練を受けるのであります。学年の進むとともに、この部門が漸次《ぜんじ》強化せられ、この種の授業に多くの時が費やされ、科学的な洞察力と指揮統率の資質の養成に力の加わるのを知るでありましょう。専門教育は本校教育の主流であります。しかしこの話は他日に譲り、今日は少しくこの以外についてお話しします。すなわち本校教育の四年間は、教室に始まって教室に終わるものではないということであります。重要なる教育は教室の外にもあるのであります。訓練、体育及び学生舎内の生活、これであります。この点は他校と著しく異なるところでありまして、特に今日お話をする必要があると考える次第であります。訓練は教室における職業教育と並ぶ、職業教育の他の重要なる課程であって、陸に海に空に、ただに校内に留まらず、遠く校舎を離れて、将来の職業の基本的練習が行なわれるでありましょう。次に体育は、ただに壮健なる身体の育成を目指すばかりでなく、格闘的な競技及びチームによる競技はもとより、各種のリクリエーション的な運動に至るまで、そのいずれにも全学生が参加し、全力を挙げて激しく、また堂々ときそい、同時に友情を温めることとなっております。水泳また全員皆泳を目標としております。体育において諸君は単に強い体力を養うばかりではなく、これが将来の活動力の源泉となることを期待しているのであります。また学生舎内の生活においては、ここに諸君の気品と正しい社会的性格と、堅固な意志と勇気が生まれ出るところと考えております。この点については後にもう少し述べてみたいと思います。

このように眺めますと、本校の教育体系は多岐多様、一見輻輳《ふくそう》しているように見受けられますが、必ずしもそうではないのであります。私は最近防衛庁の命をうけて、米、英、仏の三国に、防衛大学校と同種類の学校及び著名な若干の大学の教育を見学して参りました。そのうちコエキダンのフランス陸軍士官学校に参りますと、その教育を四つに大別し、徳性の育成、学識の育成、体力の育成及び職業の育成として、それぞれの計画を立て、誠に一目瞭然《いちもくりょうぜん》たるものがありました。いかに複雑なりといえども、本校の教育またこの四項目の外に出ないと感じたのであります。旅行中、その制度は国によって大きな差異のあることを見て来ました。その修業年限の如きも、米国の四カ年、英国の二カ年または三カ年、仏国の二カ年というふうに異なり、教育の内容も、ある所は一般教育に重点を置き、あるいは専門学の研究に深く進み得ることに留意したり、あるいはまた、その教育の大部を職業教育、殊《こと》に訓練に充当するというふうに、決して一様ではありません。国情によって異なり、伝統によって違い、また卒業後上級教育機関といかに連結するかによって差があるのであります。しかしこの種の学校には二つの使命のあることが窺《うかが》われるのであります。すなわち一つは、卒業後小部隊の指揮官として早急に役立つこと。他の一つは、部隊幹部として将来進歩発展し得るに基礎となる資質を培《つちか》うことであります。この点において思い起こすことは、アナポリスの米国海軍兵学校において、その学生に対する言葉のうちに、「諸君は立派な海軍士官であることはもちろんだが、それだけでは満足できない。諸君は将来国内的にも、また外国に対しても、立派な米国市民であって、指導的見識と科学的眼識と任務を遂行するに堪える体力を合わせ持つ有為な人物でなければならない」と言っていることであります。

以上われわれは主として学業及び訓練に注意を注いで来ましたが、次に目を転じて、本校学生の気風について考えてみたいと思います。しかしこれはその大部分が学生の覚悟いかんによって決まる性質のもので、学生みずからが決し、その育成を図り、みずからその成果を刈り入れねばならぬものであります。一にかかって学生の覚悟と奮発いかんにあるのであります。その機会を諸君は団体生活、ことに学生舎内の生活に持つのであります。

諸君は入校とともに学生舎に入舎するのであります。ここが諸君の社会に通用し組織に生きる人間としての練成の場であり、教育はひとり教室に始まり教室に終わるものではないのであります。諸君はあるいは言うかもしれない。今日は個性の尊重の時代と聞いているのに、共同生活への毎日の強い奉仕を求められたり、自由を尊ぶと学んだのに、煩瑣《はんさ》な規律への服従を要請されたり、あるいは平等の原則に反して上級生の指図を受けたり、そこには幾多矛盾する事柄がある。これほど民主主義に反し、自由を犯し、平等を無視するものはないと考えるかも知れません。しかし秩序のない、規律の行われない、また正しいものと正しくないものとの区別のされない、すなわち放縦《ほうじゅう》で、気儘《きまま》で、人々が思い思いに動く団体生活において、どうして静思熟考があり、勉学があり、また修業があり得ましょう。生活は混乱し、思慮はまとまらず、個人の尊厳も、個性の進歩発展も、またその独立すらも望むことができません。共同生活には規律と道義がなければならないことが明らかなのであります。

かねて私は米国陸軍士官学校、海軍兵学校の士気の高いことをしばしば聞かされておりました。今回の旅行においてつぶさに各国の学生を眺めますと、ただに米国のみならず、他の国々においても、その水準の頗《すこぶ》る高いことを知ったのであります。たとえばその姿勢、態度、礼儀において、整列、行進はもとより、人との応答、食卓に座する時、あるいは教室に学ぶに当たり、その自信に満ちた有様は今も眼底に強く残っております。しかしわれわれも、本校創設以来、日いまだ浅くはありますが、われわれなりに自信を持っていないことはないのであります。諸君が上級生中に、私が他国で受けたような印象を、相当数の人々の中に発見するだろうと確信しております。しかし要は全体として水準の高いことが必要なのであって、われわれは鋭意この水準に向かって努めねばなりません。

元来、道義または徳操と呼ばれるものは、個人なり集団なりの心底深くおのずと根をおろし、堅く守られるところに、奥床しさや、気品の香りを有するものでありますが、われわれも諸君のうちにこのような気風の起こることを常に望んでいるものであります。三年この方、互いにきびしく戒めて来たことは色々ありますが、殊に心がけたのに、卑怯《ひきょう》のことをしないこと、賤《いや》しきことをしないことでありました。もう一度外国の話をさせていただきましょう。ウェスト・ポイントの米国陸軍士官学校にオーナー・システムという、学生の道義維持に関する、学生によって組織される問責機関のあることは有名な話であります。しかし学生の道義は、この機関あるがゆえに維持されるのではなく、学生の道義の水準頗《すこぶ》る高きがゆえにこのような機関が生まれ得たのであります。

またハーヴァード大学に参りますと、ここもハウス・システムと称して寄宿舎が重要な教育の役目を果たしております。同大学は自由、個人主義、成熟（Freedom, Individualism, Maturity）ということを教育の格言となし、完全な自由を学生に許しております。そうして規律の維持はと尋ねますと、ただ一語オーナー・システムと答えます。学生に対する信頼と、その人格の尊重には、誠に驚嘆に価するものがありました。また英国に渡り、陸海空の士官学校や兵学校に参りますと、一つには学生数の少ないことにもよりましょうが、整然たる学生自身によるその生活の有様を見ては、規律の維持はなどと質問をする気には誰しもなれませんでしょう。問うてもおそらく答えることはありますまい。強いて言えば、ウェスト・ミンスター・アベーの無名戦士の墓碑銘の To God, To King, To Country（神に、王に、国に）というのが、英国民にとって誠に意味の深いこのような質問に対して答え得る唯一にして最高の言葉ではないかと考えたのであります。

最後に一言附言したいのは、諸君、今日の入校式は将来の幹部自衛官としての国民の信頼とその期待に強くつながるということであります。この関係において、多くの点において一般大学と共通点を持ちながら、本校はまた明らかに相違するのであります。われわれ民族は、正しく強いということを念願とし、またそれを理想としております。防衛の任務は尊く、諸君の使命は重いのでありま す。互いの努力と誠実によって、来たるべき四年間において、諸君は尊き職業と良き学校を選びしことを誇りとすることを心より祈るとともに、われわれまた良き学生を諸君において得たことを悦びとしたいものであると念じております。

（第四期生入校式、昭和三十一年四月十日）

リーダーシップと人文

新入学の八期生諸君は、大きな期待を持って今日の式に臨み、四カ年の小原台の生活と、これに続く職務に大きな関心を持たれていることと推察いたします。今日この式に参集の方々と共に、われわれは諸君の人生に意義多かれと祈るものであります。さし当たり諸君にとって大切なことは、防衛大学校の性格を速やかに理解することではないかと考えております。諸君のこの理解の参考に資するため、少しく防衛大学校の教育について述べてみたいと存じます。

防衛大学校の使命と目的について語る、いくつかの法規上の言葉があります。防衛庁設置法には、防衛大学校は「幹部自衛官となるべき者を教育訓練する機関」であると言い、防衛大学校規則には教育訓練の目的として、「学生に将来自衛隊の幹部自衛官として必要な識見及び能力を与え、かつ、伸展性のある資質を育成する」と言うております。また、同規則の教育訓練の方針の一節には「特に広い視野を開き、科学的な思考力を養い、豊かな人間性をつちかうことに留意して」云々《うんぬん》との言葉を掲げております。以下これらの諸点に答えてみたいと思います。

いま拾い読みをした諸点を念頭におき、防衛大学校の教育の行き方を考えますと、次のことが思い浮かぶのであります。すなわち特殊の技能、特別の職業に適応させる教育のことであります。このような技能及び職業には学者、教師、僧侶、牧師、法律家、医師、技師、航海者、画家、音楽家といろいろ挙げることができましょう。軍人またその一つであります。ここに挙げたいずれの職業も長い歴史と伝統を有し、それぞれの特殊の教育や訓練が発達したのであります。この教育は職業教育あるいは専門教育と呼ばれます。おのおのの専門か、または職業に必要な科目及び訓練を適宜編成して教え、その道にはげしく訓練するのを例としております。さらにこの教育はただにその特技においてのみならず、職業の良心、道義的伝統に、高い誇りを持つのを常としております。今日の大学教育の基準にも、専門職業の教育はあります。しかし同時に人格、道義、教養の教育をも怠らないのであります。人文・社会科学、自然科学より成る一般教育も、この人格育成の一端であることは諸君承知の通りであります。

ここで防衛大学校の教育課程について述べますが、幹部自衛官の養成も伝統的には特別の技能を要する職業に属し、職業に伴う高い風格と、国民の尊敬及び親しみを受けねばならぬ性質のものであります。防衛大学校の教育計画、またこの外に出ないのであります。ただ近来、科学の素養に対する要求と、わが国の社会と政治に起きた新情勢は、おのずから教育の上にも従前とは相違のあることは免れないのであります。本校の教育課程は二分して、その一半は自衛官資質育成のためのものであり、他の一半は科学、殊に理工学履修の課程であります。学術の課程に理工学がこれほど重視されたことは、この種の学校としては、八年前の創立当時においては異例の計画と考えられましたが、今日では他国にも漸次《ぜんじ》この傾向の強化されるのを見るのであります。防衛の技術が科学の進歩によって、はげしい変動影響を受けることは周知の通りで、この不安定の事情に対応する唯一の途《みち》は、変動にさらされている技術を教えるのではなく、いかなる変動にも対応し得る基礎理論の理解習得と、これを尊重することであります。このことが、防衛大学校が異例の力を理工学に注ぐゆえんであり、またその特徴でもあります。

理工学の履修とともに、教育の他の半面は自衛官資質の育成であります。この計画は多様多岐にわたっており、課程の上のもの、課程外のもの等、日常の起居に至るまで一切を含むのであります。これは単に防衛に関する学識訓練を与えるばかりではなく、学生生活に鍛練と修養、交友と社交の機会を与え、この間に諸君は人間生活の意義を深く味わい、この学校を人間の魂の故郷として愛するに至るものであります。この計画が包含するところを眺めますと、防衛学及び訓練、ガイダンスと呼ぶ討論学級、体育活動、共同生活及び団体行動において自主自律、積極敢為《かんい》の風を養い、かつ徳操情操を高めようとする学生隊及び校友会等があります。自衛官の職責は原則的には、学究の仕事よりはむしろ実際の行為行動であり、いわゆる「活動の人」を要求しているのであります。これにはもとより深い学問の素養を必要としますが、最も大切なことは、部隊士官の特技と称すべき、指揮指揮指導力、すなわちリーダーシップであります。長くはげしい学修、訓練、修養の後、自衛官を映像に写し上げる終局の焦点はリーダーシップであると言えましょう。

リーダーシップは他人に対し、服従、信頼、尊敬及び忠実な協力を要望し、これを受けることを意味しております。このことは高度の学問と同様で、各個人の努力によって得られる自分自身の力量なのであります。倫理、道徳、学問、識見、教養が骨となって、個人及び個性が肉と血となることを意味しております。人の独得の人格であります。これを「人をつくる教育」と呼び、特殊の技能を目指す職業教育と対照的に考えられたり、あるいはこれこそが教育の本流であると主張されているものであります。これは西欧諸国、殊に英米の教育に強い伝統を持っていて、リベラル・エデュケーションと呼ばれ、人物教育とでも意訳すべきものでありましょう。ギリシア、ラテンの古典をその学問の分野とし、人間の世界に理性と知識、芸術と文化を育て、光明をもたらしたものとされています。六、七十年前までは神学、法律、医学のような限られた職業教育とともに併存し、人は特技に入る前に必ず履修すべきものとされておりました。ただこの教育の恩恵に均霑《きんてん》したものは概して少数の人士で、貴族教育の色彩の濃いものであったことは事実であります。

しかし時代の変化と教育の大衆化、また科学と社会科学の進歩、近代学問の教育への進出等は、漸次古典を退けるに至りました。ここにリベラル・エデュケーションの近代化が始まり、大学をはじめとして各階層の学校に浸透し、士官養成の学校にも深くその影響の跡を残しているのであります。近代化せる内容とは、古典に代わって、倫理道徳を含む哲学、人間の性質及び人間目的の観察を見失わない歴史、文学、語学、芸術のごとき一群の科目であります。これを呼んで人文といい、英語ではヒュマニティーズであり、すなわち人間、人間性の学問を意味するのであります。科学及び社会科学と相並んで、知識学問の世界を三分して、その一つを占めているのであります。

リーダーシップは深い意味において、個人の内部に存在するもので、その人格に発すると言えましょう。個人はもちろん物象や、社会の一現象として客観的に取り扱うことができます。科学者である医者は、人を生理学的、病理学的、または心理学的に見ようとします。社会科学者もまた人を、政治、経済、法律の社会的存在として見るでありましょう。いずれも当然のことで決して間違いではないのであります。しかし、個人はこのいずれからも別個の存在を有しているのであります。たとえば世間には騒音が満ちています。スポーツや、仕事、政治の騒音が遠く消えて行った時、人は黙想の域に解放され、われわれの心は静けさや寂しさの中に帰るのでありまして、この境域ではいかに逃れようとしても、逃れ得ない自分が残るのであります。人は内省的なこのような瞬間には、存在という海の中を、人類の一人として、全く孤独の旅を続けているのを覚えるのであります。この個人を慰め、鼓舞し、生き抜く力を与えるものは、一般的に言うと科学や社会科学ではなく、詩歌や文学、音楽や演劇であり、人生に関する哲学であり、歴史であります。これらが個人を養い個人に力を与えてくれる糧《かて》であります。大きな感激や、尊い霊感、価値の高い創造力を発揮せしむるものも個人であり、人の創造せる芸術文化、人を結束させる人道も、個人として感受し得る人間的経験、人生に対する深い理解がこれを可能ならしめ、その境地を開いてくれるものであります。これらが個人の尊厳、個性の威信、人道に対する熱情の泉となり、これを無視して、他人を服従せしめ、信頼せしめ、尊敬せしめ、また忠実な協力者たらしむるリーダーシップは生まれてこないのであります。十九世紀英国の経済学者であり政治学者であったジョン・スチュアート・ミルは、「法律家や、医師や、製造家である前に、まず有能で教養ある人間をつくれ。彼らが有能で思慮ある人間である時、彼らは有能で思慮ある法律家または医師となるであろう」と言うております。教育はただ知識を追うているのではなく、人生の準備のためにその全力を挙げるべきものであることを深く感ずるのであります。

以上防衛大学校の教育、殊に学校規則にいう「広い視野、科学的な思考力、豊かな人間性に留意する」の言葉のうち、特にリーダーシップと豊かな人間性に関連して述べたつもりであります。伝統は惰性ではありません。また教育は決まり切った日常の仕事ではなく、日々問題を迎えて日に月に伸びる諸君に接することで、これがこの学校の特徴であり、またそうでなければなりません。

（第八期生入校式、昭和三十五年四月七日）

小原台――学生は何をどう学ぶか

本科第十二期生諸君に、本校の教育の要点について、かいつまんで述べてみたいと存じます。その教育は二つの焦点を持っております。第一の焦点は、防衛大学校は幹部自衛官を養成するために設けられた学校であることであります。この意味で本校はわが国に唯一の学校であり、他の大学と多くの共通点を持ちながら、しかも異色ある独得の存在なのであります。第二の焦点は、防衛任務の職責を全うする資質を与えるはもちろん、これとともに、その教育計画は将来、常に伸びてやまない資質の育成を目標としていることであります。

一芸に秀でるという言葉があります。主として芸術家や、その他、名人芸の所有者について言われることでありますが、心を打つ言葉であります。学術の奥義《おうぎ》に達する人々も、かく呼んでもよかろうかと思います。長くきびしい鍛練を受けた人々であることをしのばせます。しかし、職務職業によっては多岐多様の知能を必要とするものもあります。世の範となり、その期待、信頼、尊敬を受けねばならぬこと、世にいう経世家のごとく、いわゆる経綸《けいりん》を行なう人々のごときであります。防衛任務は一面きびしく鍛練された技能が要請されること、一芸に秀でる云々の言葉に通じるものがあります。しかしこのほかに信頼を要望され、人格において純正と犠牲的精神を求めらるるごとく、多岐多様の資質を要求されるものであります。理知より見て秀で、品性より見て気高く、技能より見て強くあらねばなりません。防衛任務に就くためには広くけわしい途を行かねばならぬのであります。

これらのことを念頭において、防衛大学校のあらねばならぬ姿について所懐を述べましょう。その教育は広範であります。これを三つに分けて見ることができます。すなわち、生活の鍛練、学問の履修および実動の訓練の三つであります。まず生活の鍛練について述べますが、集団生活は幹部自衛官の養成とは離し得ない歴史上並びに理論上の意義を持っています。「作法は人をつくる」という格言がありますが、これは集団生活の基本であり、その脈動であります。作法ある集団生活は古来価値の高い使命に一身を投じ、心魂をささげようとする者に対して、とられる教育の常道であります。宗教における修道主義、軍人幹部養成における規律生活、これらはその例であります。また人格形成に重点をおく一般教育も広くこれを採用しております。本校また集団生活を採用することはもちろんでありまして、諸君の住む学生舎はその異色ある存在の一つであります。

学生舎の生活には規制があり、放縦《ほうじゅう》気儘《きまま》に振舞う意味での自由は制約され、規律と礼節は厳格に行なわれねばなりません。理性と尊い感情は重んぜられ、服して威信を傷つけぬ慣行は伝統となって、これを生活の誇りとするに至るのであります。孤立孤独では得られない社会性と人間性を獲得して、意義深い共同生活の環境がつくられるのであります。しかもこの共同生活は個性を喪失させるものではなく、むしろ個人に真の自由を与え、自信と闘志を湧かせ、友情と愉快な雰囲気の中に生活を営ませるのであります。

次に学問の履修について述べます。学問を離れて今日の教育は成立しないし、学問を重んじないで意義ある成長を期することはできません。学問は妥協を許さない一つの規律であるが、同時に光明と力の源泉でもあります。本校は創立以来一つの主義を持っております。ここに学ぶ者は均整のとれた思慮分別の人に伸び行くことを目途とし、狂信的であってはならぬということであります。この道は、これをもっぱら学問に求むるよりほかにはないのであります。学問も偏すれば狂信者をつくります。したがって学問は、その選択と研究態度が大切なのであります。この偏向のないことを、われわれは教育における学問の自由であると考えております。人の持つ柔軟性を梗塞《こうそく》しては人の発展の途を絶ちます。しかしまた、正しい信念を持たずしては、人間の中枢はつくられないのであります。学問の履修は真理への忠実と公正な学風のうちにその進路を見出さねばなりません。

諸君は学問の世界が人文、社会科学、自然科学の三大部門に大別されるのを知っていましょう。また本校では、この第三部門中、理工学に力をいれることも知っているはずであります。思うに今日の防衛任務の動向が科学の理解を欠き、これを軽んじて達成の望みはないと判断するからであります。理工学の深い造詣《ぞうけい》が防衛への応用の才幹をつくると考えるからであります。しかし、いかに深く理工学の履修を積んでも、これだけで防衛任務の適任者を得ることにはなりません。広い教養なくば、思慮分別は皮相的でありましょう。言語が明瞭を欠き広い知性を持ち合わせねば意思は通じません。国家社会の基礎学の修得なしに、平和と国家の独立、または時局の正確な判断は不可能であります。また防衛にはその歴史と理論と技術があります。これを学ぶことなくして防衛任務の本体を理解することはできません。これらは学校に課せられた教育の基礎要件であります。同時に防衛に責任を持つべき人の兼ね備えるべき条件でもあります。教育は専門を教えてこと足りるのではなく、いわゆる広域教育が主張されるのはこのゆえであります。「教育は細く狭い旗竿《はたざお》の形ではいけない。ピラミッドの形であれ」というのはこれを指しています。基礎は広く、鋭い先端は専門職能を示すものであります。また、学ぶ者には個性があり、得意不得意があり、遅速の差もありましょう。また教える事柄にも緊要有用に違いがあります。学問全般を見渡してその緊要度と、学生能力の全般を眺めてその許容量を対比して、完全理解と完全消化を図るのが学修課程であり、学ぶ者の履修要領ではないかと心がけております。

教育計画の第三のものは、実動の訓練とでも呼ぶべきものであります。これは本校設立目的の当然の結果でありまして、防衛任務の最前線に立つ幹部の必修のものであることは明らかでありましょう。言うまでもなく、一国の平和と独立を守るためには、規律ある部隊行動とともに激動を予期するものであります。このために体力と精神力の鍛練に尽くさねばならぬことは、本校教育の重要部門であります。その要目中には民族の血につながるものもあります。しかし、時代の変化を意識して、洗練、鍛錬をせねばなりません。尚武の気性、危険の前に敢然これに立ち向かう気性は、古くよりわが国民の持ち前としているところであります。米国人のいうフロンティア・スピリットとも、人類の向上と国の高い気風を反映する意味において一致するものと信じております。また、勇気と迫力、耐久力と困難を克服する力の育成にも最善を尽くさねばなりません。これらを育てるのが軍事教練と体育であり、ここにいう実動の訓練であります。しかし、この課程の説明は他日に譲りたいと存じます。

実動の訓練と緊密な関係にあるものは、防衛意欲の昂揚《こうよう》であります。これには防衛任務の尊さを考えることであります。誰しも平和と世の無事を願わぬ者はありますまい。国が繁栄し、物資が豊富で、福祉と安楽の訪れるのをあこがれるでありましょう。しかし、この安楽のうちに災厄に対して無策であってよいものでありましょうか。明日に備えないでよいとは言えぬのであります。災厄は思わざる時に、思わざる契機をつかんで降りかかると言われます。しかも今日の世界は、わが国は平穏であってもすべては決して静かではありません。この瞬間、世界のいずこかに紛争は発生しております。世界の緊迫は続いています。災厄の起こるのは一瞬の間に襲うのであります。平時に備えずして、間髪を入れず降りかかる災厄に間に合わないのは見え透いたことであります。しかし平時において難に備えることは困難なことであります。これを怠ったゆえに招かずに済む難を招き、また備えのないために難を招いて混乱して悲惨な深い淵に陥った事例は数多く歴史に見るところであります。本校の教育訓練の意味するものは、平時に備えるこの難事中の難事をあえて行なうということであります。ここに使命を見出し、誇りを持つというのが、われわれの念願であります。

（第十二期生入校式、昭和三十九年四月四日）

Ⅱ　学窓を巣立たんとする折に

一　受けた教育訓練の意義

一期生の踏んできた途

　第一期生は昭和二十八年四月入校以来、四年の教育訓練を終了し、卒業と同時に幹部候補生として、各自衛隊に配属さるる運びとなりました。今日の卒業に至るまで、ここにご列席の各位はもちろん、歴代の防衛庁長官、歴代の防衛庁政務次官、防衛庁次長、統合幕僚会議議長、陸・海・空各自衛隊幕僚長、各附属機関の長、並びにそれぞれの庁内部局、部隊及び機関に所属さるる各位をはじめとし、諸官庁及び諸大学、官民の諸有志、米国軍事顧問団、並びに在日諸国大使館附武官、その他の方々より受けました支援、好意、激励は甚大のものでありまして、今日これを思うことなくしてこの挙式をいたすことは不可能であります。またかつて本校にあって、教育訓練に当たり、またはは事務を管掌されし各位に対しても、深く感謝いたす次第であります。いちいち芳名を挙げて御礼を申し上ぐるべきところ、時間の都合上、勝手ながら省略させていただきます。その御援助、御好意に対し衷心より謝意を表し、本校の永く記憶いたすところであります。また、この期間中、卒業生の父兄諸氏の御援助に対しても深く感謝するところでありまして、今日の子弟諸君の成業を心よりお喜びいたします。

開校以来四年はまたたく間に経過しましたが、一期生にとっては事多き期間でありました。この期間の教育は、前半二年は久里浜の仮校舎において、一昨年小原台の新校舎に移転の後はこの地において行ないました。設備の未完成、学風伝統も未《いま》だしの感強く、終始準備時代を脱しなかった時期に入校し、勉学を続けたのであります。行く手に希望の光は見えても、何か漠たる感のあったことは免れず、周辺の事情も必ずしも励みを与えるものとは言えなかったのであります。この間、一期生は物心両面の創設事業の先頭に立ち、はっきりせぬ境地に、行く先を開く、開拓者となったのであります。このためには覚悟と勇気を要したことはもちろんであり、その決意と努力は高く評価さるべきでありましょう。

学校は四年間に、その内容の是非はしばらく別として、その歳月だけの伸展をしたことは事実であります。同時にこの伸展は、一期生の成長について語ることなくして、考慮し得ないところであります。一期生は無論、学校より多くを受けました。しかしまた、一期生は学校に多くを残して行くことも事実であります。それは学風伝統の基盤をつくったことで、その一つは「学生の慣習」とでも呼ぶべき風習を植え付けたこと、他の一つは「積極自主」の気風を生んだことであります。「学生の慣習」について見れば、規律のうちに生活する風習をつくり、これが何を意味するかを知らしめたことであります。理性ある服従に慣れることによって、秩序、正確、敏速の習わしの実現はもとより、組織ある行動の意義を知り、この学校を、将来部隊幹部としての礼儀、態度、協力等、幾多の適性を訓練するの場たらしめたことであります。四年の共同生活において一応このような形態を整えたのであります。

次に「積極自主」の気風を生んだことであります。課程の履修は不自由の中に、これをよく克服し、これを基幹として人物の形成に大いに努力したのであります。学生将来の任務には気力、体力、情操において、強さと気品が要望されております。その一例は校友会活動でありまして、乏しい時間の中に、「見物人ではなく、自ら行なう者である」との標語の下に、全学生が進んで体育活動、及び文化活動に目ざましく発足したことで、その多種多彩なる活動のうちに自制の精神と敢為《かんい》の風が、その端緒を開いたことであります。これはやがて本校学生生活に深く根をおろし、よき学風伝統をつくる上に大きな貢献をなすものと信じます。

「学生慣習」と「積極自主」の気風を残したことは、ただに本校の学風伝統によき発端を与えたばかりではなく、このことは、卒業生諸君の将来の持ち場と、その責任の遂行に必要のものであります。すなわち責任遂行には、性格と意思の力を必要とします。知性あり、信頼するに足る性格は、よき慣習のうちに育成され、強い意思は積極自主の気風のうちに成長するものであります。責任ある任務は多々ありましょうが、特に重い責任を果たすに当たって、その責任の解除さるる瞬間まで、全力を尽くすことは、決して他力のよくなし得るところではありません。ただ強力なるおのれの性格と意思のみが、よくこれを成就せしむるところであります。米国海軍兵学校の広間の正面に、大きな額があって、「艦《ふね》を見捨てるな」と筆太の文字で書いてあります。この筆法でゆくならば、われわれの場合、「持ち場を捨てるな」と言うべきでありましょう。任務にいかに強い性格と意思が伴わねばならぬかを、思わしむるものがあります。

言うまでもなく、防衛について、国民の念願するところは国土の安泰と、民族の文化及び民生の繁栄であります。わが民族は、わが国土、言語風俗、歴史伝統を遠き昔より受け継いで来ました。

長い間には浮沈隆替《りゅうたい》もありました。しかしその固有の勝れた文化はもとより、わが国民の一路進歩を目指す熱意とその実現の可能に対する自信、殊《こと》にその努力勤勉については、われわれも誇りを持ち、他もまたこれを認めております。新しい文化、新たなる繁栄福祉に対する念願が湧き起こり、希望と自信に満ちているというのが、今日のわが国の状態であろうと考えます。

しかしこれは国の独立と民族の自由があって、初めて可能のことであって、もしこの独立と自由が失われたならば、おのれの文化も、繁栄もなく、理想はもとより、人生に対する励みの起こることもなく、民族は屈従の下に暗澹《あんたん》たる毎日を送るよりほかはないのであります。諸君の持ち場とその責任は、このような憂慮を国民とともに分かち合うことであり、その持ち場の責任の遂行は愛国心の発露であり、また愛国者の仕事なのであります。あるいはこのような憂慮は根拠のない、単なる杞憂《きゆう》にすぎぬとして退ける議論があるかも知れません。しかし世界の各地にはいまだ正義人道が拒否せられ、平和が無視さるる状態が起こりつつあるのであります。災厄と異変は思わざる時に、思わざる形において、突如として起こり、今日の平和が明日の混乱と化することは、余りにもしばしば、広く人類の経験して来たところであります。よき準備、これが異変に対する最善唯一の対策であることは、疑う余地のないことであります。

国民とともに憂慮を分かつ心は、諸君を進んで防衛の任務に参加せしめました。その心は称讃すべきで、これは諸君の大きな誇りであります。その使命は尊く義務は重いのであります。その義務を一言に尽くせば、遵法の義務、遵法の精神であります。国民の憂慮の念は、その総意となり、国会及び政府を通じて、諸君の任務の持ち場を定めたのであります。ここに政治上法律上の諸君の任務は明らかであり、国民の諸君におく信頼はこれを基として表明されているのであります。遵法の精神とは次のことであります。すなわち意見は各人自由である。しかし国民の意思の一度決した時は、その定めに誓って従うという民主主義の精神は、国民の諸君に対する信頼の起こる第一歩であります。この政治上法律上の義務は根本的のものであります。しかし同時に国民はさらに深く道義的精神的の意味において、諸君に求むるものがあるのであります。高い水準に達せる社会は教養を重んじ、情操を尊び、節度を敬う感覚を持つものであります。修練の積まれた社会には、自由のうちに戒律が行なわれ、自制と責任ある行為がなされ、人の威信が尊重されるものであります。ここにおのずと公に奉ずる精神が生まれるのであります。

諸君は過去四年、一方に規律規則の生活を尊ぶとともに、他方積極自主の活動を重んじ、また一方には科学とともに倫理の道を学び、他方教養情操の涵養《かんよう》に努めたのもこのためでありました。卒業後直ちに必要なる専門職業的の教育訓練の時間を許す限り割愛し、つとめて広い基礎的の学問を履修したのも、このためと将来の伸展を慮《おもんぱか》ったためでありました。すなわち諸君は国家の責任ある一員であるとともに人間社会の責任ある一員でなければ、国民の信頼を受けることは困難であります。世界いずれの主要国も防衛に当たる士官養成の学校を設けております。長い歴史を持つもの、新たに発足するもの、いずれもその教育についてきわめて熱心に絶え間ない研究を続け、過去の伝統に慎重であるとともに、また時には思い切った改変も加え、人間社会の責任ある一員たるべき点については、特に考慮を払っております。数年前ハーヴァード大学は、「自由社会の責任ある人間と市民」をつくるという目標の下に、大学四年の課程を「一般教育」と称して、大胆な改革を行ない、しかも専門職業教育を可能ならしめております。このような戦後の風潮を見て、米国の士官学校では、これはすでに百三十年あるいは百四十年も前より、同校の教育方針であったと唱え、同校はただひとすじに専門的な初級士官の養成にのみ没頭して来たのではなく、教養高き人士を養成したと主張しております。防衛大学校と同様の目的を持つこの種の学校の卒業生は、まず愛国者であります。その言葉の意義は広いものであって、正義人道の勇者であり、擁護者でもあり、また正しい平和の使徒でもあることを意味するものでありましょう。諸君に対する国民の信頼もその根ざすところ深く、人間社会に関しての高い教養に期待することの多いものであることを忘れてはならないのであります。

諸君は今日より、人生の新たなる行路に踏み出します。ここに国に尽くし、世に役立つ意義ある生涯が始まるのであります。その教育訓練課程はいよいよ専門に入って、諸君の重大な使命のために、一層の努力を要求することでありましょう。諸君の築き上げた資質は充分にこれに応ずることのできるものと信じます。多くの先輩の下に、また多くの同僚の間にあって、常に謙譲であり、常に積極的に協力せられんことを希《ねが》うものであります。今日の卒業式を迎えて、われわれ防衛大学校の職員、在校生一同は、諸君の前途に幸多かれと祈り、人生への熱意と勇気のいよいよ高からんことを念ずるの情の切なるものがあります。諸君はわれわれに多くのものと、尊い記憶を残して去って行きます。われわれ一同は諸君に対し大きな誇りと期待を持つものであります。

（第一期生卒業式、昭和三十二年三月二十六日）

幅の広い教育と力と正義

第四期生は防衛大学校四年の教育訓練を終了して、ただいまは陸・海・空各幕僚長より、親しく幹部候補生の任命を受け、堅い覚悟と大きい希望を抱いて、それぞれの幹部候補生学校に赴任するのであります。人生のこの転機に会した卒業生の喜びと感激は想像するに難くありません。また在学四年の間、常に激励後援を惜しまなかった、父母兄弟の皆様方のお喜びは、いかばかりかと心よりお祝いをいたします。

以下少しく卒業生に対して、今日の卒業の意義について述べてみたいと存じます。

諸君は今日の卒業とともに、各自衛隊の幹部候補生学校に進んで行きます。幹部候補生学校と防衛大学校の関係には、前者が本校学生の卒業と直結する学校であるため、特に緊密のものがあります。しかし、防衛大学校の教育がすべての点で、幹部候補生学校において、直ちに役立つかというと、これは必ずしもそうではないのであります。また幹部候補生学校が、防衛大学校の教育訓練を、延長実施するかというと、これもそうではないのであります。それぞれの学校は独自の使命を持っております。両者の間の相異を挙げるならば、幹部候補生学校において、初めて諸君の自衛官教育の専門課程が発足すると言うてもよいのではないかと思います。これに反して防衛大学校は、その一歩手前の広い教育課程を履修するところなのであります。自衛官の専門職域に踏み出す前に、将来の職域を強く意識しながら、まず人としての修養を積み、その個人の中に知能と精神力を呼び起こし、その選んだ途《みち》に進み、かつ伸びて行く鍛錬を行なうところであります。すなわち諸君にとって知識、知謀知略、判断力及び性格を強化育成して、人生への準備のために最善を尽くすところでありますし。言いかえれば、幹部自衛官となる人々の高等普通教育を使命とする大学であったのであります。

従来、士官養成の学校は国の内外を問わず、百年近くあるいは百五十年余の歴史を持つものもあり、異彩に富む教育上の伝統を維持しております。この長い歳月の間、国際間の波乱の中に、その最高目標として力を注いだのは、国の強大と、その栄光国威の昂揚《こうよう》であり、教育はむしろ狭く、純粋の軍事的職能の養成にきびしく専念するのを、その特徴としておりました。しかし、今もなおこの伝統を高く評価しつつも、最近はこの教育にも、時勢の推移と科学の進歩に伴うて、変化の起こりつつあるをいなめないのであります。一例を米国の士官養成教育にとれば、人文、社会科学、あるいは理工学のいずれかに重きをおくか、または人文系と理工系の比重を均分するごとく、種々の相違はあっても、著しく大学教育に近づく点において一致しております。すなわち従前に比して、その教育は広さを増し、一般的であるとともに学究的でもあります。時代の進運は明らかにこの変革を必要としているのであります。

防衛大学校は今より七年前、その創立に当たって、理工学を中心とする大学教育を採用したことは、周知の通りであります。これは、わが国の一般に行なう教育原則に従うと同時に、遅れた科学の空白を補い、将来の防衛と科学の関係を考慮された結果でありました。しかし、防衛大学校の使命は幹部自衛官養成にありますので、一般の大学教育だけでは、その使命の達成は困難であります。ここに本校教育の重要な他の半面があるのであります。誠に画期的な決断をもって、三自衛隊の幹部養成を一つの機関に結合しましたことも、この学校の特徴であり、それだけ教育の使命を加えておりますが、一般的には、人としての広い識見教養、防衛に必要な知識と訓練、気力、精神力の涵養の如き課程を合わせ設けたのであります。一つの教育体系に、理工学及び幹部自衛官養成の二課程を盛ることに、一つの容器にその二倍の仕事を課するに類するを思わしめましたが、学問はできるだけ基礎的のものに集中し、また四年の教育期間を極めて有効に使うことによって、実現実施しておるのであります。

この特異独得の教育体系は、理工学に重きをおきますが、これを専門教育、または職業教育と考えることを極力避けて、むしろ全体を流れる教育上の主義は、一般またはリベラルの色彩の濃いものであるのであります。専門教育を急ぐの余り、諸君の年齢期にあって修得せねばならぬものを失うことは、厳に慎まねばならぬとして参りました。人生への準備であり、諸君の一生のことを考えることが、諸君のためでもあり、また自衛隊を利益するものであるとの信念によったものでありますす。われわれが諸君に予期して来ましたことを、簡略に述べれば次のようなことであります。諸君は、自主自律の人であり、進んで事に当たり、行為行動に慎重に意を用いる実際的活動の人であるとともに、社会及び国家に対する責任と義務を解し、勇気をもって、これを強力かつ確実に実行し、責任の回避逃避を軽蔑する気概のある人であることでありました。同時にまた学問においては、その基礎理論に明るいことでありまして、自衛隊将来の開発開拓にも貢献し得るとともに、解決を迫らるる問題を、敏速正確に処置し得る才能の人であることでありました。防衛大学校は、その卒業生に原則として、指揮運用に当たる、防衛第一線の任務の人であることを予期しているのでありますす。もちろん各自衛隊の必要と要請に応じて、技術その他の部門の任務に就くことはあり得ることで、これはすべて卒業後のことであります。

あたかも、この方針の間違いなきことを思わせるかのように、われわれに心強さを与えるものは、さきに述べた米国士官、兵学校の最近の課程改革であり、また四年の在学期間を一般教育と称し、その課程の系列を整備して、十年の試験的実施期間を含め、すでに十数年を閲《けみ》するハーヴァード大学の教育であります。専門職業教育の前にまず人をつくり、重宝な知識技術や目先の知識を求めて、重厚な性格、基礎的な学問学識、気品の源である教養を忘るるごときは厳に慎むべきことと考えております。本校の教育もまた、専門教育は基礎に集中し、また広く教育訓練全般を眺めますと、これも広範な分野に広がっているのであります。将来諸君は各自衛隊にあって、このためにいかなる部署に就いても、その力を発揮し得ると信じております。

以上、課程の上に実際に動く教育の有様を述べましたが、これと同時に防衛大学校の教育は、防衛の力に結びついているのであります。防衛は力であり、その力は強くなければなりません。過去四年、諸君が修養に努め、学業に精励し、日常の生活にきびしく臨み、気力、体力の鍛練に励んだのもすべて防衛の力に貢献せんがためでありました。しかし、この力には制限や制約のないものでありましょうか。あるいは、ただ強ければ、能事《のうじ》終われりとするのであるか。もし何らかの規制を行なうものがあるとすれば、それは何であるか。これはわれわれの常に念頭にかかる問題であり、また諸君の常に考えねばならぬ事柄であります。

フランスのパスカルは十七世紀に、その『瞑想録《めいそうろく》』において、力について次のように言うております。「正しい者が服従を受けるのは正しいことである。強い力に服従するのはやむを得ぬからである。力の伴わぬ正義は無力であり、正義の伴わぬ力は抑圧である。力のない正義は反抗され、正義のない力は排撃される。ゆえに正義と力は結び合わねばならぬもので、このためには正しい者をして、強からしめるか、強い者をして正しからしめるかせねばならぬ」。これがその言葉であります。力はただ強いだけではいけない。正しくなければならぬというのであります。この筆法で行けば、防衛の力、また正義と離れることはできないでありましょう。この考え方が正しいとすれば、信念なくして、防衛任務に対する自信は困難でありましょう。また力に、貢献せんとする使命の尊さも、その高い価値も知ることができません。これを自覚すると否とは士気にも関係することであります。

パスカルに従えば、力は正義と結ばれねばならぬというのであります。正義は、真善美などとともに、高い響きを伝える抽象的の言葉の一つであります。数多いこの種の言葉は、目には見えません。しかし、目に見えないにかかわらず、われわれは、これらの意味するものの存在を深く信じているのであります。真理や美が、知識や芸術の世界にその実現達成を求めているのならば、善や正義は、その実現達成を行動の世界に求めているものであります。正義は自由や平等に関連してもいろいろと考えられましょう。しかし、行動に関しては道義と法の存在によって、正義は実現されると信じております。

防衛の力は常に国法の下に存在し、このためにその力を有効、合法的に発揮することが可能であり、また法的に正しいのであります。しかし、法はその本質上、外面的行動を求むるにとどまり、これによってこと足れりといたすを原則としますが、道義においては単に外面的行動のみならず、内面的の動機が求められているのであります。法は行動を有効、合法的としてくれますが、道義は行動に価値を与えてくれるのであります。法に定めらるるがゆえにこれに従うというのではなく、良心的に、かつ自由意志によって従い行なうことは、その従い行なうことの価値があるからであります。防衛の力はもちろん法に従わねばなりません。しかし、防衛の力が真にその力を発揮するのは、道義に従うの念の盛んなことによってであります。何となれば、誰しもがその行動の価値を知るからであります。日頃われわれは「遵奉《じゅんぽう》の精神」、「積極自主」または「自主自律」と唱え、教育上の大切な基礎として参りました。法と道義はわれわれに正義の実現を可能ならしめてくれます。防衛の力の強さ、尊さ及び意義は、誠にこの正しさ、正義の念慮から出発するものであります。諸君の卒業の日に当たり、以上の言葉をもって諸君を送りたいと存じます。

（第四期生卒業式、昭和三十五年三月十九日）

人格の統一

防衛大学校の全職員は、第五期生の今日の卒業式に、限りない喜びを感じ、心よりの祝意を表しております。卒業が諸君にとって意義の深いものであり、数々の感想が次々と湧くことも推察に難くないのであります。われわれ、また、多くの感想を持っております。その一端を述べて今日の式辞に替えます。

卒業の持つ一つの意義は、円熟して均衡ある一人の人物になったことではないでしょうか。人の歩む成長成育において一段の思慮分別、着実な判断識見の境地に、諸君なりに到達したのではありますまいか。過去四年、小原台の生活は、履修する科目も多く、経験した活動も多方面にわたりました。一切の学業の統合が今日の成果であり、また一切の経験が今日の円熟な人格をもたらしたものであります。成果といい、円熟、人格と呼ぶも、その育成の途上では、数々の独立した要素であり、その組み合わせであったのであります。しかし、円熟、人格ということは、単なる要素の集積ではなく、あたかも、建築の美や風格が、ただ用材の集合だけではできないと同様に、ここには新たな生命と、各要素とは別個に新たな人の価値が誕生したのであります。もちろん学問の種類、伝統、環境、殊に教育目的によって大きな影響は受けるでありましょう。しかし諸君は一つの人格を得たことは事実なのであります。人の人格は測り得ぬ尊厳を持つものとされますが、本校教育の成果についてはこれを三つの観点より語ってみたいと存じます。すなわち諸君の学力教養、気力体力、精神力の三点であります。

まず学力教養について述べます。教育について誠に至言と思われるものがあります。これによると、教育はいかに高くとも、ただ細く高いこと旗竿《はたざお》のようなものであってはいけない。その形は基礎の広い尖端の鋭いピラミッドであるべきだというのであります。鋭い尖端とは、本校の場合、その教育目的である幹部自衛官の養成であります。ただ高く狭く積み上げても、高くなるに従って基礎は危険になるのであります。本校教育の心がけもまた、ここにあったのであります。したがって諸君は今日のままでは、各自衛隊の期待に直ちに応じ得ることは無理であります。しかし、同時に要望さるるいずれの分野においても、必ずこれに応え得る素質を持っているのであります。ただ身体の伸びは止まったかも知れません。しかし、心の将来は無限の行く手を持つのであります。有形無形の世界は常に伸び変化しております。卒業とともに実質的な専門が始まるのであります。防衛の任務職種ほど、多種多彩のものも他に多くはありますまい。一方には部隊の指揮統率、他方には装備の操作運用等と広範なものであります。殊に後者、科学技術の分野における諸君の素質は、ひとり技術の上にとどまらず、指揮運用においても特色を現すべきを深く期している次第であります。

次に気力体力について述べてみます。気力体力はただに自衛官職務に欠くことのできないばかりか、精神力とともにその任務に特別な関係を持つものであります。気力体力を育成せずして本校の教育は完全であると言い得ないのであります。諸君の任務は、いわゆる「行動の人」であることが要望され、しかも、その行動の天地は概して戸外大気の中であります。只今自衛官の任命を受けた諸君は、後刻任命の宣誓を行ないます。その文中にある「危険を顧みず」との句節を想起したいのであります。身を危険にさらして任務を遂行する意味であります。危険の伴う任務は他にもあります。しかし、防衛の任務ほど危険の伴うことをその特質とするものは他に多く類を見ないのであります。危険の伴う任務に進んで従事することは、古くより尊いこととされています。これはただ学識教養のみのよくするところではありません。技術装備が近代化され進歩するに従って、気力体力の一層要望されるのも事実であります。技術の学理と応用の識能なくして、今日の防衛は考えられません。また、教養なき自衛官も、これを考えることが不可能でしょう。しかし、同時に危険に挑む気力体力と精神力を持たずして、その重要な使命は達成できないのであります。「心に緩みはないか。腕に力は抜けていないか」。われわれの日頃口にする言葉であります。この点に欠くることなきを信じて、諸君の健在を祈るものであります。

第三の要素である精神力について一言いたします。防衛に気力体力とともに、精神力が不即不離の関係にあることは、すでに述べました。精神力もまた、いかにそれが旺盛《おうせい》であろうと、狭くはげしいだけでは、均衡を得ているとは言えません。均衡ある精神力を予期するためには必要な徳目を明確につかむこと、心魂を傾くるに足る使命を確実に理解すること、及び道義と法に従う不動の覚悟を持つことであると考えております。本校では学生の道義的適性を観察するに当たって、十カ条ばかりの項目を挙げておりますが、そのうちに、信頼と協力という項があります。学生はこれを口に唱えるのではなく、実際に学生同士、相互にこれを観察しあって評定表の上に採点しております。信頼性を欠いても、協調性を欠いても、これをみずから矯正するのでなければ自衛官の任務には不向きであるというのであります。さらに他の例は耐久忍耐力であります。体力においてのみならず、忍耐は迷い、退屈、嘲弄《ちょうろう》に対抗するような心理的のものにも及んでいるのはもちろんであります。精神力の基盤は広いものであります。

さらに使命を的確につかむことも、精神力の基盤であります。これについてはまず、社会と国への責任を理解することであります。今から二百年前、その名著『民約論』の中で、ルッソーは「人は自分を全体に投じて、しかも自分を誰にも与えることなく、自分を全体に投じた以前と同様の自由を持つ」と謎のようなことを述べております。真の自由は全体の一員であって、初めて獲得できるという意味で、個人の自由は全体に対する責任と表裏一体であると解すべきでありましょう。これは名言であって、この後の社会や国家の哲学に測り知れない影響を与えたのであります。われわれの使命も、この言に結びつけて考えてみたいと思います。

国民全体は、いわば一隻の船に一切の運命を托して航海しているようなものであります。この一隻の船に国の歴史、現在はもとより将来の希望も、その生きがいある理念理想も托しているのであります。その安全を願わずにはいられないのであります。すなわち、国の独立と民族の自由を守ることであります。船の難破は一切を失うことで、直ちに隷属はおそい来《きた》り、民族の自主自由は消え去るのであります。しかも、一度これを失えば、その回復のいかに困難であるかは、世界の歴史とその現状が物語っています。この一隻の船の運命を守るのが、全体と個人の責任の関係であり、防衛もこの関係につながるものであります。「船を捨てるな」、「防衛の持ち場を捨てるな」、この言葉は心の力に指図しているものであります。これが、諸君の築き上げた過去四年の人間像でなかろうかと考えます。述べて諸君の参考に供し、あわせて諸君の健在を祈ってやみません。諸君の人格はこのような要素の鍛練の上に統合されているのであります。

（第五期生卒業式、昭和三十六年三月十八日）

たくましい体力と魂

第二期生諸君、四年の防衛大学校生活が、諸君の将来に役立ち、また楽しい思い出であったことを祈る。職員一同は諸君を愛惜し、且つ敬愛し、また諸君が社会国家の期待に応えることを堅く信じている。やがて本領を発揮して、小原台学風の誠実とその強化に寄与することを望んでやまない。諸君が小原台を去る日より、残る一同の心は一日として諸君を思わざる日はないであろう。小原台の隆替《りゅうたい》も諸君の双肩にある。四年の歳月は共に語り、努め、励んだ愉快なる日々であった。改めて語ることもないが、掲げた標題について述べ、諸君の学校生活の値打ちの一端を回顧してみたい。

いうまでもなく体力は、生活意欲の源泉であって、忍耐、熱意、判断も、また献身的努力の志も、これより湧き出るのである。諸君はスポーツを忘れてはならない。スポーツには多くの精神力の熱源が含蔵されている。協力、団結、勇気、敢為《かんい》等の慣習を築く要素は豊富であり、またその熟練は正確と敏速、緊迫感の中での判断力を養う。諸君は小原台上に体得したスポーツマンの誇りを持ち続けるべきである。その誇りは規則に従う精神とフェア・プレーを教えたはずである。またスポーツは人生に楽しみを与えるであろう。緊迫と仕事の連続より間断的に諸君を解放し、能力を増進する。少しの暇を求めてもスポーツを継続することを心より勧めたい。

人生には煩悶、失意、迷いがつきものである。粘り強い気概のみが、これを渉破《しょうは》し得る。スポーツはよい例である。勝つ意思と勝負を投げずに戦い抜くことが、フェア・プレーの心髄であることは誰もが知っている。たくましい体力と強勒《きょうじん》なる魂のみが、これを可能とする。伝記によるとウィンストン・チャーチルの政治生涯の大部は概して失意のうちにあったようだ。ただ強靭なる魂のみが彼に最後の栄誉を与えた。殊《こと》に第一次世界大戦後、世は挙げて勝利と平和到来に歓喜して、次の防備に耳を貸すものがなく、独り国の安泰に心を痛める彼の政治生涯はここに終わったかにみえた。彼の主張が冷やかに拒否された時、国会議場の片隅から「自分は幼時両親に伴われて見世物に行った。ここに骨なし怪物の出し物があったが、両親は幼少の自分に与える悪影響を恐れて見せなかった。しかし今日この骨なし怪物をこの議場で見ることができた」と述べた。英軍がダンケルクに追い詰められたイギリス最悲境時の彼の有名なる「海より浜へ、原より町へ、戦い続けて決して降《くだ》らない」という演説に見るように、彼の強靭なる魂が英国を救い、彼を英雄としたのであった。

人は順境にあって呼号することは容易であろう。しかし悲運にあって踏みこたえるには、並々ならぬ強い気魄《きはく》を必要とする。

諸君は世の人気に投じない途を歩んでいると思うかも知れない。拍手が迎える舞台にいないことを淋しいと思うであろう。しかし人気と大切な仕事に従事することとは別である。「自分は人気や歓呼を受ける競技をしているのではない。しかし、これは尊敬を受けることとは別である」。最近米国国務長官ダレス氏の放った自信の言葉であるが、国情及び政策を暫《しばら》く別としても、味わうべき言葉であろう。スポーツにおいて試合を投げることは、所謂《いわゆる》敗戦主義に通じている。力を抜いた時にすべての運命は決する。これを救うのはただたくましい体力と魂のみである。正義や人道が行なわれる正しい平和には途はまだ遠い感じがする。たくましい体力と魂は、諸君の身一つのためではなく、世のために要望せねばならぬように思う。

（雑誌『小原台』第一〇号、昭和三十三年三月十日）

「わが部署とその務め」

第八期生が在学中、学生の徳操について大いに発言したことは、一つの事績として高く評価しております。防衛の任に当たるものにとって徳の訓練が、広い教養と基礎的な専門知識とともに、その資質の中枢であることは言うまでもありません。一般大学教育においてもそうでありましょうが、士官の養成教育において、いずこの国においても、その徳育について絶大の関心を持つのを通例としております。殊に名誉と義務について然《しか》りであります。

職業には特に名誉と義務をその使命に結びつけて長い伝統としておるもののあることを知っていられるでしょう。たとえば僧、教師、医師、法律家のごとき、その例であります。かつて米国海軍病院の研修生の卒業式に頼まれて「ヒッポクラテスの誓い」を読んだことがありますが、医業に身を奉ずるものの責任に対する覚悟のほどを知って、その森厳《しんげん》さに心打たれたのでありました。他の職業もこれに劣らぬ森厳さを持っているのであります。特に防衛の職は、古来名誉と責任をその生命としております。わが国の封建武士、西欧の騎士も、名誉と義務は死をすら賭《と》しても守るのを掟《おきて》としておりました。今日、時代は変わっても、この心構えは、あるいは綱領、戒律となり、または無言の伝統となって心の支えをなしているのであります。

米国アナポリスの海軍兵学校の主建物に入ると、その広間の壁間に、筆太に書いた「艦《ふね》を見捨てるな」との扁額《へんがく》がかかっております。また十九世紀後半にイギリスの哲学に理想学派が起きましたが、そのひとりブラドレーの『倫理学研究』には「わが部署とその務め」という一章があります。双方を考え合わせると、「持ち場を放棄するな」とか、「部署を離れるな」との言葉に思い当たるのであります。

諸君の進む防衛任務は、社会の一つの持ち場であります。また防衛任務には機構があり、持ち場があります。防衛任務の組織機構は厳密に防衛の目的のために存するものであり、この目的によって、この組織に生命が発生し、正義の活動する機能が可能となるのであります。同時に忘れてならぬことは、組織の全体について語ることは、その構成員である個人を無視することではありません。組織は力であります。その力と機能を発揮するのは個人であります。しかし、この場合の個人は、機構の持ち場にあって、その義務を果たす個人なのであります。個人は機構内にあっても依然として個人でありますが、機構がなくては有意義な行為、すなわち、徳性を発揮する持ち場のない、一個の人間にすぎないのであります。

これはあたかも個人を考えずして社会を考え得ないように、社会を念頭におかないで個人を想像することができないようなものであります。生まれた子供はその誕生において、すでに社会を無視して考えられません。家族や民族の血を受け、人類文明の何物かを備えています。成長とともに言葉や雰囲気によって、社会に同化して、社会関係の結晶となります。更に長じて、文明と道徳の性格を備える社会の持ち場の保持者となるのであります。持ち場の義務を果たすことはプラトンのいう社会正義であり、ヘーゲルのいう社会道徳も同様のことを意味するのでないかと思うのであります。防衛の持ち場の義務もまた正義とはこのようにつながっているものと考えております。

「持ち場を放棄するな」「部署を離れるな」という言葉は、理性的に述べ説くことも必要でありますしかし、われわれは、理性だけで終わるものではなく、高貴な感情もその行為行動を左右するものであってほしいのであります。高い心意気に訴えるものを希求してやまないものであります。心意気は感動刺戟《しげき》、動機をとらえて昂揚されるもので、集団の士気と称するものでありましょう。一つの例を米国雑誌に読んだ収穫感謝祭の祈りの一文に見るのであります。そのあらましを述べたいと思いますが、祈りの最高のものは感謝であると聞いております。

米国の感謝祭も敬虔《けいけん》な最初の移民がプリマスで、アメリカでの初めての収穫に感謝をしてから三百四十四回となっているとのことであります。

その祈り文は次のようなものであります。

「最初の移住者たちは、その耐えてきた労苦と危険に対しても感謝のできる人々でありました。信仰の迫害に対する労苦と危険。大海を渡航してきた労苦と危険。上陸以来の生活の労苦と危険。飢え。かわき。一切の希望を吹き消すような寒さ。へし折れそうな背のいたみ。

彼らはすべてこれらに対して感謝したのであります。苦しみを甘受し、これに耐えて、生き抜き得たことが、移住地プリマスの人々に更に前進する力を与え、労苦と危険を求めて西へ西へと進ましめ、大陸を東より西の海岸に横切る国をつくったのであります。

今日、その子孫であるわれわれは、今日の安楽に対して感謝せねばなりません。大きな楽土。豊富な食糧。労を省く機械電気の諸道具。寒暑に対する庇護。すき間のない壁。それから温度の自動調節器。

新たな祈りをもって、われわれは神に感謝を捧げねばならぬのであります。

神様。この安楽がわれわれの魂を
くじかぬように守っていただきたい。

われわれを最初の移住者の血族のなかに
留めておいて、さかないでいただきたい。

彼らは神の志に従って
難境を征服しました。

どうぞ、安易を克服して

あなたに仕えるように助けていただきたい。」

これが収穫感謝祭の祈りの一文であります。この文を読んで、われわれは他国のこととは思えないのであります。わが祖先も言語に尽くせない多くの苦難と危険を越えてきたのでありますまいか。飢饉、災厄、戦乱、そうして乏しさと貧困と戦ってきたのであります。しかも苦難に屈せず困窮の中に、常に道理を求め、進取の気風を重んじ、危機に臨んでは郷土を守り、民族の自由と国の独立を維持してきたのであります。今日の繁栄と豊富は国民の施策、勤勉、努力の賜物でもありましょうが、祖先の深い思慮と、その苦難及び危険を踏破した血を継ぐのでなければできぬことでありましょう。これを思えば心中に勇躍するものと同時に、強い戒めの気持ちを持たずにはいられないのであります。ここでわれわれは考えねばなりません。幸福追求の権利ということが言われています。もちろんこれには賛成でありますが、幸福は単に楽しみや快楽の追求に終わるものでもなく、物欲の満ち足りた安逸享楽でもありません。民族の安全と秩序、子孫の繁栄のために持ち場を守って義務を果たしていった先人を思う時、おのずとわれわれの任務の何であるかを悟るのであります。

イングランドの西南ダートマスの海軍兵学校の礼拝堂に同校出身の戦死者の名簿が安置されていますが、その台石に十五世紀の提督ドレークの「大切に継がれねばならぬ、わが遺産をしかと君たちの手に渡した。否、それればかりでない。君たちは来《きた》る世紀の子孫たちに心に遅れをとり、腕に力を抜いてはならぬことを教えねばならぬ」という言葉がきざまれています。戒めに東西はなく、われわれも常に「心に遅れをとっていないか、腕に力は抜けていないか」と、みずからに聞きただすことにやぶさかであってはならないと考える次第であります。

（第八期生卒業式、昭和三十九年三月十四日）

生涯の行路と年輪——第十二期生に寄せる

防衛大学校十二期生の諸君は、私の同校在任中の最後の学生である。すなわち、昭和四十年一月、私の退任当時は、同校第一学年在学中で、学年末まで二ヵ月を余すのみであった。一年足らずのなじみであったが、退任送別会のあの盛大な集まりには、上級生諸君とともに、出席して賑やかに送ってもらったことを覚えている。今は同校の最高学年、来春には卒業、この諸君に一文を寄せるに当たって、深い感慨の起こるのを禁じ得ない。

在任中、しばしば、産土祭《さんど》（各月の誕生者を合同祝賀する第三土曜日の全校生の昼食会）に出ては、よく年輪について語り、またかと互いに笑った。五十年、六十年、もちろん百年、またそれ以上であれば、いよいよ可である。このくらい、年を経た立木の根近くを輪切りにすると、見事な年輪を読めることは、誰もが承知のことである。しかし、年輪は年々等間隔には育っていない。特に中心部近くでは、間隔が外方よりは幅広く伸びているのに気づくであろう。伸びが大きく強く若い成長期を物語って、生涯を支える芯となっている。また朽木は、まず中心から朽ち空洞となって倒れるのをよく見かける。木の寿命の長短も成年期の強弱に左右されるのかも知れぬ。人の成長も、これに似たものではあるまいか。しかも、人には材質に当たる身体ばかりではなく、身心の成長がある。

ここにも年輪に相当するものが描けよう。

心の成長も身体の成長と平行しよう。ただ諸君の来春の卒業は、成長の一段階ではあるが、決して登りつめた終段階ではない。殊に心の成長は実際にはこれからである。一際広く伸びて生涯の職務に備えねばならぬ。卒業生の多数にとっては、この段階は強い変動を経験する時期であるが、希望に輝く躍動の時期でもある。防衛大学校四年の教育訓練は、もちろん、防衛任務をその目的として標榜《ひょうぼう》するが、将来に伸びるために、履修は勢い広い基礎教育なので、卒業後の一段高い訓練には身心共に調節する必要がある。しかも、今や卒業も回を重ねて十二回、先輩の与える示唆指示も行き届き、この時期の調節には余り時間をとらずに済むらしい。しかし、個人個人について見れば各種の問題や悩みも皆無ではなさそうだ。この意味では、その行路必ずしも平坦とはいえない。いつでも感ずることは志望の職種が喰い違い、志を得ずと早合点したり、不必要に悲観することの、いかに無益であるかである。人、誰しも順風に乗ることを願わざるはないが、また逆風に対処する覚悟も常に大切である。われわれも諸君のために、その職種の選定においても順調ならしめたい。かつてこんな経験を持った。横浜埠頭《ふとう》に友人を送り、速度を増しながら刻々と離れ行く船の跡を追うて眺めていると、眼前に一防衛大学校学生が立っていた。見送りかと声をかけると、「いいえ、自分は船の発着を眺めるのが大好きで、時々ここで見物する。山国育ちであるが、将来は船乗りと決めています」と言うのが、その答えであった。海にあこがれる一念はよく解るが、彼、はたして念願を達成したか。逆風を手ぎわよくかわすのが、年輪の芯固《しんがた》めの呼吸でもある。

入学時には多くの人々が、それぞれ将来の構図を描いて校門をくぐったであろう。三自衛隊のいずれに属するかは、在学中に決まる。しかし、各自衛隊に入ると、ここでまた数多い職種があって、願望にかかわらず振り当てられることがある。生活環境にも甲乙あることがある。ある時、呉《くれ》で会った一卒業生は、自分は新婚早々であるが、今日潜水作業の訓練で、喜んで単身ここに来てその訓練に従事していると語った。これを聞いた瞬間、気の毒と言いかけたが、身勝手は法度《はっと》、これが彼らの習わしであると考え直した。これを熱望しながら、今は精鋭飛行機の整備に心血を注いでいる者もいる。落下傘部隊、パイロットの訓練、潜水艦勤務、離島や霧の中のレーダー・サイト、地上部隊の種々相を数え来れば千差万別の持ち場である。これらの持ち場に若い心魂を焼き尽くすような景観は、思えば壮大であるとともに厳粛であると言うよりほかはない。不自由、困難、危険、これらは防衛の職務にはつきものである。

このように見て来ると、職種の選択もそれ自身大切ではあるが、もっと重要なのは職務自身に関する考え方である。陸海空の区別ですら職種的に説明するのは、困難ではあるまいか。私はそれは職種の違いというものではなく、むしろ偉大な伝統の差異ではないかと思う。職務なる観点に立つと、いずれもが防衛の組織であり、その有機的な生命を、この組織は個人の各員によって支えられている。この各員はそれぞれの持ち場を分掌して、全体はその能力と力を発揮しているのである。「わが持ち場とその義務」、これが組織の生命である。英語に「危険に晒《さら》されて生きる」(Living dangerously) という言葉がある。ここではこれを「危険を恐れずに生きる」とでももじっておこう。何かこの言葉は防衛の職務を象徴しているような気がする。われわれの思慮の片隅には、必ずと言うてよいほど、何がしかの冒険心が潜んでいて、これが正しい道念によって高じると、人間の尊い行為の原動力となる。たとえば、協力、犠牲、同情、勇気、忍苦などの伴う行為となり、危険に身を投じて、あえて顧みないこともあり得るのである。冒険の心意気は、巨大な貢献を、文明や文化、道義や学問、自然の克服や正義の保全のためにいかばかり尽くしたか、量り知れないのである。防衛職務もまたこの例外ではあり得ない。

このような職務に就く人は、得て優越感に強いと聞くので、一度ならず注意して観察したことがある。教育上の問題でもあるし、また組織に働く人々の士気にも影響することである。一度、いつも心にしていたことであるが、われわれの教育と、外国のそれとを比較したいと思った。このために横須賀米軍基地でアナポリスの海軍兵学校卒業後二、三年の若い士官数名と、機を得て懇談することができた。色々と感じたこともあり、また見事な連中であった。談話中、諸君もいつの日にかは提督であろうと言うたら、大笑いで、そういう運はありがたいがわれわれは全然考えていない。ただ考えていることは、たとえ低かろうがどんな位置であろうとも、すべて素晴らしい仕事なので、充分に働いて行くのが、何にも替え難く楽しみである、ということで、その心境は謙譲そのものであった。

二度目は、ある高級の試験を通過した一団のわが卒業生であった。これまた謙譲で、とんでもない、われわれも一つの持ち場を分掌しようとしているのである。職務に上下はない。謙譲な気持でその役目を果たして行くのだというのがその言葉であった。

十二期生諸君。職務は諸君を待っている。生涯のこの職務を意義あらしめるか否かは、諸君の手中にある。差し当たっては諸君の年輪の中心部の強さを心の上につくることである。

（雑誌『小原台』第三九号、昭和四十二年十一月十日）

二　守るのは何か

国民とその守らんとするもの

輝かしい六期生諸君の今日の卒業式に臨み、防衛大学校職員一同は諸君本日の卒業を心より祝うことの深いものがあります。学業と規律、品性の陶冶《とうや》と指導力の養成の四年を、ここに終えて四百七十余名の諸君の門出を送る、その力強い感激であります。わが国は現在、波乱の多い世界の情勢の中に、独立と平和を堅持固守して、その将来に一切の希望を託して困難な途《みち》を開いているのであります。諸君の前途を思うて、その健在と奮闘を祈る心の禁じ得ないものがあります。

言うまでもなく、卒業とともに諸君は、国民の一員として、また、防衛任務に就く者の一員として、国民に対して義務を負い、責任を持つに至ったのであります。国民という言葉が意味するものは、殊更《ことさら》、説くまでもないかも知れません。しかし、国防の任を生涯の職業として選び、その献身的な誠実が要望され、諸君もまた、これをこの上なき名誉と心得るに当たっては、諸君の尽くさんとする、その対象である国民及び国民性なる言葉について考えることも徒事《とじ》ではなかろうと思うのであります。

国民及び国民性を知るために大切なことは、自由国家の国民はこれを構成する人々以外の何者でもないことであります。構成員をほかにして、その上に特別の人格も観念も存していないことであります。国民はこれを構成する人々の、その意思、その人格によって動き、かつ、統一されているのでありまして、この事実は各人が共通に感ずるものを持つことを証しているのであります。ここに国民の共通の意思が生まれ、共通の努力と行為となって現れるのであります。

国民と国民性を描写するために、一応は、民族人種の構成の要件や、領域風土のような地理的条件、または、人口産業のごとき経済的要因の上に試みられるのを常としております。これらの点を描くことも大切でありますが、同時に精神的要因を描かないでは、真の国民の画像を眺めることはできないのであります。人間生活のある部局では、ただ見えるものだけではなく、見えないものが強く動いておるのであります。その主なものとして、歴史、信仰、文芸、思想や、習慣、法典、制度や、あるいは政府、教育等を挙げることができるでありましょう。人は初めその心の安住を求めて、心がこれらのここに挙げたものをつくったのであります。しかしやがて、これら心の住居は、かえって、これに住む心に影響を与え、感化を及ぼすものともなるのであります。心のつくったこれらのものが、時代から時代へ、心から心へと受け継がれ、継がれる度《たび》にその深さを増したのであります。すなわち、過去の人の持った心であり、また、未来の人の持つ心でもあります。見えないが、見えるものと同様に実在するものであり、過去よりの蓄積であり、伝統であり、共同の相続財産であります。国民はその心を総合したものと言えるでありましょう。

この過去より現在へ、現在から未来へと継がれて行く共同の相続財産は、ただいま述べましたように、自然や物質的の要因の上に、人の心によってつくられた精神的の存在であります。常にその価値は国民構成員の努力によって積み上げられた成果であり、また、将来もこの努力は継続されるでありましょう。言うまでもなく、この共同の相続財産は、構成員にとってはただに過去現在のみならず、その将来に託する希望の一切を含むものであって、その安泰と繁栄を願い、独立と平和のうちに、恒久の生命の続くことを祈らずにはいられないものなのであります。しかし、現在の世界情勢は、必ずしもこの安泰と繁栄、独立と平和を無条件に保障してくれるものではなく、破壊をもたらし冷酷な力の前に屈従する危険から、その安全を保障しているものではありません。この保障について多くが語られていますが、他国民への絶対信頼が可能でない限り、結局はみずから守る以外に方策はないのであります。また、みずから守らずして、他に援助の手を延ばすもののあるべきはずのなきはもちろんでありましょう。古くより「安にして危を忘れず。存にして亡を忘れず。治にして乱を忘れず」という言葉があります。安存平治の時といえども、危亡敗乱を忘れるなとの戒めであります。平素の準備鍛練が、諸君の国民の一員として、また国民に対しての義務であり、責任であると考えるのはこのためであります。国民とともに民族の自由と独立を守ろうという、自由国家の防衛意欲であります。

かつて、人は人生に対して消極的であり、現世は幻想に過ぎないとしてこれを否定し、隠遁《いんとん》的厭《えん》世《せい》的でもありました。現世より遠ざかり、禁欲、難行苦行のみが魂を済度《さいど》する道であるとして諦観《ていかん》するの風がありました。したがって無抵抗はすべてこれを徳と見る傾きがあったのであります。しかし、近代の人生に対する態度はこれに反して肯定的であり、ここに無限の積極の世界が開け、思慮行動は現世を是認して創造力に溢《あふ》れ、芸術、学問、倫理に対する視野と態度は著しく拡大強化され、今日の文明を築き上げたことは周知の通りであります。これはまた、物心両面の世界を開拓する個人の力、集団の力、国家の力に対する自信であり、人間行為の価値の再評価であったのであります。国民もまた、この陣営の一員であり、その重要な本体は精神であり、精神存するがゆえに統一及び性格が生まれ、その運命を切り開き築き上げることは、すでに述べた通りであります。自治の賛美、秩序の尊重、正義の遵守、遵法の精神は、近代社会に生きる人の積極性を肯定する倫理道徳であり、ひとり扉を閉じておのれに終始するを退け、正義と名誉、国家と社会並びに他のために尽くす犠牲行為は、その倫理的価値の崇高なものとされるに至ったのであります。ここに防衛の義務とその勝利があると考えております。かつて「正義は力なくしては空虚のものであり、力も正義なくしては暴力に過ぎない」というパスカルの言について述べたことがあります。この言葉の意味もこの辺にあるのではないかと考える次第であります。

防衛任務は貴いものであります。同時にこれを貴からしめるのも、防衛の任にあるものの心懸けいかんによるのであります。心懸けについて二つのことが思われるのであります。その一つは身を挺して国法に従う義務であり精神であります。他の一つは任意自発的である道義の念に徹することであります。法は民主国家においては、国民総意の結集であり、この総意は理論的には倫理とも、正しい風習伝統とも一致し、また、一致するように努められねばならぬものであります。時には法はこれらに伴わぬこともあり、時勢に取り残されることもあります。立法者である国民も、またその機関も、遅滞なくその一致に努めるべきは固《もと》よりであります。しかし、大切のことは、法はいかなる場合にも遵守されねば、民主国家はその秩序を保つことは不可能であり、その存在すら危殆《きたい》に陥るのであります。殊に軍律に徹する覚悟はこの精神より起こるのであります。

法は遵守されねばなりません。同時に同じく遵守されねばならぬ、道義と呼ぶ倫理上の規範があります。法は国の定めるもので強制的でありますが、道義はその本質から言うて、任意自発的のものであります。法が守られずして、国家秩序が維持できないように、道義が守られずして社会の貴い生命、高い秩序の維持は困難であります。防衛の組織また、この両者行なわれて初めてその力を発揮することができるのであります。法は人に過ちなき指針の最少限を示しますが、道義は人に伸び行く無限の広がりを示してくれるのであります。道義は人の自発心であり、自主であり、このゆえに人の誇りの本源でもあります。われわれが遵法の精神を語る時は、人の法的進路に過ちなきを言うのであり、道義を口にする時は、人の尊い価値を語っているのであります。防衛の責任を考える時、法はわれわれの進路を明確に指示し、道義はその任務の倫理上の価値を教え、人の自由の天地の広大なることを啓示するとともに秩序と服従の力を与えるものであります。防衛の任務に心魂を傾ける源流もここにあると言うことができましょう。

（第六期生卒業式、昭和三十七年三月十七日）

職業としての防衛任務

十期生の卒業を耳にすると、在任中の惰性で「十期生を送る」と口に出る。しかし思い直すと、今は「十期生を迎える」と言うべきであろう。在任中、卒業生を送っては彼らのいる「外」を深い関心をもって眺めていたものが、今は自分もその外にいるのである。過去十余年、青雲の志を抱く若者たちとともに過ごしたことが、限りない幸福感を与えてくれるとともに、今はこの人たちと共に外にいるのが心強い。外には外の世界がある。十期生をこの「外」に迎えるに当たって職業としての防衛任務について、いささか述べるのも徒事ではあるまい。

防衛任務もこれを生涯の仕事とすれば職業であり、その人にとっては人生行路の伝統ある専門業務である。一つの業務が職業と呼ばれるには、いくつかの要件が必要である。人はその業務によって生計を営み、自由意思によって働き、これによって自分の社会的存在を見出し、生き甲斐を感ずることができる。また業務は社会の認める業種でなければならぬ。これらが職業の条件であるならば、防衛任務も、これらの条件に照合して、立派な職業である。しかもこの任務は国家の要請するものなので、ここにもう一つの条件がある。それは国及び国民に対する奉仕献身の精神である。さればこの任務のあるところ、これを職とする者の養成には、形、方法が違うとともに、異常の努力が払われているのである。

例をウェスト・ポイントの米国陸軍士官学校にとると、この学校は訓練という意味において、その学生の教育について定評がある。訓練のできた人を指して「彼はウェスト・ポインターのようだ」との一般語すらある。筆者もかつて往訪して米国の三士官学校の教育について、つぶさに見聞したが、ウェスト・ポイントを訪ねたのは十年前の二月の寒い日であった。校庭を歩く学生も少なかったが、印象に残るのは、容姿、挙措《きょそ》、態度の端正なことであった。姿は心を表すというか、心は姿をつくるというか、彼らと応待して全校に漲《みなぎ》る清澄の気を感じた。同時に心を引き締めるような雰囲気の奥にひそむ底流を探る衝動にかられるのであった。

米国陸軍士官学校には、名誉、義務、国という標語がある。うなずいて聞き流せばそれだけかも知れぬが、考えれば、次から次へと想念は涌いて来る。名誉を重んじ、義務を負い、国を思う心を尊重するには、国の東西も、時の古今もない。しかしある国で特に強調されていて、最も自由な国の米国において、最も強いような気がした。この視察旅行で、米国の印象は、その国土と富、異色の文化、目覚ましい推進力も確かに驚きであった。しかし最も心打たれたのは、国民の国を思う心で、これが三士官学校の学生に象徴されているとさえ思われた。国民は彼らを頼もしく思い、尊敬し、誇りとしているようであった。国民と学生の心は一つである。

国民の国を思う心について、思い浮かぶのは、米国の収穫感謝祭のために書かれた祈りの文を読んだことである。大陸に渡った最初の移住者が最初の収穫に感謝を捧げて以来、三百二十数年を経ているが、この祈りは祖先の苦難をしのんでの願いである。祖先の嘗《な》めた「労苦、危険、飢え、かわき、一切の希望を吹き消すような寒さ、へし折れそうな背のいたみ」を思い、この苦難に堪えた力こそ、さらに子孫を艱苦《かんく》を求めて西へ西へと進ませた。そうして大陸を東から西に横切る国をつくったのである。今日の子孫は、「大きな楽土、豊富な食糧、労を省く機械電気の諸道具、寒暑に対する庇護、すき間のない壁、それに温度の自動調節器と、安楽な暮しをしている」。これには感謝を捧げる。しかし「この安楽がわれわれの魂をくじかぬよう、最初の移住者の血を失わぬよう、彼らが艱難《かんなん》を越えて生き抜いたように、われわれにこの安易を克服して、神に仕える力を与え給え」とこの祈りを結んでいる。

三士官学校の学生を眺めていると、栄達、富と他の途を求めて、運勢をいくらでも開いて行けるのに、何を好んで戒律と訓練のこの職に投ずるかを訝《いぶか》ってみたくさえなる。しかし彼らの血脈には、やはり未開の荒野と森林に挑んだ祖先の血が流れているとよりほかには考えられなかった。この祈りの一文は米国のものである。しかしこれをただ、他国のものとして見逃すことはできない。

わが国でも、遠く昔にさかのぼらずとも、過去百年を顧みるだけでよい。この間、わが国はみずからを鎖国の弊風から開放し、西洋文明を吸収消化し、自国古来の文化を見直して、その偉大な真価を発揚したのであった。

また国の存亡安危に処しては、幾度か身命を賭《と》して独立を守り、平時には鋭意励んで今日の文運と生活の繁栄を招来した。紆余曲折《うよきょくせつ》、隆替《りゅうたい》を交えた百年であった。これとても、古来よりの義に厚く隠忍精励の風を語らずには考えられぬことである。飢饉、災厄、戦乱に脅かされ、乏しき中の忍従と捲土重来《けんどちょうらい》の志気の伝わるものがあったればこそである。今日の秩序、文化福祉、安楽も一朝一夕に無より有が生じたものではない。また今日の国の独立、民族の自由なくして明日への国民の希望と意欲は生息し得なかったであろう。

ここで話を、出だしの職業としての防衛任務にもどそう。国はなぜ防衛任務を要請するのであろうか。それについては国と国民のことを語らねばならぬ。これらの本質を解くのに、普通には人種民族、領域風土、人口産業のような物的な要素を挙げて説明をするが、大切なのはむしろ、精神的要素である。人は初め心の安住を求めて物語り、信仰、文芸等をつくった。習慣、法典、制度や、政府、教育なども続いて出来た。また歴史も現れた。しかし、やがて心の住居は、かえって、これらに住む心に影響するようになり、心のつくったものが時代から時代へ、心から心へと伝えられ、伝わるごとに深さを増した。過去の人の心であり、未来の人の持つ心である。見えぬが、見えるものと同様に実在している。過去からの蓄積であり伝統であり、共同の相続財産である。

過去から現在へ、現在から未来へと継がれて行く心の共同財産は自然や物質的要因の上に築かれる精神的存在である。これが国民に生命を与え、一国としての自覚と希望を与えている。独立と平和はその存在存続の条件であって、その安泰と繁栄は民族共通の願いである。しかし世界の現実の情勢はこの安泰と繁栄に何ら保障を与えていない。その情勢には随時随処に勃発せんとする危険が常に潜在している。かりに国の独立を失い民族の自由を滅するならば、あるいは国民の物質的欲求を続けるものは残るかも知れない。だが時代を継ぎ、将来に継がるべき精神的欲求は永久に閉ざされるのであろう。精神的欲求を失って何が残る。これは国民としての存在を抹殺し、希望の明日はなく、あるのは今日の失意と暗闇のみとなるであろう。これは民族の誇りと自負が許さぬ。民族の過去と将来が禁ずる。また現在にはこれを守る義務がある。これは一切を挙げて守らねばならぬ。ここに職業としての防衛任務があるのである。

「外の世界」は十期生を迎えている。外の世界には無数の人間の集団がある。わが同窓会もあるが、これも他のあらゆる学校の持つ同窓会と同様である。ただわれわれには日本の地のいずれにあろうとも、常に小原台の共通の経験を持ち、同じ目的、同じ任務の熱情に燃え、防衛に奉仕献身する生涯の職業がある。その仲間に入ってくる十期生諸君を心より歓迎する。

（新聞「小原台」昭和四十一年三月十九日）

三　守る力

防衛組織と個人

本校創立以来六年、この間、ここに臨席の各位をはじめとして、諸方面より受けました支援、激励、好意には、誠に甚大なるものがありまして、このことを思うことなくして、今日の挙式を行なうことはできないのであります。今日のこの機会に深く謝意を表し、永く本校の記憶にとどめるところであります。以下少しく第二期卒業生に対し、別辞を述べたいと存じます。

第一に述べたいことは、卒業生諸君の職務は、その根底において国民の意思につながり、その信頼と期待もここにあることを記憶すべきことであります。今日の世界において、わが国民がその幸運を喜び、誇りとすることは、国民がその上に降りかかる過去幾度かの災厄を逃れ、また切り抜けて、民族並びに国家の統一を持続し来《きた》ったことではないかと考えます。すなわち、一つのまとまった国民として、一つの社会、一つの国家、一つの政府の秩序の下に、その文化、理想、将来の希望を持ち得る、この恵まれた事実であります。言いかえれば、国民が自力に頼り、伝統を誇り、これを育成し、その運命をみずから切り開く機会と自信を持つこと、これであります。自由国家とはこのことを意味するのであります。

人は幸福に慣れる時、ややもせば心緩み、励むことを忘れ、また怠るものであります。しかし、ひとたび目を世界の現状に向けますと、このような幸福は、他の多くの民族が常に受けているものでもなく、また無為と安易のうちに獲得するものでもなく、あるいは激しい努力なしには維持することもできないことに気づくでありましょう。一国を成せども異民族相争い、一民族にしていくつかの国家に分割され、あるいは民族が自由に選ぶ政府の下の生活を拒まれて、屈従に服することは、余りにも多くその例を見るところであります。幸いにわが民族は、独立を確保し、平和を維持し国民みずからの法秩序を擁立して、生活を営んでいるものであります。これを幸福であり、誇りと言わずして、何を幸福であり、誇りであると言い得ましょう。しかし、独立と平和を確立し、国民みずからの生活を擁護することの、いかにむずかしきかは世界の現状が示しており、国民の熱意と努力のみがこれを可能ならしめますことも一つのはげしい現実として、日ごとにこれを眺めているのであります。ここに国民の防衛意欲が発し、われわれの防衛の任務が生まれ、その任務の責任と尊さがあるのであります。民主主義の下の防衛とは、このようなものでないかと考えております。

語りたい第二のものは、卒業とともに諸君は各自衛隊に所属して、その一員となることについてであります。これは諸君にとって一層実際的の問題であります。これは諸君の職務であり、同時に人生における一つの転換でもあります。過去四年の学窓生活を回顧しますと、次のように総括して述べることができましょう。諸君は本校の慣行と規則に従って、規律ある起居をなし、徳操情操の涵養《かんよう》に努めるとともに、広い教養と理工学の原理及びその応用の基礎を学び、強い気力と体力を養成しつつ、防衛任務に関する知識の習得と訓練に従事して来ました。これは広い意味の一般教育であります。しかし今日を一転機として、諸君は専ら防衛の学術と訓練に精進することとなると考えられるのであります。

　自衛隊の一員となることは、当然その組織の一員となることであり、これは組織の統制並びに各組織の持つ慣行に服し、自発的にこれを尊敬し組織の機能を発揮することを意味するものであります。いかなる組織も必ずその目的達成のために存在します。その目的達成に必要な統制並びに慣行に従うことは、いかなる組織においてもその存在のために欠くことはできません。まして防衛を使命とする自衛隊が、この点に厳正であるべきは言うを待たないところであり、これあって初めて組織に生命が生じ、意義ある行動が可能となり、その正確と敏速が全うさるるのであります。ここにきびしい統制と規則の遵守があり、またはげしい訓練の行なわれる理由があるのであります。殊《こと》に反復繰り返す訓練によって幾多の悪条件と戦い、心身の遅疑《ちぎ》逡巡《しゅんじゅん》を克服するのも、この間においてであります。四年の在学中、諸君が本校の統制と慣行に従い規律ある生活をなし、体育及び訓練において気力及び体力を練磨したのはこのためでありました。統制と訓練の成果が乱れなく、また過誤なく行なわれる時に、初めて組織全体はその目的達成のために性能を発揮して、精度の高い組織の実相を現出するのであります。諸君の自愛を切望してやまぬものがあります。

　同時に記憶せねばならぬことは、組織の全体について語ることは、その構成員である個人の存在を忘れることではありません。組織は力であり、機能を発揮しますが、組織の使命の重いのは、その目的が重いのであり、その機能を発揮するのは人であり、構成員であり、各個人であります。組織は決して個人を没却して、個人を部分とする超人的の存在でもなく、また個人を部分品とする機械でもありません。統制が及ばぬところなく、これがくまなく行なわれ、訓練の成果また大いにあがれば、その組織は性能を発揮します。しかし組織の精度と力は、全体という何か超人的、個人を忘れた存在があるゆえではなく、その本質は依然として人であり、個人であります。組織の精度と力は、あくまでも個人の精度と力であることには変わりはありません。あたかも民主国の法秩序が、個人の遵法精神なくして存在しないように、あるいは高い水準の社会が個人の高い教養節度なくして実現できないように、防衛のための組織は、その構成員個人の献身的精神なくして成立するものではないのであります。防衛には必然的に、その職務に伴う多くの忍苦、忍耐、犠牲の精神が要望されております。この精神は人の徳操に属するものと考えますが、すべての徳がそうであるように、この精神は本質的に自発的のものでなければなりません。言いかえれば、強く自由な意欲のみが到達し得る境域であり、したがって、このゆえに尊いものであります。民主主義の価値はこのような意味での人の尊厳、個人の威信が重んぜられて、個性の発展に重きをおくところにあると思います。この点については、在校中積極自主を指導の信念として、自らを重んじ、他を尊敬することを学びもし、また努力して来た諸君の賛意を得るのに困難でないことを信じて疑いません。要するに自衛隊の組織の精度は、諸君の自発的なる献身的精神にかかっているということであります。

　第三に述べたいことは、防衛大学校は諸君の卒業の日より、諸君の人としてまた自衛官としての進歩発展について大きい関心を持つことであります。本校の教育は、ただ一筋の専門または職業教育を目指すものではなかったのであります。諸君は広く教養を身につけ、主として基礎的の学業を履修して来ました。これはあるいはこの種の学校としては大胆な試みであったかも知れません。しかしこれが諸君の将来の仕事に大きく役立つことのあるを信じて疑わないのであります。またそれだけ、諸君は今後の専門職業教育に励む意義を感ずるでありましょうし、その途《みち》に誠実でもなければならぬことも当然でありましょう。

諸君は、青年としての一階梯《かいてい》を終えて、さらに他の階梯に進まんとしております。この際に最も大切なることは、強靭《きょうじん》なる気力と意力をもって推進し続けることであります。われわれは諸君をすべて立派なスポーツマンであると思うております。諸君は瞬時も勝負の真剣味を忘れず、しかも競技の規則に従い、フェア・プレーがその生命であることを知り、名誉を重んじ、中途に投げ出さない、我慢を押し通し、卑怯《ひきょう》を憎み、全体のために身を挺して尽くす人々であると信じています。在学四年の期間中、物心両面において諸君は確かに多くの経験を嘗《な》めて来ました。時には、あるいは世間の人気に投じない途を歩んでいると思うたかも知れない。拍手が迎える舞台にいないことを寂しいと思うたかも知れません。しかし、人気と大切なる仕事に従事することとは全く別のことであります。諸君の前途には大切なる使命が待っています。この信念のうちに諸君は生きる喜びを感じ、正しく強く生き抜く力が湧き出《い》づるでありましょう。

われわれ防衛大学校の全職員と在学生は、第二期生諸君に絶大の信頼と誇りを持つものでありま す。今日諸君を送るに当たって誠に感慨の深いものがあることを思わずにはいられません。

（第二期生卒業式、昭和三十三年三月十九日）

防衛の力、強さと正しさ

顧みれば第三期生諸君は昭和三十年四月、本校が久里浜の仮校舎より、当小原台の校舎に移転直後、入学したのであります。当時は、建物、設備、道路等いまだ完成せず、学業及び生活、共に困難を極め、先輩の一、二期生とともに辛苦をなめたことは、いまだ記憶に新たなところであります。当時より四年、外観並びに内容、今日の状態に達したこの日、入学の当時みずからの心に誓い、学校と結んだ成業の約束を果たして、卒業式を迎えましたことは誠に感慨の深いものであります。諸君に対する信頼は、まずこの約束の履行を出発点として、年月とともに増して行くことでありましょう。

諸君の在学四年を、この機会に少しく回顧することも意義なきことではありますまい。防衛大学校は、言うまでもなく幹部自衛官たるべき人々を養成するために、創立されたものであります。しかし、防衛大学校は狭く自衛官たる職種の科目の教育にのみ専念するものではなく、また本校は大学基準に則《のっと》るがゆえに、一般の大学教育と軌を一にするのでもなかったのであります。一言に言えば、広き視野を開き、科学的な考察力を養い、豊かな人間性に処世の途を求めて、国家及び社会の責任ある一員たるはもとより、幹部自衛官としてその職責を尽くし得る性格と技能を修むる所なのでありました。この一連の教育訓練の課程は、諸君の心身と一体となって、諸君の成長伸展を助け、国家及び社会並びにその防衛機構の力に強さと正しさをもたらすものと信じております。殊に諸君の習得した課程中の理工学の部門については、諸君は将来自衛隊の要請に応じて、その研究を続け、またこれを伸ばして、わが国の防衛に貢献する可能性も、あわせ備えることに努めたのであります。

　在学中、これら課程とともに、諸君は常に主動的な思慮行動を励まされ、創意に富み、独立心の強い指導者たる資質を養うことに意を注いで来ました。学生生活の雰囲気は能《あた》うかぎり自由とし、諸君の言行、挙措、行動は自己の本心、その発意によることに極力努め、疑義や迷いやすきものを含めて、多くの問題について、これを解明納得するために、少数の討論学級を編成し、ここで討議して来たことも諸君承知の通りであります。要するに諸君の発意発心が奨揚され同時に教えられ、また心身を鍛える環境は能うかぎり清潔明朗に保ち、その感化の力を受けんものと努力して来ました。また体育は特に重んぜられ、殊にスポーツは単に少数者の特技の向上にのみ片よらず、全学生こぞって参加したことは、諸君並びに本校のいささか誇りとするに足ることかと考えております。

　本日の卒業式と同時に、諸君は本日付をもって幹部候補生に任命され、後刻その制服に威儀を正して校門を去ることとなっております。諸君は本日より自衛隊の一員であり、各自衛隊の幹部候補生学校に入校し、教育訓練を続けるのであります。この教育訓練は幹部自衛官の養成の一点では、本校と目的を一つにするものでありますが、その課程の重点と方法、またその校風伝統において、おのずから相違のあることは当然であります。近き将来有能な幹部として任務に就く諸君にとって防衛大学校の教育が意義あったように、今後の教育は一層その意義の深さを増すでありましょう。自衛隊は組織であり、しかもこれが集団としてその機能を発揮するためには、わが国の持つ過去の長い経験と、進歩してやまぬ装備、機械、艦船、航空機等の力を駆使せねばならぬのであります。また集団の運動行動は独り理論においてのみならず、これを確実に実行実現することに習熟せねばなりません。諸君の任務達成が世情の激動する中に起こり得べきことは、当然予期されるところであり、したがってその教育訓練ははげしくあります。任務の遂行は私情同情によって左右されてはならないものであり、したがってその規律規制はきびしくあります。理知的であるとともに、機敏な動作、耐久力、困難窮乏にも抗せねばなりません。また緊迫せる状況の下に、判断、決断を要し、間髪をいれぬ行動に移る必要もあります。このゆえに個人も集団も強くなければならず、強きためには、練磨を要し、機能の成敗は、かかって諸君の双肩にあるのであります。強きためには、すぐれた知性を要し、強靭な体力と気力が求められ、殊に任務に対する強い責任感が要請さるるのであります。防衛大学校の在学四年の間に、諸君はこのような訓練に応じ得る資質を培って来ました。諸君の持つ実力及びその潜在力は強い力となって発現さるることに確信と期待を持っているのであります。

組織集団は強くなければならない。しかし、強いことは単に外見的な力のみによって発揮し得るものではなく、必ず内面的の要素があるものであります。すなわち力の正しさこれであり、防衛の持つ目的使命の正しさ、その任務に就く者にとっての良心上の正しさであります。正しさはまた合理的でもあります。もちろん正しさは、独り合理的の世界にばかりでなく、感情の世界にも存するものであって、精錬された感情はまた、立派な勝利を収むるものであります。愛国心、犠牲の精神などその著しいものでありましょう。しかしこれとても合理性を無視して存するものではありません。合理を語る時、われわれは二つのもののあることを知るのであります。一つは法律の与える責任と、他の一つは道義徳義の念慮の与える責任であります。防衛の任務に服する者に対し、その行為行動を是認し、これに権限を与え、またこれを規制して軌道となってくれるものは法の力であります。もちろん社会には意見の相違、主義主張に開きがあり、これについて論議をかわすことは当然であって、これは自由な社会の実相であります。しかし、国策を決定せねばならぬ問題については、正規の手続及び機関によって、国家が決定することは言うまでもありません。防衛に対する国民の意思と、その信頼を受けて防衛の任務に当たる者とは、このようにして定められた法律によって結ばれているのであります。

防衛の組織は強くなければならない。この力の正しさを与える他の一つは道徳的義務であります。防衛の任務に服する者にとって、忠誠を尽くすことに専念せしむるものは、道義の与える責任感であります。はげしい訓練に服し、きびしい規制に服するのも、あるいはまた任務に精進せしむるのも、道義に対する責任感にほかなりません。法律はその本質上強制的であり、道義はその本質上任意、自発のものであります。法律は遵奉せねばならぬものであり、道義は自由な人の持つ国家及び社会並びに職務に対する責任感であり、良心上従わねばならぬものであります。人の行為の正しさと強さの源をなすものであります。

あたかも個人が良心的に恥じず徳義的に誤りのない希望と理想を持つように、国民も同様の希望と理想を持っています。戦時戦後を通じて幾多の苦難を経て来たわが国民も、はげしく動揺する世界の中に、新たな良心的の希望と理想を抱いているものであります。この希望と理想にはさまざまのものがありましょうが、その主なものを次のようにかいつまんで表現できようかと思います。すなわち節度ある自由の中に言論、討議が行なわれ、人格と威信は守られ、希望、勇気、信仰、慈悲のごとき徳を尊ぶ自由があり、学芸、科学、産業が興って、人生と生活が豊かで繁栄する社会、及び正義の保障される平和と国家の実現ということでありましょう。われわれが防衛せんとするのは、正しい希望と理想の行なわれる国土、これに必要な平和及び独立なのであります。もし国の独立を失わんか、たちまち強制強圧はこの国を犯し、人の尊厳は無視せられ、自由な言論は影をひそめ、慈悲人道は顧みられず、一瞬にして国民は暗黒の境遇に陥ることなきを誰が保障しましょう。みずから守らずして誰が助けるでありましょう。もし正しい生活の一切を失うても平和であるというならば、これは屈辱の平和であり、われわれの希求する正しい平和ではないのであります。

防衛の生命は強さであります。強さは力であり、この力に国民の総意として許諾と権限を与え、その正しさを明確にするのは法律であり、この力に正しさの精神的支柱を与えるものは道義の念であります。力の強さは諸君の訓練努力に待たねばなりません。力の正しさもただ待つことによって体得できるものではなく、その核心は実践の中に求めて初めて悟ることのできるものであります。防衛大学校は正しい任務に就かんとする諸君の今日の卒業を心より喜びとし、誇りとしております。しかし、学校の責任も諸君の正しさに対する任務遂行の期待が実現さるることによって、初めて解除されてゆくことを記憶していただきたいのであります。これをもって第三期卒業生を送る私の言葉といたします。

（第三期生卒業式、昭和三十四年三月二十日）

防衛意欲の倫理性

第七期の卒業生諸君は在校四年の数々の感想を胸にして、今日の式に臨んだことと存じます。並並ならぬ努力を多とし、この日の成業を職員一同とともにお喜びいたします。いま諸君に在学中の経験感想を問えば、おそらく、ただ走馬灯のようだとの答えを得ることでありましょう。しかし、ここに習得修業したすべては、諸君の将来を益することあるを堅く信じております。徒《いたず》らに過去の体験にのみ拘泥《こうでい》することなく、与えられた任務にひたすら忠実であれば、過去の修業経験は随所に現れて、諸君の活動に脈動を起こすことでありましょう。この間本校が、ひそかに期したことは、もちろん防衛及び科学の技能の訓練に成果をあげ、かつ有能な素地をつくることでありましたが、教養に欠け、人間的に、また世の良しとする風習に迂遠《うえん》であってはならぬことでありました。諸君は多くを学び、多くを考えたでありましょう。卒業の日に当たって、特に諸君みずからに問うてもらいたいことは、諸君の防衛意欲の強弱いかんの一事であります。

国民が諸君に期待するものは、国の独立と平和、その興隆発展の途が安全安泰であることの安心感であります。防衛大学校に要望されることも、防衛意欲の鍛練にほかならぬことは当然であります。国民は諸君を励まし、少なくない国費を投じて参りました。本校またこの使命に心を砕き、朝夕学問研究をしてはその成果を教え、日夜力を注いでは奮起を促し、常に工夫をこらしては環境改善に努めました。教官、指導官、職員諸氏のすべての目標もまた、ここにあったのであります。諸君もまた、これに呼応して励んだことはもとよりであります。これが防衛大学校の特徴であり、その独特の存在であることを語っていると信じております。

防衛意欲を語るに当たって、まず問われることはその正当性、すなわちこの意欲の倫理的性質でありましょう。これによってその使命の重さを測ることができるのであります。民主国家の防衛は国民の総意と離れては考えられません。国民とその総意については学問上種々の説はありましょう。領域、風土や人種、民族、人口、産業等すべては、これらに関連いたしましょう。しかし、ここに特に強調したいのは国民の心であります。心は物的要因や環境と異なって目に見えない、五官に感じないものではあるが、物的要因と同様に人にとって大切な現実であります。思うに人は初め、心の安住を求めて信仰、文芸、哲学や、教育、習慣、伝統や、法律、政府等の文化と制度をつくったものと思います。しかし、やがてこれら心の住居は、かえってこれらに住む心に影響し、感化を及ぼし、心のつくったこれらのものが、時代から時代へ、心から心へと受け継がれ、継がれるごとにその広さと深さを増したと考えるのであります。

この意味で歴史は現在に生きる過去であります。これらは過去の人の持った心であり、また未来の人の持つ心であります。過去よりの蓄積であり、その創造物であり、伝統であり、共同の世襲財産なのであります。国民生活の安定及び福祉とともに心の蓄積、この伝統、この創造物は国民が挙《こぞ》って守るもので、その恒久の生命を失って他に何が残るでありましょう。国民の総意がここにあるならば、防衛の対象もおのずと何であるかが明らかであります。それは民族の心であります。

防衛の倫理を語る要因がこの他にもあります。それは倫理道徳そのものであります。これは倫理の世界観とでも言うべきものであって、かつては現世を仮の宿と見る風があり、その世界観は著しく消極的で隠遁《いんとん》的厭世《えんせい》的でありましたが、近代人の人生に対する態度は全くこれとは別で、現世を肯定して、生命に積極的に挑み、その思慮行動は創造の力に溢《あふ》れ、文芸、学問、倫理に対する視野と態度は著しく拡大強化されて今日の文明を生んでいるのであります。物心両面の世界を開拓する力に限りのない自信を持ち、これに伴い人間行為の倫理的再評価をもたらしたのであります。国民もまたこの澎湃《ほうはい》として積極的に運命の開拓に進む近代陣営の一員であり、殊に自由民主の原則の上に国家及び社会の構成を持つ国においては、個人の尊厳が容認され、自主自律の気魄《きはく》が賛美され、独立自由の気風がみなぎっておるのであります。勢いその倫理は現世を肯定する積極性と行動性を持つものとならざるを得ないのであります。これが近代国民の積極的行動の力の泉であり、また防衛意欲を推進する力であります。

言葉をかえて言うならば、正義、法と秩序及び平和が信条となって、ここに生命の意義と威信とを発見し、屈辱、屈伏、邪悪を排除せんとする境地をつくったのであります。これが自由な国家の独立であり、自由な民族の理想念願であり、これらのための防衛意欲の根元をなしておるものであります。

最後に少しく世界の現状を顧みる必要がありましょう。ここに述べた国の独立と平和、社会の安定と福祉、国民の心の産物である歴史伝統、文化及び諸制度、あるいはその将来にかける国民の希望は、決して手を空しくしていて、安全を保障されているものではありません。無防備、不侵略を標榜《ひょうぼう》することは理想として高貴ではありますが、他よりの侵犯の保障となるものではありません。人類の善意には頼りたい。しかし他人の善意と、おのれの正義だけでは、他の侵略を押しのけ得ないのが今日の世界の現況であります。独立と平和は無為と安易のうちに獲得もできないし、努力と犠牲なしに維持し得るものでもありません。過去半世紀の間、防衛防備を怠ったがゆえに、阻止し得べき戦乱に流され、維持し得べき平和を失い、一度侵略を受けては無益の犠牲を払った事例は枚挙するにいとまなしと言うてよかろうと考えます。

もちろん今日この式に臨んだ諸君の覚悟には固いものがあると信じております。この言が今後諸君に何かの参考になれば幸いであります。

（第七期生卒業式、昭和三十八年三月十六日）

防衛と倫理

諸君、新年おめでとう。今年も諸君に幸多かれと祈って、心より新年の祝意を表します。ここに集まる二千の諸君が、その若さに希望と思慮と分別の年を迎えることは、思えば素晴らしいことであると言わねばなりません。在学四年、年々と学問の世界に踏み込み、人類の希望と苦難、人類の理想と世の動揺の中に心の方向を求めることは、一通りの努力でないことは推察いたしますが、これまた素晴らしいことなのであります。迷い、困惑、焦燥もありましょう。時には絶望すら感ずるかも知れません。しかし、この間に一度心機一転すれば、たちまち、奮発心の躍動するを留め得ない諸君の年代であります。今の教育訓練の限界で、この心機を望む唯一の途は、ただ人事を尽くし、諸君の心の底よりほとばしり出る自主、自制、積極の精神に待つほかはないのであります。しかし、これは大切のことであって、この自発的な心より湧き出づる精神あってこそ、人の尊厳、人の威信は守られ、諸君の誇りがあるのであります。今日は年頭の挨拶とともに、少しく防衛と倫理について考えたいと存じます。

年の改まるごとに思い浮かぶのは、人生と生命の意義の深さとその神秘であります。人類は緩慢ではありますが、自己の生命を考察することに始まり、漸次《ぜんじ》自己の行為は自己以外の他人にも及び、これに対して責任あることを感得し、遂には人類全般に及ぶことを自覚するに至るのであります。この言葉は、恵みのないアフリカの人々に、その一生一身を献《ささ》げ投ずるシュワイツァー博士のものでありますが、その「倫理の進化」という一文において、人生と生命の神秘は、倫理を通してのみ触れ得ることを述べているのであります。われわれもまた、防衛の任務に就くに当たり、その価値を思う時、このことを考えずにはいられません。

最近読んで特に注意をひいたものに、米国のフェニックス教授の新著『教育と共通の善』(**Education and the Common Good**)に関する米国雑誌の紹介文があります。この書物にはいまだ接しませんが、紹介の文に次のように述べる一節があります。「今日の教育は青少年を欲望充実に役立つように育てているが、これは教育からも、また、社会から見ても全く意味のないことである。むしろ、欲望充実のためにではなく、価値を対象として教育さるべきである。教育の最も重要な成果は、この価値に対して創造的で一貫して矛盾のない、止むに止まれぬ体系をつくり、これを中心として個人及び社会の生活を組織すべきである」というのであります。これに焦点を合わせることなくしては、いかに個々のことを教えても、また学んでも、意味のないことであり、学識も能力も各人に与えられた価値目的に合致することなくば、これは個人にとっても、社会にとっても災厄以外の何物でもないとさえいうのであります。

この教育の革新を「欲望の民主主義」から「価値の民主主義」への転換と呼んでおります。この主張は直ちに受け入れ難いかも知れません。しかし、玩味すべき所説であると言えましょう。何となれば、われわれは防衛という社会全体に対する責任を持っており、その基礎は一つの倫理的基礎の上にある価値を指しているのではないかと思うがゆえであります。教えるところも、また学ぶところも、その焦点はこの価値目的に合致していねばならぬと存じます。もしそうでなければ、速やかに矯正さるべきでありましょう。

再びシュワイツァー博士の所説にかえり、価値目的と倫理の関係を考えてみたいと思うのであります。同博士は、倫理の思想は三局面を持つものとしていられます。有史最初の人々は現世を幻想に過ぎないとして、これを否定し隠遁《いんとん》的厭世《えんせい》的の傾向を有しておりました。古代インドの宗教や哲学は一つの例であり、欧州中世のキリスト教も、現世と隔離して極端な禁欲、難行、苦行の修道主義が自己の魂を済度《さいど》する唯一の方法としておりました。しかし、文芸復興期を境として、人は現世を肯定し、人生に対する態度は積極的となり、思慮行動は創造力に溢れ、芸術も学問もその面目を一新したのであります。「生きる喜び」(joie de vivre)を感受して、近代文明の基礎を築いたのでありますす。倫理においても現世が肯定されて、ここにその中心問題が考えられるに至ったのであります。「他人に対する責任」が思慮の上にのぼり、これが「自己犠牲」の理論となり、功利論、定言説(カテゴリカル・アブソリュート)、同情説、慈悲による犠牲等の諸説を生んだのであります。しかるに、最近の自然に対する発見は、間違えば、自然の恵み、神の摂理を冒瀆《ぼうとく》して、全人類の破滅にも導き兼ねない状況になりまして、現世の否定、現世の肯定に続いて、倫理の進化上の第三局面に入り、ここに至って、その対策は全人類の「生命の崇敬」を信ずるほかはないと、シュワイツァー博士は述べております。われわれもこの説に畏敬《いけい》をもって対し、考察の糧とすべきでありましょう。

われわれは、かつてパスカルの言を引いて、「正義は力なくしては空虚のものであり、また、力も正義なくしては暴力に過ぎない」と語ったことを記憶します。ここに防衛と倫理の関係があるのであります。われわれは法に従って行動しております。また、法が国の秩序の本源であることも、銘記しております。法は民主主義の下においては、国民の総意の結集であり、倫理とも常に一致し、一致するように努められねばならぬことも知っております。法は倫理上の諸説の一致であり、あるいは妥協でもありましょう。法は時代の進展に遅れることもあり、また、予期せざる事態に遭遇することもありましょう。しかし、法はいかなる場合にも守られ、これなくして民主国家はその生命を保ち得ないのであります。

法は守らねばなりません。同時に守られねばならぬ倫理道義があることを忘れることはできません。法は国家の与えるもので、強制的でありますが、道義は任意自発的のものであります。法守られずして国家秩序が維持できないように、道義守られずして、社会の高い生命、高い秩序の水準を維持することはできないのであります。法は人に過ちなき道程の最小限を示しますが、道義は人に伸び行く無限の広がりを示してくれるのであります。何となれば、道義は人の自発心であり、人の自主であり、このゆえに人の誇りの源泉であるからであります。われわれが遵法の精神を言う時は、人の道の過ちなきを語るのであり、道義を口にする時は、人の貴きその価値を語っているのであります。

新春を祝うに当たって諸君とともに考えたいことは、人生の意義であり、人命の神秘であり、その価値であります。防衛と任務の意義と価値は、倫理上のものであることを痛切に感じるのであります。『論語』に「われ未《いま》だ生を知らず、いずくんぞ死を知らんや」という言葉があります。生を肯定し、死に至るまでその意義、価値を求めてこれに尽くし、生きる喜びを感受すべきではないかと考えるのであります。以上をもって迎春の辞といたします。

（昭和三十七年、新春の辞）

Ⅲ　記念式その他の折に

一　任務と生きがい

希望と誇り

去る四月以来四ヵ月の学校生活を終えて、ここに夏期休暇を迎え、諸君の大部分は父母兄妹や、知友のもとへと、多くの感想を持って急ぐのであろう。

休暇のこの一ヵ月諸君は教室や、訓練を離れて、さぞのびのびと感じていようし、また家郷の環境が学校生活と比べて、いかにも相違しているのに今さらのように感興を催すことであろう。勉学と規律の中に起居したこと及びこの間に得た多くの新しい経験の後であるだけに、ここで一息つくのだという感が深いであろう。心行くまで休息してもらいたい。また同時に学習訓練中感じたことや考えたことが、さまざまな形において諸君の脳中に去来するであろう。心気を新たにし、希望に燃えて、涼風の吹く頃校門を再びくぐってもらいたい。この一ヵ月間は完全に諸君の自由な思考の期間ではあるが、一言何か言えと乞《こ》われると、われわれの心よりの願いは、すべての青年がその特権として持つ希望と誇りが保安大学校学生生活の中にあることを、学校と離れたこの機会に一層深く認めて、このことに堅い確信を持って帰って来てもらいたいことである。

いうまでもなく希望のない人生は暗く、誇りのない生活は無意義である。人はあるいは希望と目標を混同するかも知れないが、われわれのここに言う希望とは、将来に対するあらゆる成就の可能性とこれに伴う熱意を指すのである。言葉をかえて言えば、諸君が保安大学校の生活に最高の意義を認めて一切をその生活に打ち込むという心境である。かくてこそ保安大学校における生活は諸君の希望となり、また誇りとなるのである。もし諸君のうちにかりそめにも、これを疑う人があるならば、それは自分たちの恵まれている四囲に、無意識にかまたは故意に、目を覆わんとするものである。遠き途《みち》を行かんとするならば、すべからくその出発に際して足許《あしもと》を見てもらいたい。諸君の希望と誇りは日常の生活より始まるものなることを悟るであろう。

開校当時われわれはよく諸君から、学校生活が自分らの自由を無視していること、生活のすべてが堅苦しいこと、あるいは余りにも命令によって動かされていること等を挙げて、批評や苦情を聞かされた。具体的に述べると、起床より消灯に至るまで、いわば寸暇もない計画攻めの生活で、一日の終わりにやれやれと思うて、いざ好む本でも読むか、また自由な思索にふけろうとすると、延灯はまかりならぬとの達しで、寝台にもぐりこむよりほかなく、癇癪《かんしゃく》も起きるとのことであった。あるいはもっと外出はできぬか、また外泊もよろしかろう、日一日と世事に疎《うと》くなると、不満の意思表示があった。ところが、かかる不平を起こす根元の事柄こそわれわれにとっては諸君に希望を与え、誇りを持ってもらうための環境を作る数々の事柄なのである。

第一に言いたいことは、諸君は一見自由を求めて、種々の申し出をしているとの印象を与えるが、われわれは実は諸君に真実の自由とはどんなものか、またこれを克ち得るためには、いかに激しい努力が払われねばならぬかを、知ってもらいたいのである。諸君は昔より一芸に達せんとせば、どんな苦しい修業を積まねばならぬかを言い聞かされているであろう。日本の名ある美術や工芸が決して偶然の間に起きたり、一夜にして湧いたりはしていない。また音楽家や画家の筆舌に絶する苦難の修業を知っているであろう。一つの学業の体系や、一つの重要な職務を負担する資質や素養は、一朝一夕に築き上げられるものではない。保安大学校は真剣の修業の場所なのであって、このような形の生活にこそ、われわれはその希望と誇りを見出すのであって、努力と義務の伴うところにわれわれの真の自由はあることを知らねばならぬ。気儘《きまま》な生活を失うてまでも、芸を身につける必要はないのが自由であるというならば、われわれ、また、何をかいわんやである。

第二にかかる重要な修業を行なうためには、これにふさわしい物心双方の良き環境が必要であることは言うまでもない。真に自由なる社会の人となるには、また一つの芸域に到達するためには、われわれは諸君を少なくとも保安大学校在学の四年間を、その修業を妨ぐることなき世界に住まわせたい。われわれは決して諸君が情操豊かな芸術の場所に出入するを阻止するものではない。また学問、思想、あるいは政治の激しい討論論争の雰囲気より避けさせようとしているのでもない。ただ恐れるのは一瞬の感激や、一派一党の論議に陶酔して志操思慮の熟せぬ間に凝りかたまることである。すなわち、建設的な段階を踏むことを忘れて、修業の本筋より逸脱することである。一生のうち四年くらいは本気になって、業を修めるために他の一切を忘れて修業的生活を送るのも実に自然のことでなかろうか。おそらく諸君の祖先も、父兄も、このくらいの修業はその最低の線と考えているに違いない。諸君が世より後れまいと欲するならば、紛々たる世論の後を追うて、その塵をかぶるよりは、安全で信頼し得る建設的な道を進むべきである。

第三に語りたいことは、上記の一心の修業や規律の生活が、個人の無視や、個性の冒瀆《ぼうとく》を絶対に意味するものでないことである。もし気儘な学び方や、放縦《ほうじゅう》に近い生活様式が、自由を意味したり、また個性の尊重などと考えているならばこれに越した大きな過ちはない。確かにわれわれは自由民主の旗じるしの下にある。また同時に人道の何ものであるかを弁《わきま》え、平和の世界への高い理想に燃えている。しかし、ただこれを口に言うばかりでなく、躬《きゅうこう》行実践する義務を自覚し、またこの義務の遂行に生涯をささげることに最大の価値を見出すならば、青年の一期間に一切を投じて修業練磨に従事することは、決して個性の無視ではなく、大きな自由の獲得を意味することではあるまいか。いわんやこのことによって諸君の将来は光輝を増し、生きがいある任務に就くことができるというにおいては、保安大学校における生活は、真に個性の発展以外の何ものでもなく、ここに諸君の生涯の希望と誇りを発見するのは実に見やすきところではないか。要するに諸君は民主主義の正確な知識を得ること、自由と責任の関連性を的確に認識することである。

来年の四月には第二期生の四百名が、あるいは諸君よりも強い憧憬《しょうけい》を保安大学校に対して持って来るかも知れぬ。これを迎える最良のものは、諸君の希望と誇りである。この一カ月の休暇が諸君の修養意欲をいよいよ高め、保安大学校学生たることに、希望と誇りに満ちて帰って来ることを衷心《ちゅうしん》より祈っている。

（夏休暇に入るに当たって、昭和二十八年七月二十八日）

開校二年半、使命の尊さ

本日防衛大学校開校記念の式典を挙行するに際し、防衛庁長官はじめ多数の来賓の臨席を得ましたことは、大学校職員及び学生一同の無上の光栄とするところであります。この光栄を永く記憶し、職務に精励いたしたいと存じます。開校式は本来創設とともに行なうべきでありましょうが、その当時は校舎は仮であり学生も少なく、むしろ本校舎へ移転の後、記念式を行なうが至当であるとの意見が一つの約束となり、伝えられ来て今日の式典となった次第であります。

御承知のごとく、本校は昭和二十七年八月、保安及び警備両隊の幹部養成のため、保安大学校として設けられました。後二十九年七月、防衛大学校と改称され、その目的が「陸上・海上・航空自衛隊の幹部自衛官の養成」と呼ばれるに至りましたが、この変更は航空要員が追加されたほかに実質的の変化はなかったのであります。入校学生の採用定員は、二十八年度に第一期生陸三百、海一百の計四百名、二十九年度には第二期生も前年通りの四百名、三十年度は第三期生航空一百三十名を増加して計五百三十名でありました。入校志願者は第一期約一万一千名、第二期五千七百名、第三期五千八百名という数字を示しております。本年三月小原台移転以前の二年間は、横須賀市久里浜の仮校舎を使用して参りました。

本校の教育体系は幹部自衛官養成の大学基準による四年課程の教育であります。一般教育と理工学及び防衛学の基礎知識を授け、その応用を訓練するのであります。卒業後一年を経て幹部自衛官に任用さるることとなっております。陸・海・空の区別の定まるのは、入学一年後の二学年への進級時であります。また学校の他の重要な使命は学術の研鑽《けんさん》でありまして、教育課程中の専門学を十一の教室に区分し、充分の研究を可能ならしめ学生教育の成果に寄与することを期し、あわせて学術の発達に貢献したいと念願しております。

次に本校がここ小原台にその敷地を選び、校舎建築が御覧のごとく進みました事情を述べてみたいと存じます。敷地の選定は、次のごとき見地に基づいて行なわれました。すなわち東京より遠くないこと、水陸双方の訓練に支障なきこと、本校敷地として充分の広さを持つことであります。いくつかの候補地が調査された結果、小原台が最適の地として決せられました。しかし、その入手については多大の困難が伴いましたが、結局防衛庁の熱意と地元及び諸関係者の好意によって入手が成就したのであります。敷地は御覧のごとく景勝の地であり、標高八〇メートル、地積約二〇万坪、他に海面三万七〇〇〇平方メートルの港湾施設を有しております。都塵《とじん》を避け学生の修業に専念するに最良の地でありましょう。しかし、職員の通勤に、訓練及び体育に、未だ多くの不利、不便、不備があります。その改善は道路、植樹、緑化とともにわれわれの一段の努力を要するものであります。

全建築の設計並びに工事一切は、防衛庁建設本部によって行なわれました。このため、工事竣《しゅん》工《こう》の式典は他日を期し、さらに諸工事の進みし上、挙行さるることとなっております。現在完成せる建築物は本館、人文社会科学、化学、数学物理学、電気工学、機械及び土木工学、防衛学、図書館の八館、学生舎四棟、食堂、浴室、医務室、ＰＸ、体育館、柔道場その他の附属建物総延べ面積一万八七〇〇坪であります。敷地入手の決定せるのが昨二十九年初頭であり、工事の鍬入《くわいれ》式をその四月、一年後の本年四月には一千二百の学生が居住し、学業訓練及び各種の活動に従事するようになりました。これ全く防衛庁本庁、建設本部並びに各自衛隊の支援の結果であります。殊《こと》に陸上自衛隊施設隊の豊川部隊は、昨年初頭、短期日の間に小原台敷地全面の整地並びに堡塁《ほうるい》の破壊作業に従事して、全工事を著しく促進せしめられたのであります。さらに敷地入手に際し、または各工事に関連して、犠牲不便を忍び、あるいは進んで協力されし地元の官庁並びに住民の諸氏には、心より謝意を表する次第であります。また工事担当の多数の業務者諸氏の努力と誠意は、高く評価さるべきものであります。さらに忘れ難いことは、ただいまこの式を進めております訓練場をこのように平坦になせるは、武山駐屯の米国海軍の工作部隊二ヵ月間の好意による作業の結果であることであります。

最後に一言、教育・訓練及び学生の状況について述べます。第一に教官についてでありますが、その数は平服教官一百二十八名、幹部自衛官一百六十名であります。これに一般事務官一百七十九名、曹等の自衛官八十五名を加えますと、本校の教職員総数は五百五十二名となります。一般教育、理工学及び体育は平服教官が、防衛学及び訓練は制服教官が、生活指導、課外活動、規律の維持及び躾《しつけ》のことは平服及び制服の教官が、あるいは協力してまたは分担担当して行なっております。

第二に学生の現在数は、第一期生四百名入学が四十名退学して三百六十名、第二期生四百九名入学が三十七名退学して三百七十二名、第三期生五百三十二名入学が八名退学して五百二十四名、三期合計入学総数一千三百四十一名中、八十五名退学して十一月五日現在、総学生数一千二百五十六名であります。うち事故者二十一名、本日ここに参列せる学生は一千二百三十五名であります。

昭和二十八年四月、久里浜において教育を開始して以来、二年七ヵ月を経過いたします。一年五ヵ月後の昭和三十二年三月には第一回の卒業生を送るわけであります。この卒業時が一応本校創設期のゴールではないかと考えます。もちろん学校は歳月を重ねるとともに光輝を増し、伝統をつくり、無限にその重きを加えてゆきましょう。しかし過去の二年七ヵ月の経験を思い、来《きた》るべき一年五ヵ月の計画を立つるは至当のことでありましょう。

過去二年七ヵ月の成果については、もちろん多くの批判を受けねばなりませぬことは承知しております。しかし、また成長の重要な跡もうかがわれないわけではありません。学力の伸びしことは当然でありましょうが、われわれの特別に関心を持つのは、自衛官としての性格がどのように成長したかであります。創設当時を顧みますと、学生の入校に対する父母、兄弟、教師、友人、必ずしも全幅の賛意を表せず、ややもすれば世評は冷やかであり、防衛に対する世論は低迷し、また学校の施設整わず、職業選択及び学校選択に及ぼす本校の条件は決して良好のものではありませんでした。しかし二年七ヵ月の間に世情はかなり変化し、また学生が見学及び実習を通じて見る部隊及び艦隊の誠実な気魄《きはく》と、小原台への移転はおのずと心気を昂揚《こうよう》するものがあり、学生に自信と誇りを与え、その心境に堅い覚悟をもたらしたのであります。その心境の一端を申せば次のようなものでありましょう。「民主主義国家において国民が一度、自衛隊の設置を決した上は、国民の誰かがその任務を担当せねばならぬ。われわれが進んでこれに参加するに何ら不思議はないのみか、大きな誇りと喜びを感じている。われわれは正義を重んじ、人道を尊び、平和を愛する。しかし、これらの理想はわれわれの努力によって築かれ、また守られねばならぬ。これを守ることが民族の義務であり、国の誇りであり、またこれを守るためには民族の自由と国家の独立が必要であるならば、われわれの防衛の任務は誠に高貴なもので、心魂を投ずるに誠に価するものである。同時にわれわれの任務とその責任の重きを強く感ずる」というのであります。

最近、米国陸軍士官学校及び海軍兵学校における多くの心を引く話題が伝えられるのでありますが、その中に一つ特にわれわれの関心を呼ぶものがあります。それは学生の道義的水準がすこぶる高く、しかもその向上及びその維持は全く学生自身の手によって余すところなく行なわれておることであります。おそらく指導官は一日中一語を発する必要もないとすら思われます。その独立心に溢《あふ》れ、誠意に満ち、積極的なることは、全く一般に考える教育標準の想像を遥かに越すようでありますす。来るべき第一期生の卒業に備えて奮起せんとする今日、これは他山の石と心がくべきでありましょう。今日より一年半に伸長すべき性格は決して雲をつかむようなものではありません。それは理論的な基礎の上にたち、各要点を正確に互いに握ってゆくようにしたいものであります。しかし、これは一つの物差しであって、性格の向上の本源はあくまでも個人の力であって、全体水準の向上は各個人の一層の奮発に待たねばなりません。

ここに学生諸君とともに一年五カ月後の第一期生卒業の日を期して、今日の開校記念の式辞を終わります。

（開校式、昭和三十年十一月五日）

幹部自衛官たる資質

昨年開催しました開校記念式典に引き続き、この記念日には儀式を行なうこととなり、今日ここに諸君とともに参集し、この日を祝うことは喜びに堪えない次第であります。本年は昨年と異なり儀式は万事控え目とし、いわば内祝いといたしました。

昨年の式典において私は学校開設、学生入学、職員の充実、並びに施設環境の整備等の経過を報告し、また防衛に対するわれわれの心境と覚悟を述べ、最後に最高学年学生諸君に対して本校創設の先頭を行く人々として、特別の考慮を促したことを記憶します。

その後一年を経過した今日、卒業を明春に控えた諸君を中心として、少々お話をしたいと思います。

第一回の卒業生を送ることを明春に控え、防衛大学校も形の上より言うならば、一応四年課程の学校の態勢は成ったということになりましょう。しかしその完成は今後の努力如何《いかん》によることはもちろんであります。ただ同時に過去四ヵ年、諸君とともに送りし期間こそ、この学校の礎《いしずえ》を築いた意義深き時代でありまして、この点を顧みることもまた感慨多きことであります。

その生涯を防衛の任務にささげんとする幹部を養成する防衛大学校の使命は、二つあると言えましょう。一つは卒業生は卒業後直ちに、有為なる幹部自衛官として、その任に就き得ること、他の一つは将来生涯を通じて向上し得る性格、学識及び能力の基礎を培うことであります。前者について見れば、指揮統率に適する気力と体力、熱意と技能は、その任に就くに当たっての主要なる資質でありましょう。後者については、学識の向上と経験により、適切なる思慮、判断をなし、絶えず変化する情勢に対処して、防衛のことに価値ある貢献をなし得る素質を築くことであります。この二つの使命を達成するために、本校は学業、並びに訓練に各種の課程を配し、それは誠に多彩であり、学生諸君の目ざめている時間の全部を挙げて教育訓練に振り向けているの観すら呈するのであります。これはむずかしく言えば三つの項目にすることができましょう。第一は教養及び専門知識の習得、第二は正確敏速なる動作に要する体力の練磨、及び第三に人としてまた幹部自衛官として必要なる性格の養成でありまして、これが本校教育訓練の総合された一体であります。その一つを欠いても一体たる性質は崩れ去るものと考えます。

また幹部自衛官の養成は指導者の養成を意味します。指導者たる任務は「きびしさ」を伴うものであります。規律を守ることによって、諸君は団体生活の誇りを感じたに違いない。服従することを知って、初めて指揮をとることの核心をつかみ得たでしょう。規律ある生活内の自由とは放縦《ほうじゅう》でないことを体験し、これを礼賛し得る境域に達したと信じます。また礼節を守る間に、秩序ある生活の豊かさを知ったでありましょう。そうしてこの間に防衛大学校の生活は積み上げられて来たのであります。私ども職員一同は諸君の将来に、大きな期待をかけ得ることを確信しております。各自衛隊においての少壮幹部としての諸君の働きは、必ずや異彩を放つものがありましょう。

また、学業について述べるならば、諸君は教養専門両面にわたって、将来これを成長発展せしむるに足る基礎を学び得ることと考えます。大学基準という言葉は、この目標を達成することであります。学識はその幅においても、また深さにおいても無限であります。学校四年の生活は一つの専門を完成するところではありません。その育成進歩は、今後の諸君の努力と、各自衛隊の必要と要請とによって行なわれるのであります。各自衛隊は学術の高き水準を求めております。その要求する部面また多様であり、広範なものであります。諸君の本校学習生活四ヵ年に得た向学心は、必ずや報いられ、あるいは必要とあらば、学究の生活すら求められることもあり得ると信じます。

最後に私は昨年の式辞において述べた、われわれの防衛に対する心境を再び繰り返して、この式辞を終わりたいと存じます。それは「民主主義国家において国民が、国会及び政府を通じて自衛隊の設置を決した上は、国民の誰かがその任務を担当せねばならぬ。われわれが進んでこれに参加することは当然であり、何の不思議もないのみか、われわれはこれに大きな誇りを感じている。われわれは正義を重んじ、人道を尊び、平和を愛する。同時にこれらのことは国民の努力によって築かれ、また守られねばならぬことを知っている。このことが民族の理想であり、また国の誇りであるならば、これを達成するための民族の自由と国家の独立を防衛する、われわれの任務は誠に尊いものであり、われわれの心魂を投ずるに誠に価するものである。同時にその義務と責任の重きことを強く感じる」というのでありました。これが昨年述べた一節であります。一ヵ年を経た今日、私は何らこれを訂正するの必要を認めません。ここに繰り返して述べ、諸君の考え方の参考に供したいと思います。

（開校四周年記念式、昭和三十一年十一月十日）

〝考える葦〟論争（注）

（注）一八〇頁に収録した「人間は考える葦である」は、昭和三十五年、開校八周年記念式に当た

っての槇先生の講話である。この講話は、新聞「小原台」紙上において行なわれた以下のような一連の論争を受けてのものであることが、近年、明らかになった。

論争のきっかけは、「小原台」（昭和三十四年五月十八日）に掲載された新聞部学生の意見「増える〝考えぬ葦〟」であった。これに対して、同じく新聞部学生の意見「〝暇のない葦〟防大生」（六月二十三日）が掲載された。さらにこれらを読んだ陸上防衛学の永尾広吉一佐が「〝暇のない葦〟を読んで」（十一月六日）を特別寄稿し、論争はひとまず終止符を打った。学生の自主自律を重んじる槇先生は、こうした論争を喜び、楽しんで見ておられたにちがいない。そして翌年の開校八周年記念式に改めてこのテーマを取り上げ、つねに〝考える葦〟であってほしいと述べられたのである。

ここには参考資料として、まず「増える〝考えぬ葦〟」「〝暇のない葦〟防大生」「〝暇のない葦〟を読んで」の三篇を掲げる。

増える〝考えぬ葦〟

新聞「小原台」昭和三十四年五月十八日
新聞部学生意見

小原台を修養の場に

防衛大学校の歴史も七年目を迎え一応学内の設備も整った。はたして学生の発展はこれと歩調をともにしたであろうか。小原台上に二千余の学生が、言わば単調な明け暮れの生活を送っている。ここで学生は何を考え、何を心の慰みとしているのだろう。それは各学生の胸の中にのみ封じられ、また声にすることを恐れる様な雰囲気すらある。しかしながらそれは胸中では大きな苦悶《くもん》の種となっている事には間違いない。苦悶を一人で解決するのは自己本位の都合のよい考えに走りやすく危険であろう。学生は共通の悩みを持つなら、大いに助け合って行く必要がある。しかし現状はどうだろうか。新聞部では先般学生対象にアンケートを取るとともに、学校長、幹事の話を聞き、また一方、文官ならびに指導官方の座談会を開き、現在の防大生のあまりにも既製品的価値を反省してみることにした。

防大は立派な大学である。大学でありながらアカデミックな雰囲気が欠けていると言う。思考の問題、自由なディスカッション、そして学生らしいファイト……。

学生が自ら反省せねばならぬ問題も多い。大学生であるという誇りを持つとともに、防大四年間の生活を絶対に空白時代とすることのないよう、最後の学生生活を有意義ならしめんためにも、現在の防大の悪い雰囲気を改善して行く努力が必要ではなかろうか。

単細胞化する傾向

某教官は「防大生は戦前の工学部のようなカラーを次第に帯びて来つつある」と言う。戦前の工学部は教養学部はなく、技術の修得のみを目的としたエンジニアの育成の機関であった。彼らが川に橋を渡すとしても、その用途、目的を考えるよりも、先ず立派な橋を架けることに熱中し、これをエンジニア気質と呼んだ。これと同じ様に、防大生も教えられたことのみに専念し、自ら考えることを放棄する傾向を指して、某教官はそう言ったのではなかろうか。

我々防大生がいわゆるエンジニア気質を持した頑迷な頭脳の持主であるとしたら、これは大きな問題である。理工科系の学問を習得するわけだが、我々は決してエンジニアになるのではない。用途や目的も併せて考えられる柔軟な頭脳の練成が、指揮官たらんとする我々に欠くべからざる条件である。例えば政治的関心についても、当然高いレベルに位置せねばならぬはずである。然《しか》るにアンケートの結果によれば、宣誓中にある〝政治的活動に関与せず〟の項に執着してか、「自分は関心を持たない」と評したものが多数見受けられた。政治に関与することと、政治的活動に関与することとは全然別個の問題である。学校長は「活動とは、或る一定の政党に属するとか、結社に入るとかいうことで、学生がどの政党を支持しようと、政治的議論を戦わせようと、それは自由で、むしろそのような雰囲気が学生舎に生れることを望む」と言われる。即ち政治に関与することは、全面的に認められていると考えて差し支えない。

他のことに関しても決して卑屈になる必要は毛頭ない。〝沈黙は金なり〟の美徳はすでに光を失っている。あらゆることに議論を展開し、柔軟な、いわば臨機応変な処置の取れる教養と学識を磨き、某教官の言われる弊害に陥らぬよう、心して生活を律して行かねばなるまい。

議論による修正を

学生の何%が、月に一度でも真剣な議論をする機会を持つであろうか。先般のアンケートはこれに対し、はなはだ心細い解答を与えた。

多くの学生はその原因を時間の少なさに求めているが、現状でも、その気にさえなれば議論の時間は見出せるものである。当直幹部に届けさえすれば、自習時間でも議論の場とすることができる。

今日政治問題が議論の主題としては一種のタブーのごとき観を呈しているが、前項にも取り上げたように学生の誤解であり、今後は発言や思考を窮屈なものとせず、自由にディスカスする雰囲気を高めねばなるまい。人間思考に一つの枠を設けるということは、他にたとえ良い面があっても、とかくこれを度外視する結果となりやすいので、非常に危険であると言えよう。

現状では、同室の人間が何を考えているかさえわからないという有様である。これでは団体生活の意義も薄れてしまう。議論をやりたがらぬ者の言は「君と俺の意見は違う、したがって議論しても何にもならぬ」ということに要約される。

他人の意見を聞こうとせず、自己を、自分の考えを最も正しいとなす人間こそ、最も危険な人間であると言えないだろうか。

不明確な指導官の立場

「期が下るにしたがって活発性というか進取の気風が薄れて来ている」とは指導官連からよく聞く言である。一、二期生の時は、防大生活の方向とかスタイルとかは、学生各人が自らの手で切り拓いていった。だが我々にはこうして作られた道が与えられている。これは学校の型ができ、固まって来たことを意味しているが、それだけに現状に甘んじやすい憂いも出て来るわけだ。生活の不合理な点を改善していくのは我々自身に他ならない。「指導官に何を言ったところで反応が見られない」と学生は言う。しかし、それで片付けては無責任過ぎよう。学生が意見を主張せずに誰が言おう。では一体、指導官との関係はどうあるべきだろうか。

防大の設立当初における指導官は学生にタッチはせず、幹部の生活を学生の模範にし、その他は全部学生の自治に任せるという位置にあった。然るになぜ〝指導官の権力〟が高まって来たのか。それは学校側が与えたというより、むしろ我々が与えてしまったのだとは言えないだろうか。我々が進取の気風を持たず、無気力であるため、彼らが我々の生活に口を挟まないではおれず、それが度重なって現在の様な形になったのではないか。それとももう一つ、我々学生が学生舎の生活における主体が自分たちであると思うより先に、彼らの存在を意識し過ぎ、我々の生活に対する権力を過大評価して、自分たちで接し難くしているのではないか。その点、現在の両者の関係は適当とは言えない。指導官は学生ともっと緊密に接触を保って、我々のよりよき相談相手となって欲しい。彼らの歩んできた時代と我々のそれとが根本的に異なり、考え方にもギャップがあって困難な点を含んでいると思われるが、我々と一緒になって真剣に考えてくれる指導官が必要なのである。学校長が言われる様に、自治がたとえ形式のみであるとしても、現在学生舎では我々に与えられているのである。だから指導官の指示を待つ前に、むしろ学生の我々が彼らを煙たがらず、積極的に接近し、現在の事務的な関係を脱皮して、人間的な結びつきにまで発展するとき、とかく形式に走りがちな自治が、真の自治に修正されることであろう。

もし我々が無関心を装ってこの様な努力を惜しめば、後に続く学生も極めて無味乾燥な四年間を過すことになり、人間味のない学生が、ひいては幹部が機械的に生産される様になってしまう。こんな気風が防大の〝伝統〟にならぬ様にするには、創設期の現在を除いてはない。各人がこれを自覚し、指導官と力を合わせねばなるまい。

愛するものの名誉

九十九人が善事をなしても、たった一人が悪事することにより、その百人の団体は悪く評価されるものである。最近、四期生会において風紀委員会設立の決議がなされた。風紀委員会が設立されるということはとりもなおさず、その必要を認めたからに他ならない。即ち社会に対して悪印象を与えることを憂慮すればこそ設置されるのである。現学生隊学生長は〝各自の自覚の助長〟を目標の一つにあげているが、各自の自覚に待つには相当の年月を要すであろう。

もし学生各個人が、真に学校を愛すれば、愛するものの名誉を傷つけるがごとき行為は行ない得ないはずである。もし防大を愛することができない学生がいるなら、その学生は当然自ら退いて然るべきであろう。

学校の名誉を重んずるには、各自が士官候補生たるの自覚を持つと同時に、真に防大を愛することが必要である。

〝考える葦〟ということ

アンケートによれば、学生の中には「思考の意欲なし」と答えたものが約一〇%、「思考の意欲はあるけれども時間がない」というのが相当数あった。思考の意欲なしと答えたものは、たぶん防大の生活に流されて思考の意欲を喪失したものと考えられる。これは本人の無気力を責めねばなるまい。一方、時間がないというのは理由にはならない。学生はなぜ考えようとしないのだろうか。学校自身の性格にも責任の一端があるかとも思われるが、しかし考えなくともすむという環境にあるからといって考えないというのは、自己に対して無責任であり過ぎると言えよう。

我々はいかなる環境にあろうとも「考える葦」であることを忘れてはならない。各々が自己を尊ぶならば、防大に於ける四年間を思考の空白時代として過ごすことはできぬはずである。人間性というものは、行動に対する反省、知識の自己への応用、即ち教養により、より秀れたものとなるのであり、その根源は思考に存するものであろう。防大は決して独立的存在ではなく社会の中の一つの組織である以上、我々は社会の事に関して思索せねばならないのは当然であるが、同時に自己についてもより真剣であらねばならない。

自己を深く考えることによって、より進んだ明日への活路が開かれると言えよう。人間が考えることを止めた時、もはや彼は人間としての価値を喪失したと言えないだろうか。何となれば、人間は〝考える葦〟だからである。

〝暇のない葦〟防大生

問題含むカリキュラム——欲しい運営上の検討

新聞「小原台」昭和三十四年六月二十三日

新聞部学生意見

創立以来七年を数えた今日、防衛大学校はその特殊な目的の遂行を可能ならしめる設備を着実に整えつつある。各学館の内容はかなりの充実を見せ、学生生活も軌道に乗って来ている。カリキュラムも他の大学にその類を見ないほどぎっしり詰まっており、また特別体育課程も最近設けられた。こうして一日二十四時間が少しの間隙《かんげき》もなく、スケジュールされているのである。我々に課せられる諸々の日課がかくも盛り沢山であるのは、学校長が折に触れて言われる防衛大学校の教育方針を見ればおのずから判ることであろう。防衛大学校は士官学校と理工科系大学と両者の性格を兼ね具えているわけである。しかし、個人の意志を尊重し、学問を研究し、真理を探求するというアカデミックな気風を必要とする一般大学と、団体の意志を優先させ、規律の厳正を重んずる士官学校という、謂《い》わば二元的性格を破綻《はたん》を見せずに保持するのは難しい問題であろう。そこで防衛大学校の〝カリキュラム〟にスポットをあててみた。

防大のカリキュラムは多過ぎ、我々の能力範囲を超越しているという声を聞く。確かに時間の短い割にはカリキュラムが盛り沢山で忙しいが、これは教育方針が幅の広い多角的視野を持つ人物を養成するというものである以上当然のことで、創設以来のこの方針に忠実ならんとすれば必然的現象となるのであろう。防大生が将来のオフィサーとして身につけなければならないのは秀逸なる人格、理工学、軍事に関する基礎知識、優秀な指揮統率力、強健なる身体等で、この様な綜合教育を施すところに防大の特殊性と価値が存するのである。これに依りあらゆる情勢に対する明晰《めいせき》な判断力が養われるのであって、これを必要と認めるからこそ、〝全力を尽くして学業に精励する〟ことを誓っているのである。しかし、学校側からは学生が勉強をしないということを屢々《しばしば》言われる。確かにそういう〝風潮〟は見られる様だ。ではその芳しからぬ

〝風潮〟の生まれてきた原因は何なのか。学校としては必修教課の時間を割り当てているのである。しかし、馬に水を与えようとして水の辺に連れて行くことはできるが、水を飲むか否かは馬が渇いているかどうかに依るのであって、渇いていない時にはいくら躍起になって飲ませようとしてもできるものではない。これに似て、学校側がお膳立てをしても、受け取る側が渇きを覚えねば取り入れないだろう。勉強するかしないかは学生自身の問題なのである。では学業に精励する誓いをしながら、勉学意欲を持たぬのは、何かしたくない理由があるのではないか。だとしたら何なのか、どうしたらする様になるかを究明しなければなるまい。

そして学生がみずから進んで勉学に邁進《まいしん》できる方法をとるべきであろう。一般大学のカリキュラムの形態を見てみると、一般教養、専門課程を問わず、各人の意志でいかようにも自由な選択ができ、自分の立てた計画通り受講できるシステムが整えられている。ということは全て学生の意思に任されているわけで、それだけに種々の欠陥も含まれる可能性が出て来るが、各自が自覚してファイトを燃やして勉学に専心するのである。しかし防大ではこの様な履修《りしゅう》態勢が殆《ほとん》ど作られていない。したがって学生は自分の進む道をみずからが選び、決定したという意識を持ち得ず、学課に親しみも覚えないし、それに取り組む意欲も湧かないのではないだろうか。将来へのコースが殆ど他から与えられていることで観念的に反撥を感じ、また通り一辺にやっていても何とかトコロテン式に押し出してくれるのだから、勉強するよりも青春を謳歌《おうか》する方が利口だという考えに至るのではないか。こんな傾向があるのは憂慮すべきことだが、防大に真の理工科大学の性格を具えようとするのにこの様な傾向が潜在するのは、科目履修形態に妥当であるとばかり言い切れぬ点があるからではないかと思われる。現在の天下り式のものから、自己の意思に依る決定方式つまり選択制度を大幅に採用する方向にもっていってはどうだろう。そうする事で勉強回避の面白からぬ傾向も次第に是正されて行くのではないだろうか。

防大の二元的性格

最近、学生の中には〝防大は大学的性格と軍学校的性格の何《いず》れを強く打ち出すべきか〟の岐路に面しているのではないだろうかという疑問を持っている者が見られる。防大が特殊目的のために設立され、将来、国防の任に服する自衛隊のオフィサーたる人物を養成する大学であることは誰もが認識しているが、教育の基本方針は大学設置基準に則《のっと》っており、本校の場合は理工学系統の大学の定める課程を採っている。したがってカリキュラムの特徴も一般理工科系大学と同程度の学力を付与すると同時に、基礎軍事教育をも併せて実施するところにある。この様なカリキュラムのシステムを採っているのは世界中でも珍しく、それだけにまた我々学生にかかる荷は重く厳しいものである。そこに種々の問題の起きる原因が潜んでくるのだろう。

一般教課に於いては、前述の選択制度が採用されれば、一応問題が解決されることと思われるが、軍事教課に於いては、検討を加えるべき点が多い様に思える。現在行なわれている防衛学や訓練に費やされている時間は週間十余時間にも達し、全授業中非常に大きな比重を占めている。しかし、この時間が果たして有効に使われているかというと、実質的に見た場合、現状では否と言わざるを得ない。各種の訓練は現在極めて非能率的で、冗長に過ぎる感が深い。防衛学にしても必要以上に課目が盛り込まれているようだ。このことは防大を卒《お》えて各幹部候補生学校に学ぶ先輩諸氏の大半が異口同音に次のごとく言われるのでも裏付けられると思う。即ち〝幹候校での教育が、曹や一般公募の学生を加えた今日の様なシステムを採っている限り、訓練は極く基礎的なことに関してだけをシャープに、そして徹底的に実施し、防衛学は幹候校の授業と重複するものは廃して、そこで浮いた時間を将来絶対に必要となって来る語学、特に英語や、人間的視野を広め、柔軟性のある思考を養うに資す人文系の修学に廻すべきであろう〟というのである。ここで重要なことは、軍学校的教育は訓練等以外でも日常生活を通じて充分に身につくということを言外に含めていることである。勿論《もちろん》この言葉が全幅的に受け入れられ得るものとは思えぬが、限られた時間ということを考えると、所謂《いわゆる》猪口に茶碗飯を盛ろうとて、無理であるというのと同じで、いくらかでも負荷を除く長刀を揮うことも必要ではあるまいか。

また本校のカリキュラムの中の一つに特別体育課程がある。これは周知の通り原則として一週最低四時間の出席を必要とし、練習期間の終わりには競技大会が行なわれ、その結果が大隊得点に加算される仕組みになっている。特体課程そのものは、身体練成の意味から言えばよい企画であろうが、いわゆる正課との関係が問題である。色々な点で、その調節が都合良くゆかず、支障を来《きた》している。これが始められたそもそもの動機は、公務員としての防大生の課外活動に於ける災害補償の問題であるとの話だが、或る学生の場合などは、定められた大隊体育日二日の中、一日は実験、一日は卒研の時間である。どちらを優先さすべきか。勿論学科が最優先するものだ。しかし現実はそれに反し、特体活動に出席しなければ至るところから抗議が出て来る状態にある。この様にカリキュラムの編成を無視したごとき課業の添加は、学生生活を乱すほかの何物でもない。もしこの種の企画を実行するなら、現在の大隊別の日時割当から教務班別のものに変更するという様な、学生に負担をかけぬ方策を採るのが賢策ではなかろうか。

そもそもこの類の学校側の企画に統一性が乏しいと言われる原因は、企画の出所に教務課と訓練課の二つがあって、相互に緊密な連絡がなされていないことである様に思われる。現在の学校の機構上での重要な欠陥は、この両者を調和融合させる様な強力な機関がないことに依るためではないかと想像されるのである。

こうして運営に非常な支障を来し、矛盾を生ずるため、学生が戸惑っている状態である。運営を実情に即して検討、改善することがこれらの問題を解決する最良の方法でもあり、学生の無駄な負担を除き、学生の才能を存分に伸ばすことを期することにもなるのではないかと思うのである。

〝暇のない葦〟を読んで

新聞「小原台」昭和三十四年十一月六日寄稿

防衛学教授　一等陸佐　水尾広吉

前号「暇のない葦」を読んで、いろいろ考えさせられる点があるので、一言私見を述べてみたい。

新聞部学生の説明によれば、この記事は学生大部分の意向を反映している由である。念のた

め、第四学年の一部学生に対して、アンケートをとってみた結果は次のとおりである。（七月二日調べ）

一、防衛学無用論賛成　八名　八％
防衛学無用論不賛成　十二名　一二％
条件付賛成　七十九名　八〇％
計九十九名

二、賛成の理由は、全員が防大卒業後やれば良いという意見である。

三、条件付賛成は、教育内容の改善、体系的教育の実施、教育時間の減少を望む等が主なものである。

以上を総合すると、防衛学のあり方に対して、大部分の学生が何らかの意見を持っていることがうかがわれる。しかし、無用論というのも言葉のアヤであることもわかった。

一、学科の自由選択制について

一般大学における学生の卒業後の就職目的は広汎《こうはん》であるが、各個人の目標は専門分野に限定されることが多い。たとえば理工科系学生は、機械専門、電気専門等、極めて限定された職域、学問の分野に就職することとなろう。それであるから、個人目標に合うように、自由選択制をとることが合理的であり、また学生数も少ないのでそれも可能である。いわば修学目標は点であり、教育体系はオベリスク的で、比較的狭い基盤の上に屹立《きつりつ》していると言えよう。

防大の目的は、幹部自衛官となるべき者の養成にある。幹部自衛官というと、いかにも限定された専門分野のように見えるが、そうではない。ここでは個人目標を与えていない。陸上要員ならば二百人という集団目標に対する教育を行なっているのである。集団目標であれば学課の種類は当然多くなる。換言すれば目標は面的であり、教育体系は、ピラミッド式に広汎な基盤の上に立っていると言えよう。少し詳しく述べると、二学年の初めに行なわれる陸海空の要員別決定を見ると、志願者数から言えば、空海陸の順である。しかし枠は、陸三百、海一百、空一百三十であるから、個人の希望と自衛隊の要求にはズレがある。

さらに陸上幹部自衛官を見ても、普、特、機、施設等という職種があるほかに、指揮官、幕僚、教官、技術幹部等があって、専門分野は実に広汎多岐にわたっている。防大では先ず陸海空の三要員に分かれるが、それ以降の細部は幹部候補生学校、術科学校、あるいは任官後における適性によって分進するようになっている。すなわち、防大ではいかなる幹部にもなり得るような教育、集団目標に対する教育を行なっているのである。

オベリスク式学問体系では自由選択制が合理的であっても、ピラミッド式教育体系では不適当である。なぜならば、学課が多いということは、その組み立てに豊富な経験と、広い知識を要するのであって、これを自由選択制にすれば、ややもすればスフィンクスになる恐れがあるからである。それでも六専攻という、自由選択に近い、よい制度もとり入れられているのであって、これ以上は必要ないと思う。

二、教育内容時間について

教育内容や時間が多すぎるということは、アンケートにも現れているが、このカリキュラム

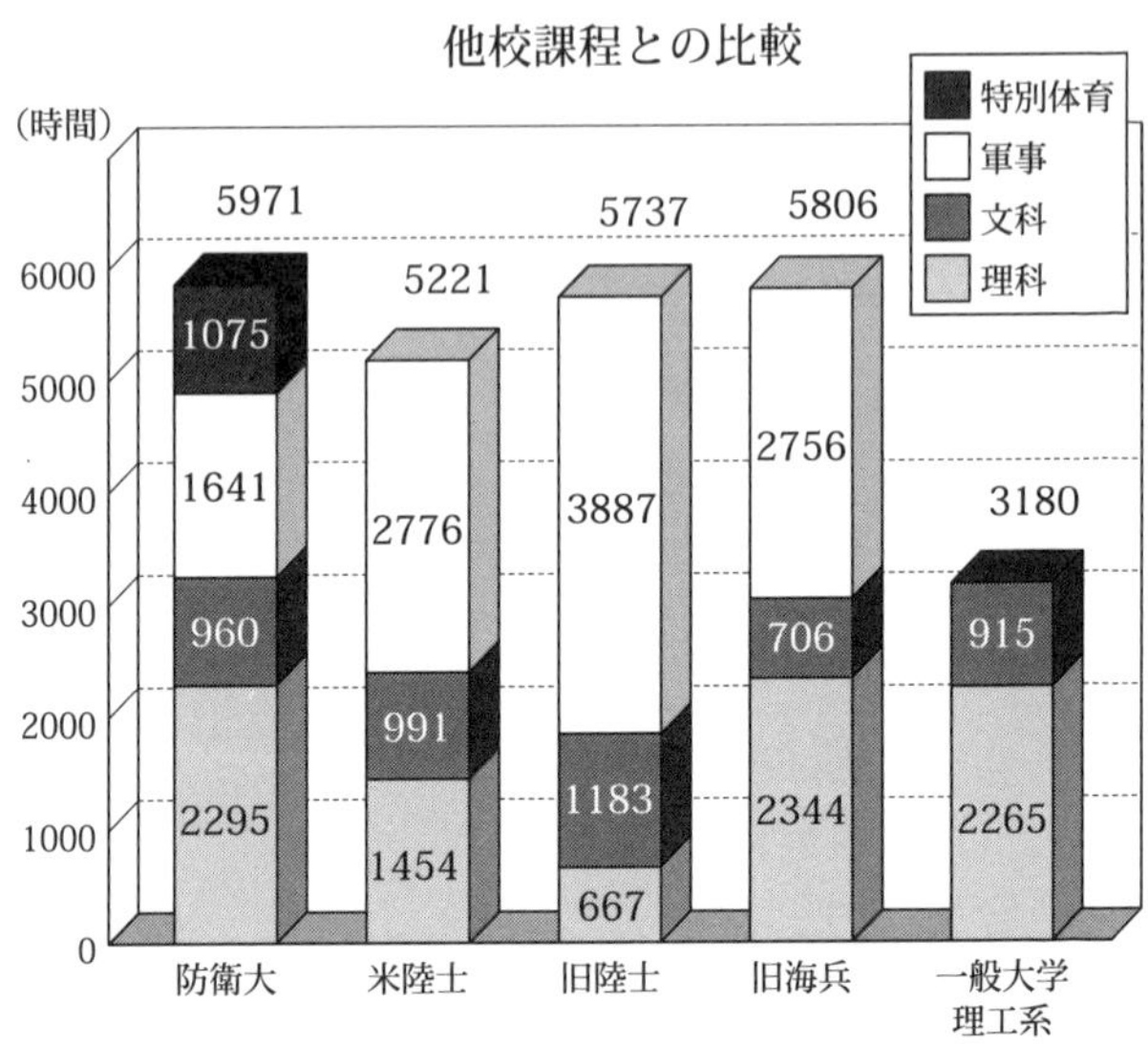

は、旧軍や米国各士官学校のカリキュラムを十分検討された上で出来上がっていることは御承知のとおりである。上表を見ればさらに明瞭である。

次に防衛学は一般的に言って、本質的には、真理の探究よりも、実技や運用を対象とした学問である。したがって真理を探究しようとする学究的態度から見ると、普遍的で奥行きの浅い防衛学に興味が湧かないのも一応うなずかれる。しかし、興味が湧かないからといって、これを軽視することは、みずから選んだ道を進まないことを意味するのではなかろうか。

学課は確かに多い。陸に例をとれば、普通科部隊で取り扱う火器がざっと数えて十五種、通信機が七種、車輌が三種もある。各職種、陸海空を合計すれば、一体どのくらいになるだろうか。一般社会でこんなにたくさんの機械を取り扱うところがあるだろうか。その上、その使用に慣れなければならない。射撃をしても、零点ばかりでは隊員の前に立てまい。弾丸は教官だからといって、中《あた》ってはくれない。

車輛は幹部だからといって、真っ直ぐに走らないのである。さらに戦術とか、統御とか、読んでも聞いてもさっぱり判らない代物があり、しかもこれを身につけなければ、一人前に扱われない。時間が多いどころか足りないで、つらつらである。

このたくさんの教育内容は十分検討した上で、防大、幹候校、術科学校等に適切に配当されているのである。ただ調整不十分のため多少の重複はあることと思う。だからこれを食事にたとえれば、献立表はまず上等と言えよう。然るに学生の食欲をそそらないとすれば、それは料理が悪いからである。しかし、これはコックの腕が悪いのでなく、コックがあまりにも頻繁に替わるからである。陸上自衛隊には、経歴管理の準則という規則があって、幹部は大体三年で職務が替わるようになっているが、実情はそれ以下の場合すらかなりある。これではいかに有能な教官にも十分能力を発揮し得ないのが当然である。

話はちょっと横にそれるが、昔母親は娘を嫁にやる前には、御飯の炊き方を十分仕込んだものだそうである。ところが近頃は電気釜という重宝なものができたために、コゲ飯やシンのある飯で旦那さんに叱られる心配はなくなった。私は常々防衛学にも電気釜を備えつけたいと思っている。電気釜、それは良い教科書のことである。防衛学にも立派な教科書もあるが、未整備のものや、バタ臭いものもある。電気釜なら小学校一年生でもフックラと御飯が炊ける。良い教科書があれば、教官は赴任した翌日からでも教壇に立てる。私たちはきっと小原台製とマークの入った電気釜を作るから、しばらくはコゲ飯ができても我慢して頂きたい。

三、むすび

さて見るからに食欲をそそるような料理がテーブルの上に並べられても、お客様が急いで食べれば味もソッケもない。矢張りくつろいで、雑談をかわしながら食べてはじめて味がわかる。学生諸君は確かに忙しそうだ。しかし改善の余地はないだろうか。自主性涵養《かんよう》という名で、かなり雑用が課せられてはいないか。経費がないとはいえ、炊事当番などという旧軍学校にもなかったような雑用がどうして追放できないのか（これは学校の罪ではない）。また学生自体についても、校友会活動に熱を入れすぎてはいないか。本部玄関には対抗試合の予定が一杯書いてある。先般もカッター競技参加で欠講している。

要するに、教官は電気釜を、関係部課は暇を与えることを、また学生は暇を作ることに努め、そして相ともにパスカルの言葉を生かそうではないか。

「人間は考える葦である」

防衛大学校は本年八月一日に、その開校八周年を迎えたのであります。慣例に従い、その祭典を好季節である十一月の初旬に選びまして、五、六の両日にわたり開催することとしたのであります。かねがね御後援と厚き交誼《こうぎ》を受けております各位、さらに学生の父兄諸氏並びに横須賀市民及び広く知友の方々をお招きいたしました。この二日間はできるだけ学校を開放し、学生がその本業のかたわら研究工夫をし、また製作をしたものを、上演並びに展示しております。本日午後には運動会を挙行することとなっております。どうぞお気の向くままに、昨日と同様、小原台上に今日一日をお過ごし下さるようお願いいたします。

恒例により、学生に対し所感の一端を述べまして、開校記念式の言葉といたしたいと存じます。

日頃われわれの愛読する新聞「小原台」は、かつて「防大生は考えぬ葦《あし》である」との題名で論じ、今もなお一同の感興をひいております。学生に対する警告でもあり、また、われわれ責任ある者に対するよき忠告でもありました。殊に、学業課程の無理、たとえば、理工学と自衛官課程が二兎を追い、結局はその犠牲負担が学生の上にかかり、殊に暇のないことが考えぬ葦をつくるという論であったかと思います。しかし、この論が一面の真実を伝えることを認めながらも、われわれは「防大生は考える葦である」ことを主張する念の強きをおさえ難いのであります。

諸君も承知の通り、葦はよしとも呼ばれ、水辺に自生する禾本科《かほんか》の草であります。また、これも承知と思いますが、人間を葦と言うたのは、十七世紀フランスの自然科学者であり思想家であるパスカルであります。その『瞑想録《めいそうろく》』の「人間の偉大さ」という一節において「考えることが人間を偉大ならしむることで、考えることは賞揚さるべきで、その性質たるや、他に比すべきものがない。人間は単に葦に過ぎない。自然の中で、最もか弱いものである。しかし、考える葦である」と言うております。さらに続けて「宇宙が人間を押しつぶすには、たいした力はいらない。一沫の蒸気、一滴の水でも足りよう。しかし、押しつぶされる人間は宇宙よりも尊いのである。なんとなれば、宇宙は死についても、また宇宙がまさっていることをも知らないのに、人間はこれを知っているからである。ゆえにすべての尊さは考えることにある。考えることこそがわれわれを奮起せしむるのであって、奮起するのは満たすことのできない空間や時間から来るのではない。だから考えよう。

考えれば倫理道徳の摂理はここに生まれて来るのである」と言うております。これによると、人間である防大生も考える葦でなければならない。しかし、その考えることは、意の向くままに感興の湧くままに考えればよいかというと、それはそうでないのであります。軌道があり、教育があるのであります。

最近読んだ米国の教育に関する本の中に、印象に残る一節がありました。それは「人間の教育の正しい形はピラミッド型で、旗竿型《はたざお》ではいけない。基礎は広く、焦点は鋭くなければならない」というのであります。旗竿型の教育とは、ただ一筋に限られた狭い範囲の知識を積み重ねて行くことを意味するものであります。これに反してピラミッド型は、基盤が広く、頂上に近くなるに従ってその形は鋭くたち、突端は一点となっております。この言葉を借りて、少しく思うところを述べてみましょう。これは決して専門を軽く見ようという議論ではありません。いかなる学問も、専門に研究されるのでなければ進歩はありません。また、職業にしても、技術にしても、その精度が高くなればなるほど、専門的でなければならぬことは言うまでもありません。現代の生活は、学理の研究と絶えざる技倆《ぎりょう》の練磨を想定することなくしては、合理的、能率的な運営発展を期することはできないのであります。碩学《せきがく》と呼ばれ、名手名人と謳《うた》われ、あるいは国手とか経世家と尊ばれる人々も、絶えざる専門の訓練を、勇敢に、また忍耐強く行なって来た人たちであるのであります。

しかし、専門に関するその必要性が語られるにもかかわらず、また、むしろ専門が学問の宿命であるがゆえに、ひとたび教育のことになりますと、やはり、ピラミッド型の教育の正しさを考えずにはいられないのであります。防衛大学校と種類を同じくする学校の持つ使命は二つあると言われております。一つは初級士官に必要な教育訓練であり、他の一つはこれを生涯の職務として、これを伸展育成を可能ならしむる素質の涵養《かんよう》であるとされております。諸君が一人前の幹部自衛官となるまでは、能《あた》う限りこの二つを目標として、その教育を頑丈な基盤の上に築かねばならないと考えます。これがため課程がやや混雑しようとも、個人としても、また国家社会にとりましても、この基盤を大切な諸君の人生への出発点とせねばならぬのであります。考えるには深い専攻も大切であります。同時に広い基盤の知性を持つことなくして、諸君の職務は国家社会の期待に添うことはできないのであります。また、これも最近の米国雑誌を通じての話であります。米国著名の工科大学M・I・Tは巨額の費用を投じて頗《すこぶ》る幅の広い教育課程を設けんとし、これを系列的な接近（Systems approach）と称しております。機械を専攻せる者は生涯機械だけとか、土木専攻者は道路、橋梁のみというように狭い活動範囲に終わることを避けるのを主眼としているようであります。しかし根本的には、広大無辺の科学と技術の世界に挑まんとする遠大な計画に基づくものでありましょう。いずれにしても幅広き教育はいかなる場合も、われわれの聞き耳を引きつける問題なのであります。

ピラミッド型の教育について、忘れてならぬもう一つのことは、ピラミッドの頂点のことであります。われわれ一同は常にその教育の焦点を、この一点に集めねばならぬものであります。これはこの学校設立の目的であり、したがってこの学校の使命であり、一切の討論、一切の異説はこの前にはその姿をかき消し、この一点だけは常に一致するところなのであります。言うまでもなく、幹部自衛官の養成という、この学校の目標のことであります。このことを思わざる職員なく、これを間違える学生のないことであります。これがこの学校をして、独得の学校たらしむる所以《ゆえん》であり、独得の教育を工夫し、独得の矜持《きょうじ》を与え、高潔な気風の源をなすものであります。また、このゆえに誇りがあり、団結が生まれ、責任が理解され、正しい行動の意欲の泉となるものであります。個性を尊ぶとともに、一致して使命達成への合理合法の民主主義の下の奉仕活動を可能ならしむるものであります。

防衛大学校の教育について、以上述べたような考えが許されるならば、小原台に学ぶ諸君は常に「考える葦」であるのではないでしょうか。学ぶことは考えることであり、この二つを分離することは本質的に無理でありましょう。考えるために、特に暇を求める必要もないと思われるのであります。古い言葉に「学ぶに暇《いとま》あらずと謂《い》う者は、暇ありと雖《いえど》も亦《また》学ぶこと能わず」というのがあります。また他の言葉に「逝《ゆ》く者は斯《か》くの如きかな、昼夜を舎《す》てず」とも言うています。このように読んで来ますと、暇は特に時を求めることにあるのではなく、時を惜しむことにあるようであります。もう一つ『論語』より引用させてもらいましょう。「学びて思わざれば則ち罔《くら》く、思いて学ばざれば則ち殆《あやう》し」との言葉であります。思うことと学ぶことは不離一体であります。あるいはこれは諸君の既に承知の言葉かと思います。

(開校八周年記念式、昭和三十五年十一月六日)

二　学生生活談義

同窓同学の意義

一昨日の前夜祭に出発し、広く学校を公開、多数の来観者を迎えて、六周年の開校記念祭を開催いたし、本日ここにその式典を挙行しますことは、本校の大きな喜びであります。来会の各位に対して心よりの謝意を表する次第であります。過去六年、この間入校の学生を六度迎え、卒業生を二回送り出しております。三年の後には卒業生の数が、在校生の数を越すことになり、その後、年と共に卒業生は増加してゆく次第であります。心身共に逞《たくま》しい多くの卒業生を持つに至ることは本校のこの上なき喜びであり、また誇りでもあります。かくてこの学校にも卒業生を持つという待望の曙光《しょこう》がさし始め、感慨の無量なるを禁じ得ません。小原台はもはや孤立の高台ではなく、この土地には誠意と奮発心に燃ゆる同窓同学の士の息吹が、潮《うしお》の響きを立つるがごとく押し寄するの感があります。

卒業生はしばしば小原台上を訪れて、みずからの努力の有様と感想を語り、多くの示唆と教訓を与えてくれております。われわれまた時の許す限り、各地に卒業生を尋ねて、親しくその状況を知り、知識を深めて参りました。去るものは日に疎《うと》しと申しますが、防衛大学校に関する限り、この言葉は当たらないのであります。先輩後輩の心は通じ、着実なる途《みち》を歩むかに見受けるのは、誠に同慶の至りであります。卒業生の声価の高まることが、また防衛大学校の声価のあがる所以《ゆえん》であることを、今さらのように痛感する次第であります。この意味でわれわれは卒業生諸君の奮発心に対し、心より感謝すると同時に、今後の活躍を期待してやみません。しかし、われわれもまた、本校声価の昂揚《こうよう》を独り卒業生にゆだねて平然たるものではなく、本日の式典に当たり、この一年有半卒業生と会談して、得たる感想の一端を述べて、諸君と共に考えてみたいと存じます。

同窓同学のことは語るだに楽しくあり、また力強き限りであります。しかし、同窓同学を口にし、団結心の尊きを思う時、われわれには常に忘れてならぬ心の掟《おきて》があります。その一つはわれわれの同窓同学は決して閥でないことであり、その二は防衛大学校は防衛組織中の一機関であり、殊《こと》にその教育系列において、大切なる使命を有することであります。この二つの点を忘れる時、同窓同学は公事を私事、私情と混交するおそれのあることを記憶せねばなりません。われわれはこのいましめを今日堅く心に銘じたいと存じます。

防衛大学校の卒業生は、その任務に対する誠意、その技能及びその献身的な心情において、他に譲らぬことは疑う余地のなきところであります。しかし、これは独りわれわれの独占物ではありません。多くの先輩同僚また然《しか》りでありまして、多くをこの人々に学び、教えられ、励まされていることを忘れてはなりません。聡明なるわが卒業生諸君は、すでにこの点に心をいたし、その最善を尽くすことに努めている事実は、当然のこととはいいながら、われわれは感謝の念の入り交る愉快な心強さを感じております。諸君は血族結婚がいかに害悪を残し、また組織の中のインブリーディングが、いかに宿弊《しゅくへい》の因子をまくものなるかを聞き及んでいるでおりましょう。もしわれわれの同窓同学に価値があり、その団結が尊いものであるためには、この弊風を決して許さぬという一点にこそ、力を注がねばなりません。きびしくこの心の掟を守るかぎり、同窓同学は他の尊敬をすらかち得るでありましょう。これを誇りとし、これを口にして、はばかることなく、ためらう要なき雰囲気は、必ずや自然のうちに湧き起こると考えます。今のうちに堅い覚悟を持ちたいものであります。

次に防衛大学校はわが国の大きい防衛組織中の一機関であることを、もう一度確認しておきたいと存じます。殊に各自衛隊における教育機関は、それぞれの使命を有することであります。この使命を果たすことに防衛の強弱はかかっていると言うても過言ではありません。その多くは専門の教育訓練を授くるところであるのに、わが防衛大学校独りが、多分に教養及び科学の広い一般教育を授くることを使命とするところであります。この特殊または独得ともいうべき教育の使命が、他の専門教育の系列とどのような関係にあるかに、深く意を留める必要があります。一言に言えば、それは極めて基礎基本的であり、進んで学ぶ諸君の専門教育も、人間としても、また自衛官としても、諸君の年代をのがして、生涯再び習得し難い教育を受けていると思います。諸君の一生はかかって小原台時代にありというわけであります。われわれまた諸君の成長を助くるために最善を尽くさねばならぬのはもちろんのことであります。

この意味においてわれわれはもう一度、諸君が何を学び、どんなふうに努力せねばならぬかに、心を向けるのも決して徒事《とじ》ではないと思うのであります。諸君は小原台上に学識を求めております。しかしこれは諸君にいたずらに知識の貯蔵のみを求めるのではありません。理解と判断をもって知識を駆使する能力を求めているのであります。これは血液の循環や、躍動する筋肉を支える骨をつくるのであります。またわれわれは事ごとに体力のことを口にします。これは健康を望むこととはまた別の意味であって、すなわち骨太で、筋っぽく、時には生傷の一つや二つぐらいは仕方のないことを意味しております。力強く、耐久力と敏速性をそなえ、あわせてフェア・プレー、協力、緊迫瞬時に下す判断力のごとき、「マンリー・ヴァーチュー」すなわち「男らしき気質」を持つことを願っております。さらに大切のことは性格の練成であります。われわれは諸君に正悪の判断力を有する人として臨んでおり、このことが諸君の自主自律の判断と行動に待つことの多い所以《ゆえん》であります。性格に関する要素は多く徳操上の問題であります。徳はその性質上、自主であり自発でなければ徳と呼ぶことはできません。われわれは時には示唆し、時には教えます。これは諸君の正悪の判別に訴えるのであり、その理性に問うのであって、強制とは絶対に異なるものであります。そしてこれが基準は現代の社会の風習に比してはるかに高く強く、しかも確実に実践に移されんことを望むのであります。自主は眠るものではなく、積極的であり、活動的でなければ実践には移りません。この実践はきびしくあります。しかしこのきびしさは決して諸君の自由や威信を傷つくるものではなく、むしろ真の自由、真の威信を、諸君はこのきびしさの中に発見するでありましょう。

以上いろいろと述べましたが、小原台上の校風も、その伝統も、その士気も、その元気も、ここに述べた学理の究明、体力の増進、性格の練成をみずからの手で積極的に行なう以外の何物でもないと考えております。わが同窓同学の士の誇りが、ただ愛せられるとか、気に入られるとかいうのではなく、真の尊敬を受けるというのであるならば、この以外に策も手段もないはずであります。またこれが卒業生の誠意と努力に答える唯一の途であると考えるのであります。

（開校六周年記念式、昭和三十三年十一月九日）

体育活動の三原則

防衛大学校ではこの一両年、その体育のあり方について関係者は種々研究をして来ました。その結果として特別体育活動と名づくるものをあみだし、本学年度よりこれを実施することとなりました。その開始に当たって、本校の体育について諸君と共に考えてみることも大切のことではないかと信ずるのであります。

本校がその創設以来体育を重んじて来たこと、またある程度の成果をあげて来たことも諸君は承知の通りであります。しかし体育を重んずることは、一方にこれを奨励する教育上のいくつかの大切な理由があると同時に、他方には幾多の制約約束のあることも忘れてはなりません。われわれが体育を口にするのは、ただ健康であればよいという消極的なものではなく、さらに体力を増進することを意味するのであります、人生の意義とともに体力との関係を考えることもできましょう。また諸君の任務と関連してこれを語ることも可能でありましょう。時に虚弱な身体にも盛んな精神力も宿ります。しかし行為行動の伴う人生において、体力は気力の源泉であるとするのは通念であります。強い体力なくして、強靱《きょうじん》な意志、忍耐力、または遂行力も生まれぬのであります。殊《こと》に諸君の任務職責を思う時、それが高く空に飛ぶにも、はるかに海を行くにも、また遠く山野を越えるにも、第一の要件は体力でありましょう。諸君は進んで自然の障害、時には狂暴なる悪条件を克服し、緊迫せる間に沈着にまた勇敢に判断することを求められるのであります。わが卒業生が口をそろえて言うことは、在学中にスポーツをやったことのよかったこと、スポーツに特に励まなかった人々のこれを悔やんでいることであります。もしわれわれが諸君に対して親切ならんとするならば、このことを諸君に強く励むように助言することであります。

しかし防衛大学校が体育を強く推進するに当たっては、おのずからこれを推進する基本的な方針または原則がなくてはならぬのであります。これなくしては健全な発達は期待し得ません。この原則について少しく考えるところをお話ししたいと思います。その一つはスポーツへの学生全員の参加であり、第二のものは選ぶべきスポーツは四年を通じて数種目、その一つは激しいものであること、第三には選手制度に対する厳正な態度であります。

第一の点は、防衛大学校の学生は、ただスポーツの見物人、鑑賞家だけにとどまってはならないことで、これにみずから参加することであります。本来スポーツには激しい身体の躍動が伴い、継続的な練習、練磨を要するゆえに、時には学業を妨げるものとして軽視され、または邪魔物扱いされて、その参加は学生の任意にまかすのが常であります。しかし、スポーツのもたらす教育上の価値には誠に大きなものがあって、これを無視または軽視することを許さぬものがあります。一般教育上の価値は別としても、スポーツが諸君の任務遂行に貢献することの数多い関係を数えることができましょう。たとえば身体の点から見て、身体の強さ、筋力、耐久力、運動動作の上手下手、その均勢、弾力及び柔軟性のように、また精神及び感情の点から見て、その健全な発達、並びにその制御、勇気、協力、犠牲心、主導力、スポーツマンシップのように、人間として、また諸君の任務において、必要欠くことのできない性格を培うために、数々の要素を備えておるのであります。

二千名を越える諸君が、一日平均一、二時間を、時を同じくしてスポーツに参加することは一つの壮観ではありますが、これに応ずる時間並びに施設の準備は決して一通りの困難ではありません。しかしこの困難中より時を見出し、場所を得て、全員参加の特別体育活動を行なうことはわれわれの務めでもあり、意義あることでもあります。前途には多くの困難があり、多くの創意工夫を必要とするものがありましょうが、その成否はかかって諸君を中心とするわれわれ一同の熱意いかんにあるのであります。

特別体育活動の真髄が、学生の全員参加にあるとすれば、次の問題はスポーツ種目の選択であり、これが第二の原則を定めるものであります。すでに諸君が行なっているスポーツには、諸君の自由に選択したもの、学校が半ば訓練的に行なうもの、あるいは全員が学年別に従って参加するもの等があります。水泳、漕艇《そうてい》、断郊《だんこう》、マラソンのごときは後者の例であります。好みに従って参加することにも大きな意義がありますが、単に好むままに放置すれば種目の氾濫《はんらん》に収拾のつかぬことにもなります。ここに整理選択の要があり、また防衛大学校がその使命の観点より考慮する教育計画の一環として、奨励すべき種目を選択し、その運営の方針を定めねばならぬ理由があるのであります。すなわちこれによって選択の基本及び基準となるものを得るのであります。われわれはこれをスポーツの持つ激しさ、すなわち消耗度高く、同時に競争意識の強いものに求めたいのであります。もちろん各種目には、それぞれの特色があり、特に興味の深いもの、あるいはリズムを重んずるもの、風姿、均衡、躍動に伴う技倆《ぎりょう》や優美等、これらは誠に捨て難いものであります。また人集まれば手軽にできるリクリエーション的のものも大切のものであります。しかし、われわれの望むことは、各人が毎年季節に従って、激しくかつ競争意識の高いものに奮って参加することであります。技倆の差は競技運営上の一つの困難でありましょう。しかしこれにはハンディキャップの制度とか、技倆による級別の格差を定めて、群ごとに競うことができましょう。これらの点については、諸君の協力と創意工夫を促したいところであります。スポーツ運営の興味の深さもまた、こういう研究に見出すことができるのであります。要するに諸君の選択参加を望む種目は、激しく対抗的競争意識の強いものであります。これをさらに詳しく言えば、その種目は、極度の体力と気力とを要求し、その動作はこれを漸次《ぜんじ》消耗せしめ、緊迫する躍動のうちに判断をなし、協力及び犠牲が伴い、精根尽きて、しかもさらに奮起を必要とするがごときものでありましょう。さらに運動各部との関係、その部員及び選手との関係、指導、コーチ、その他一切の運営は、精密に計画されねばならぬのは言うまでもありません。

防衛大学校体育の第三の原則は選手制度についてであります。これについて想い起こすことは昭和三十一年、ハーヴァード大学を訪れた時のことであります。この大学は運動競技の教育的価値を認むると同時に、その限度に対して厳正な態度を持することであります。すなわち体育計画の精神を純粋のアマチュア精神に則っていることであり、しかも他の大学に比類を見ぬ広大な施設を持っております。その精神について、総長はエール、プリンストン大学の総長とともに一つの声明を発表しております。その声明を読んでみますと、次のように書かれています。「われわれは運動競技が健全な大学教育計画の重要な部分であることを確信している。しかし大学の運動競技はすべての点において、大学存在の基本的目的に従うものであり、教育的な思慮によって定められ、これによって行動すべきものと信じている。運動競技の計画は学生の福祉のため、学生の健全な教育経験を可能ならしめるために存在し、個人の栄冠や、大学の栄誉やその利益のために存在するものではない。どんな学生も運動競技の成功のために隷属酷使されてはならない」。われわれは深くこの言葉を味わう必要があると考えます。もちろんこの学校に関する限り、現在はこのような心配はありますまい。しかし対外試合は相手のあることで、ややもすれば相手方の都合や、その運営のやり方によって、悪い方に流れたり、守らねばならぬ限界より逸脱するおそれもあります。これが選手制度に欠くことのできない制約であります。

しかし対外試合を奨励することは、このような弊害の他面に、大きい教育上の利益があるからであります。諸君はこれによって、他大学の学生と接触する機会を得るのであります。これは社会との一つの交流面であります。競技開催や運営の交渉があり、協力を必要とし、互いにその主張を知ることができるのであります。さらに選手制度は校内の競技において、技倆並びに競技の水準を高め、殊に対外試合に出場する選手の熱意、その精進は一般学生の範となり、尊敬を受けるでありましょう。あるいは勝敗のたびに強い団結心を起こすものであります。われわれは対外試合を教育上高く評価せねばならぬのを知るのであります。

以上、特別体育活動が開始され、そのための編成の行なわれた今日、体育に関する所信について述べました。参考になれば仕合せであります。

（特別体育活動の開始に当たって、昭和三十四年五月十五日）

基礎教育、学生隊と校友会の意義

今日開校七周年の記念行事を挙行いたすこの機会に一言述べねばならぬことは、今年の自衛隊の記念祝賀の挙式が中止になったことであります。これは例年十一月一日、明治神宮外苑において行なわれることになっておりますが、今年は伊勢湾台風の災害のために取り止めとなりました。毎年本校学生も多数これに参列するを例としていましたが、今年はその盛儀を見ることができなかったのであります。本日の儀式は、この中止となった自衛隊記念日の祝賀を兼ねあわせて行なっております。自衛隊が歳月を経るとともに、その装備を整え、全隊員が誠意と努力を傾注して使命の達成に精根を尽くしていることは、国家国民の要請に応え得るものと信じ、われわれまた責任のいよいよ重きを感ずる次第であります。自衛隊記念日に対しては、岸内閣総理大臣より特に訓示を寄せられたのであります。これは印刷配布をいたしましたゆえに、学生諸君はすでに読まれたことと信じております。

防衛大学校が七周年を迎えました今日、その教育にはおのずと落ち着きを見せ、大体軌道に乗りし感を与えて、日々がいわば極《き》まり切った仕事、すなわちルーティンに乗った観を呈しております。このことは一面喜ぶべきことに違いありませんが、他面には沈滞停滞もこの間に忍びより、殊にいまだ創設期を抜け切らぬ今日、これを喜ぶよりはむしろ反省の時ではないかと考えるのであります。今日はこの意味において学業訓練に一言触れ、主として学生隊及び校友会について述べ、式辞に代えたいと存じます。

本校創設に当たっての学校及びその教育の構想は、部隊幹部養成の学校としては新機軸を出したもので、そのために多少の危惧《きぐ》の念の抱かれていたことも事実でありました。新機軸とはすなわち、理工学系統の大学教育と幹部自衛官養成の二系列の教育を四ヵ年の教育計画に取り入れることでありました。この構想の一つの困難は、大学並みの課業体系中に二系列より集まる科目をいかに取捨選択するかということと、第二にかかる構想による教育の成果如何《いかん》ということでありました。期間については、年間の課業期を一般大学より延長し、さらに幹部養成教育の一部を卒業後自衛隊におまかせすることとし、同時に二系列の教育内容を極めて基礎学、基礎理論の履修に集約することによって、解決したのであります。また、新構想による教育の成果如何ということについては、これは卒業生の努力如何とも関係することの深い問題でありまして、その判定は尚早であると答えるべきでありましょう。ただこの構想について、いささかわれわれの意を強うするものは、最近米国陸海両軍士官学校が、多年行なわれて来た課程を改革し、その大体の方向が著しく大学教育に近づき、「明日変化する事柄を教えるよりも、いかなる変化にも対処し得るよう専ら基礎学の履修をさせる」ことに重点をおいて、すでにその実施に移行したことであります。他国のことは暫《しばら》く別とするも、同じ趣意の教育構想に出発した本校の課程も大成せしめたいものであります。この点に関しては、最近学生諸君のうちより出た二元的教育の論議を思い起こすのでありますが、二系列の教育課程はただの平行線であってはならない。必ずこれは、幹部養成の本校使命に鑑《かんが》みて、今より一層合理的な、二系列のいずれにも偏しない一線に融合統一されねばならぬと深く考えておる次第であります。

次に学生隊と校友会について述べてみたいと存じます。学業及び訓練の課程が充実し、その実施ができれば、本校教育は能事《のうじ》終われりとするのでありましょうか。それは決してそうではないのであります。進んでみずからを練磨し、義務と責任を解して行動する気力と体力、幹部たるに必要な人格の養成は、いずこにこれを求めればよいのであるか。このためにこそ学生隊と校友会は存するのであります。

学生隊も校友会も本校学生の全員によって構成されております。同一の全学生が二つの組織に加わっており、二つの組織が同一の学生の上に成立しているわけであります。この二つの組織は一つの共通点を持っており、双方共に本校の教育使命達成のために、自主自律を原則として存在し、ここに積極的の目的があるとともに、また受けねばならぬ制約があるのであります。この一つの共通点を除いては、二つの組織はその性質において著しく異なっています。この異なる点が、それぞれの使命と意義を持っているものであります。学生隊は、しいて言うならば公的で強制的であるということができます。これに反して校友会は、主義として私的で自発任意的の組織であります。前者の機関、すなわち学生隊学生長より小隊学生長、またその他の役職に至るまで、ことごとく任命を受けて就任するものであり、後者すなわち校友会の役員は、学生の選挙によってその任に就くものであります。またそれぞれの使命においても異なっております。学生隊は一方に共同生活の秩序、規律、衛生、整頓等の静的使命と、他方には各種の部隊的行動の動的の使命を有しております。今日この儀式に参列している姿は、学生隊の団体行動を象徴しているのであります。校友会の使命は、われわれが体育及び文化活動と称するもので、原則としてその選択、その好みに従って参加するのであります。ただ本校の教育は、学生の体力と気力に大きな比重をおくため、体育活動においては学生は選択によって全員が参加することとしております。

学生隊と校友会を、われわれは知能技術における教室、訓練における訓練場、または様々の所で行なう演習の場と同様に、幹部自衛官の人柄の養成場と考えているのであります。義務と責任、礼儀節度、健康な交友、緊迫窮乏に対する忍耐、名誉、伝統、習慣、規律への服従等、数々の資質は多くをこのような場所において習得するのであります。同時にわれわれは緊張より解放され、諧《かい》謔《ぎゃく》を解し、みずからの好みに従って自由な空気を尊重し、臨機応変、伸縮自在、弾力性に富む資質も、学生隊及び校友会があって初めて可能になると信じております。両者は本校の生活の中心であって、今日の記念行事の運営も多くはこの両者によって行なわれておるのであります。

最後に付け加えたいことは、この活動は同時に諸君の生涯及び職務にとって、人としての修養の機会でもあることであります。諸君は常に具体的な物象を対象として学問に親しみ、訓練、生活も専ら実際をその対象としております。したがって観念とか、抽象的なことは比較的縁遠く、あるいはこれを疎んじ、また軽視すらしかねないのであります。しかし修養には観念と抽象的な考えと言葉はつきものであることを記憶していただきたい。われわれは高い徳操とか、豊かな情操または愛国心について語ります。共に抽象的の考えであり、言葉であります。またわれわれの生活は常に真善美というがごとき、そのいずれかの抽象的言葉に触れないことはないのであります。これらはすべて目に見えず、手に触れることはできません。しかしわれわれはその存在を深く信じており、内面的な心のうちに包蔵し、外面的には見えなくても、その実在と価値を認めているのであります。真理は知識の世界に、善は行為の世界に、また美は技芸の世界に、常に探索しております。この観念、この抽象の言葉を用いずして、われわれの人生は誠に味気のないものでありましょう。修養は教えられることではなく、みずから学びみずから習得するものであります。この心がけあって初めて豊かな収穫を望み得るのであります。学生隊、校友会の深い意義もここにあると信じております。観念と抽象の世界に踏み込まずして修養は困難なのであります。学生隊と校友会の運営も常に観念的の立場に立って、その目的をつかむことが大切であります。

（開校七周年記念式、昭和三十四年十一月十八日）

学生と社交、特に男女の交際

大学教育が学生の社交に留意する点においては、米英の教育が特に力を入れているように思われる。大学が研究学問の府である以外に、大学は米英では共同生活様式をとっており、また社交のためクラブ生活の風習を取り入れ、学術、趣味、スポーツの無数の団体やクラブがあって、教育もまたその対象によっては軽重の差はあるが、大きい比重はこれらの活動の上においている。かつて（昭和三十一年早春）私は米英仏三国の士官学校に主眼をおいて、教育視察の旅をしたが、社交の重んぜられるのは、士官学校においてまた然りで、この点について、特に米国に例を挙げて、少しく述べてみたい。

ウェスト・ポイント（米国陸軍士官学校の所在地であり、学校の呼び名にも用いられる）の校門を入り、並木の道を進むと左にグラント・ホールと呼ぶ建物がある。この建物の区画された一部と思われるが、ここに立派な家具や調度品、壁や窓に装飾を持つ広い部屋がある。品格のある年配の婦人に迎えられて、ここに行なわれる学生の社交について多くを知る機会を得た。後に知ったが、ここにこのような婦人二名がおられ、ともに将軍の未亡人であり、ホステスと呼ばれ、もっぱら学生の社交上の世話をしているのである。

ウェスト・ポイントの学生は、校外にあることを許されるのは、年間を通じて夏期とクリスマスの二度の休暇だけである。他は日曜も休日も校内にあって、休養と娯楽を求めるよりほかに道はない。学生の社交のことを念頭におかずには、ここの生活は何かもの足りぬ、味気ない落莫《らくばく》たるものであろう。ここに社交がその機能を発揮して、学生にうるおいと活気をもたらすのである。このような学生の生活事情から、学生の家族の訪問もしばしばあるらしい。この訪問家族はホステスの賓客となる。行き届いた取り扱いを受ける。学校附属の旅舎にも泊れるし、親、兄弟とともに、時には学友も交え、ここに団欒《だんらん》の時を過ごすこともできる。肩の凝らない集まりでもあるが、また礼儀作法も忘れない集まりでもある。学校の敷地内には数多《あまた》教官の家族が住んでいる。学生もその家族から招かれて交わる機会も当然ある。しかし訪問家族にせよ、また教官の家族にせよ、これだけで三千に及ぶ学生の社交を満たしてくれるものではない。何か学生全体のために考えられねばならぬ。

この欠如を補うかのように、各士官学校はともに舞踊の会を校内において開催するのである。多くの週の土曜日の晩が、このために当てられている。学生にその開催を任すのではなく、むしろ学校が計画を立てる。男女交際の機会でもあり、きびしい集団生活に対する息抜きの時であり、色彩と変化を与える豊かな情感の一時でもあろう。ダンスには踊り相手が必要である。格式を重んずれば、相手は誰でもよいとはいかない。聞くところによると、ウェスト・ポイントでは学校を中心とした、ほぼ半径二〇マイル以内の女子の学校と交渉して、適当な踊り相手の選択と推薦を依頼するそうである。女子学生は喜んで来会するらしい。土曜日は来客に許された門限一杯踊り抜いて、希望とあれば校門外にある学校附属の宿舎に泊り、翌日曜日には再び学校を訪れて、付き合いができるのである。ハドソン河に沿うた敷地内の岸辺にフラーテーション・ウォーク（恋の散歩道）というのがある。語り合うて結ばれる時には何が期待されるか、これは後に述べよう。

男女交際の機会をつくることは、米国の他の士官学校でも、大切のこととしているのには変わりはない。同じ視察旅行で、創立後、いまだ半歳しか経っていない航空士官学校の仮校舎を、デンヴァーに尋ねた時のことであった。学生食堂で学生とともに昼食の供応を受けた。一段高いテーブルに校長ハーモン中将（お別れして間もなく没せられた）と学生隊長スティルマン准将（当時）とともに座していたが、校長はいかにも大切のことのように、学生隊長に学生に女友達はできたかを問われるのであった。答えも全部に女友達はできましたとの安心感に満ちたものであった。

アナポリスの海軍兵学校でも、ダンスに関しては陸軍士官学校と大同小異である。旅中にここでは、大食堂の中央に設けられた学生幹部のテーブルで食事をしたが、少し聞きかじっていた、ダンス終了後の婦人のエスコートの仕方に陸軍と違いがあるそうだがと聞いてみた。わが意を得たりと彼らは次のように語った。ウェスト・ポイントではダンス終了後、踊り相手を見送るのは門までで、それも十二時には自分の床にもぐり込むのが規則なので、別れを言うのも時計の分針秒針とにらみ合いで、息切って寝室に駆け帰るのである。しかし、ここアナポリスでは門外にまで送り、旅宿の中に入ってはいけないが、入口までは送れるので、ここが陸と海との信用の違いで、と興じていた。

学校が許す男女の交際が、どのように発展するかについては詳報を持っていない。しかし、卒業式の日に、在学中には結婚は許されないので、何組もの結婚式が学校の礼拝堂に殺倒し、今日ではアナポリスの場合であるが、六十組にも達するという点から見ると、このダンス制度は考えようによっては大きな成果をあげているようである。私は訪問当時、グラント・ホールのホステスの方に、ここに始まる男女の交際は、結婚にまで発展するのは奨励されるか、と聞いたように思う。はっきりした答えは覚えていないが、次のようなお話があった。学生がよき妻を選ぶことは本人のために望ましいばかりではなく、部隊のためにも大切である。今米国の兵士は全世界の各地に駐屯しており、時には僻遠《へきえん》孤立の土地がある。家族の居住が許さるる場合、その部隊の士気は高い。家庭の中心は妻であり、家族が集まりつくる小社会も婦人の力に負うところが多い。このような願いを持つので、学生はその妻選びに高い見識を持ってもらいたい。これが聞いた答えであった。当時いたく感心したことを記憶している。

（第六回防衛衛生学会特別講演の一節、昭和三十六年二月）

個性と形式主義

今年は防衛大学校開校九周年に相当し、昨日より例年のように記念祭を開催しております。恒例により以下少しく学生に話題を提供して、共に考えてみたいと存じます。

さき頃、文化芸能のことに携わる人々が来校されまして、その人々と学生との懇談会に同席いたしました。この節、来会者より本校教育が形式的であって、一般の大学に比して、ここの学生には個性が見られないというような発言がありました。これに対する学生側の反駁《はんばく》には相当激しいものがありまして、聞く者の意を強くするとともに、来会者もその誤解をさとられたように見受けました。しかし、これに類する批判は、われわれもよく耳にいたします。また、これは本校と目的を同じくする教育に対して、一般社会の陥りやすい見解でもあるようであります。現に米国においては、ウェスト・ポイントの陸軍士官学校に対しても、ここはオートマトン（自動人形）をつくる学校であると冷評するそうであります。しかしこれは皮相の観察であって、昔もそうであったろうと思いますが、殊に近代の教育に対しては、このような観察は全く当たらないものであります。批判に使われました形式または形式主義という言葉は、個性を無視し、画一的に同じ形にはめ込むことを意味していましょう。あるいは、これは団体団結のことにも及ぶかも知れません。何となれば、団体行動は多かれ少なかれ、形式を伴うからであります。この点はわれわれもまた、はっきりさせたい点であります。

早い話が、諸君も知る通り、諸君の学習は、主として広く自然及び社会現象の実体とその原理、並びに論理の構成と情緒の世界に向けられています。また、諸君がその生活において学ぶところは、主として自主、自律、積極性というように、人の威信と尊厳の保持に関するものであります。これらはすべて個性の伸展、臨機応変の素質、絶えざる心身の成長と未知の世界への探求心の養成であります。たとえば、諸君のガイダンスと称する討論学級において、各種の課題を選び、あえて結論を急がず、課題の本質を知り、正邪得失を判断して、構想を練り、表現の方法とエチケットの習性を身につけるのは、個性尊重を忘れない教育以外の何物でもありません。いずれの大学でも同様でありましょう。しかし、これはわれわれの教育の根幹が、深い関心を個性に対して示していることを証するものと信じております。

仮りに、しばらく集団を別として、個人を対象としましても、知識の探究が進めば進むほど、生活に関する論議を重ねれば重ねるほど、勢い知識意見の一致は促され、その相違は縮小するでありましょう。もし言うところの形式主義の意味するものが、この一致、この相違の縮小を、その批評の考慮に入れないで、単に同じユニフォーム、同じ姿勢態度、定められた礼儀作法、歩行行進の状態だけを見ての批判でありますならば、この批評には服し得ないのであります。調整あり練磨の成果である整頓秩序を眺めて、それを形式主義であるとして、この間に存在する人間に内包する個性を無視することは、明らかに当たらない批評であります。むしろ秩序のうちに、また形式の中に、自由、分別、自信の個性の偉大な産物がみなぎるのを、われわれは、常に感得するのであります。規制あるチームあるいは集団には、その果実として一律性の存在することは当然であります。しかも、この一律の形式の中に、われわれと種類を同じくする教育が求めてやまない団結が最も多く発芽する機会を含んでいるのであります。

今日の記念祭を一見してみましょう。プログラムは多彩であり、奏楽、演劇、あるいは学術、趣味、娯楽の展示と実演、スポーツ、パレード、仮装のショーに至るまで、数えるにいとまない情景のうち、個性が発揮され、団結の力の躍動するのを見るのであります。この一瞥《いちべつ》によって知ることは、個性はただ各人の孤立独走によってのみ収穫されるものでないことであります。言葉を翻せば、個性はまた集団的活動において培われるのであります。われわれは、場合によっては、孤立孤高を高く評価します。主観の世界に大悟することも認めます。しかし、同時に客観の世界に、責任を負担して、生き抜き戦い抜く個性と団結の力を忘れることはできないのであります。これがはげしい人生の容貌であります。個性の尊重と形式教育は、対立し相容れない二つの存在ではなく、常に相携えて行なわれて初めて大きな成果を得るものと信じております。日頃われわれが、人間形成、性格育成のために大きな価値を認めている、体育活動に例をとって、この二つの存在の関係を考えてみたいと存じます。諸君の参加している競技の一つを思い起こして下さい。いずれにも次に挙げるような三つの原則的なことが言えると思います。第一は、ルールに従ってフェア・プレーを重んずることであります。ルールは単に競技規則ばかりではなく、これに最も大切なのは不文律のあることであります。強靭ではあるが、乱暴卑怯《ひきょう》であってはならない。午後に行なわれる競技「棒倒し」は、不文律という点においてその最たるものでありましょう。諸君の健闘を祈っております。第二は、自分だけが戦い争うのではなく、味方のために争うのであって、ゲーム終了の合図のあるまで、ゆるみのない、力の限りの、落伍《らくご》の許されない、最後のあえぎまで、最後の「どぶ」の中で争うことであります。第三は、競技中には怒りや憎しみ、憐れみ、同情のような感情の許されないことであります。そうして競技の終わるとともに、即座に敵味方の解消されることであります。ラグビーのいうノー・サイドとは、この敵味方の終了することを意味するのでありましょう。以上はいかなる競技にも伴う三つの原則的のことであると考えております。

　われわれの常に考える「正しく強く生き抜け。持ち場を捨てるな」の言葉の説明は、この三つの原則的な競技の戒律に含まれているように思うのであります。これは男らしき徳操とでも名づけるべきものではないでしょうか。しかし、その実践に当たっては、いくつかの危険が伏在することも記憶する必要があります。団結の強化は、強い忠誠の心を育成します。忠誠と奉公の心は、高貴な素質とみて最も尊重するところであります。しかし、このために個人の自主性が後方に押しやられてはならないのであります。一律性と団体精神も、われわれのその昂揚に日夜努力しているところであります。しかしその美名にかくれて、低俗な形式主義や安易な一致態勢の影がしのびよって来てはならないのであります。一律性、形式主義、団結は常に健全な個性と、これのたゆまざる反省の上に築かれねばなりません。希望と戦いと責任の人生を生き抜くためには、均勢のある強い個性が大切であることは、言うまでもありません。個性の尊重なくして、真の団結もなく、立派な形式も生まれ出《い》でず、一切は空虚で低調のものに終わるでありましょう。一方に節度を重んずる素質、他方には「弱味を見せるより自分の肉を嚙《か》ませる」というスパルタ的の魂は、個性と形式主義の双方の教育のみが達成してくれるものと信じております。一言述べまして、諸君の参考に供したいと存じます。

（開校九周年記念式、昭和三十六年十一月十二日）

スポーツ管見

校庭に立って各種のスポーツの練習を見ていると、様々の感想が浮かぶ。全身全力を挙げて躍動するスポーツへの参加は、若人の特権である。他の方法では企及《ききゅう》し得ない任意自発の難行苦行であり、高度の技倆を要望されるものであればあるほど、この感は深い。心気転換が、勉学、勤務、作業に欠くことのできないならば、これほど好適のものは他になかろう。しかし、スポーツを単に心気転換のためにとだけ言っていられない。殊に国防の任に就く人々にとって、スポーツは人間形成、適性養成の尊い修練の一課であるばかりではなく、体力、気力、精神力の練成課程の一部門なのである。

教育訓練の練成課程を通じて、常に併行して考えられる二つのことがある。一つは個人を中心とすることで、学力、識見、修養のごときは、個人の奮発に待たねばならぬ。これを主観的練成と呼ぶならば、第二の練成は協同的である。他との協力によって行なわれるという意味では客観的である。実際的社会的で、実動の圏内での切磋琢磨《せっさたくま》である。防衛の職に任ずる者は、象牙の塔内にみずから高しとするを望むことではなく、実際の巷《ちまた》に挺身《ていしん》協力し、時には混乱紛糾《ふんきゅう》する場面がその職場でもある。もとより、その判断行動は学識と経験に基づかねばならぬが、客観的現実に即応する心と力がなくては、集団や力の結集する中で職務の遂行はできない。ここにスポーツの尽くす教育訓練上の大きい役目がある。

自衛官の教育訓練とスポーツの緊密な相関性を疑うものはなかろう。したがってスポーツは奨励もされようし、また制約も受けよう。課外、勤務外であるとして放任もできないし、危険も伴う。単に勇壮爽快であるとして無条件に放置もできないし、勝負だけが大切というものでもない。スポーツの特色である任意自発は尊重するが、技倆、礼法は教えられねばならぬ。種目の選定、実施管理についても教育訓練上の計画中に包含されることは当然である。要するに指導精神がなくては、健全にして純正のスポーツは成育しない。

スポーツが健全で純正純粋であるとは何を意味するであろうか。各種目には古い伝統競技もあり、精神、誇りもある。これは尊重されねばならぬが、理論的に見るためには、体力、気力、精神力の発揮とその技術の関係であろう。殊に団体競技では力の結集の形が一つの観察点である。その一例を漕艇《そうてい》にあげてみたい。漕艇はカッターでも滑席艇《かっせきてい》でもよい。漕《こ》ぐ運動は外見上複雑なものではないが、漕手の運動には他に例を見ないほど、完全な調子の一様一致が求められる。力の出し方、漕法、呼吸及びリズムには、いささかの不揃いがあってはならない。このような力の結集がなくては、各漕手のいかなる力漕も無益である。この一致がなくては、艇速は直ちに鈍るであろう。したがって全体の成功のためには、一人として力を抜くことが許されない。したがって体力、気力の消耗が極度に要望され、ただ精神力だけがものを言うこともある。

漕艇と異なる形において、力を結集する適例を、ラグビー蹴球《しゅうきゅう》に見ることができる。漕艇とは対照的で、力の結集を異なる持ち場、異なる役割において演ずるのである。これについてはすでに他においても述べたが、次の三点を上げて説明することができよう。第一にルールに基づいて、これを厳守するのは当然であるが、フェア・プレーに透徹することで、これは不文律に服することである。たくましく強いが、乱暴卑怯《ひきょう》ではないのである。第二に自分だけが戦い争うのではなく、味方のために行なうのである。試合終了の合図のあるまで、ゆるみのない、力の限り、最後のあえぎまで、最後の「どぶ」の中で争うことである。第三に競技中には、怒りや憎しみ、憐れみ同情のような感情の介入を許さず、一度競技が終了すれば、即座に敵味方が解消することである。これらの諸点は、ひとりラグビーの独占物ではなく団体競技の多くのものに当てはまる。しかし、以上述べた漕艇、ラグビーの二者は、スポーツの持つ本領を、最も純正な形で物語っていると思われるのである。

これらの諸点はまた、スポーツの意義であり、原則であり、またその哲学でもある。これを自衛官養成の観点より見ると、次のような数々の効用を指摘することができよう。力の結集の何であるかを語り、団結の性質を教える。結集を生む底流には、困苦と忍従、犠牲、正確な判断、身心の敏活、弾力等が力の基礎となっている。

身体的には、走る、跳ぶ、投げる、登るというような躍動が基幹となって、個人として、団体として、または格闘的な力を築き上げているのである。心理的には、心の健康を増進するとともに、主観を離れて客観視する力や、客観の情勢に順応する力を体得せしめ、心の張り、または休息を与え、また時には煩悶《はんもん》の心域より回避せしめて、人を守るような効果を教えることができる。さらに、勇気、積極自主性、自制、協力、均衡のように、自衛官として具備せねばならぬ多くの性格を育成するのである。加うるにスポーツの本来の性質である、果断果敢、高い品格及び公正が演技者の意欲によって維持さるるならば、若人に対する、純正にあこがれる心に与える影響には量り知れないものがあろう。

体力、気力、精神力の湧き出づる源泉と合わせて、スポーツは自衛官養成の教育訓練には、欠くことのできない役目を果たすものであると言えるであろう。スポーツは閑人の遊びではない。

（雑誌『修親』昭和三十八年一月）

三　気風と伝統

心に遅れをとっていないか、腕に力は抜けていないか

防衛大学校は、昭和二十七年七月三十一日施行の保安庁法に基づいて、翌八月一日保安大学校の名称のもとに発足し、同二十九年七月一日より名称を防衛大学校と改められたことは、諸君承知の通りであります。厳密には、開校記念日は八月一日であります。しかし気候、季節の良さを考慮にいれまして、十一月の初旬に祝うことが両三年の習わしとなり、本年（昭和三十二年）も今明日の二日間、様々の催しを計画し、広く学校を開放して、多数の来賓を迎え祝賀の催しをなすことになりました。

この五カ年余の過去を顧みて、今日に思いを及ぼしますと、本大学校もこの歳月にふさわしい進歩発展の道を歩んで来たことを感ぜずにはおられません。たとえば施設の整備、学生の順調なる入学及び進級、職員の充実、教育訓練課程の整頓、運営の合理化並びにその熟練と、いずれをとっても一応の進歩の跡を見出し得ることは、同慶に堪えぬ次第であります。もちろんこれは防衛庁はじめ各自衛隊及び各方面よりの大きな支援によることでありますが、全校一致しての絶えざる努力の

結果でもあります。この点、われわれ一同いささか自信を深めてもよいのではないかと考えるところであります。

しかし、われわれは現状をもって満足しているかというと、これは大いに違うのであります。われわれは深く反省するとともに、多くの至らざるもののあることを自覚するのであります。学校創設の急務に追われて思慮研究の充分でなかったこともあろうし、内外の同種の学校、大学の制度、あるいはその授業方法をそのまま取り入れ、いまだ細かく検することもなく、また必要な調整もなすことなく実施していることもありましょう。これは多くはわれわれ職員の思慮研究を待つものでありますが、学生諸君、また現状をもって防衛大学校学生の達しなければならぬ水準であるとしてはいないでありましょう。新旧内外の目的を同じくする各学校の学生に思いを致す時、私もまた、いまだ諸君の水準の及ばざることの多きを痛感するのであります。一、二の所感を述べて参考に供したいと存じます。

われわれは常に自問自答するのでなければ進歩改善はありません。その問いはいろいろありましょう。今日述べたいことは「心に遅れをとっていないか、腕に力は抜けていないか」と問うことであります。これはイギリス海軍兵学校の戦死卒業生名簿の安置してある台石に刻まれた碑文にヒントを得た言葉であります（注）。この問いに対して、私は思うのでありますが、人間にとって最も大きい誇りの一つは約束を守ることであります。約束を厳格に履行する人は、その語る言葉に節操ある人として、尊敬さるるは無論のこと、信頼のできる人であります。また自分の心に誓い、自分の約束を守る人は、強い性格の人として一層高い尊敬に値するでありましょう。この小原台の生活は、他のよき社会がそうであるように、このような約束の上に基礎をおいているのであります。

一つの行為が徳操と呼ばれるためには、その行為は当然みずからの発意であることであり、このゆえにその行為は気高く尊いのであります。約束の遵守は大切な道義の一つであります。小原台上の生活と教育訓練には責任と義務がある。また守らねばならぬ規則、慣習、慣行がある。これことごとくわれわれの約束であります。守られねば、よき生活、よき教育訓練の環境は傷つくのであります。みずから守ることはもちろん、また他の破るのを見逃すことも、重大なる怠慢であり、これは心に遅れをとることを意味します。小原台が少しでもよくなるためには、この怠慢があってはならないのであります。気風の弛緩《しかん》はここに発し、志操の高い集団には必ずこの心の遅れに鞭打つ「きびしさ」がなければなりません。「きびしさ」を回避するところに沈滞が起こり、やがて腐敗が生じましょう。独立進取の気性も、積極敢為《かんい》の風も地を払い、集団生活の意義も、その明朗さも姿を消すに至りましょう。

アメリカの陸軍士官学校において、学生みずからがその手によって仲間の非違を許さない「きびしき」慣行があり、その高い水準を維持することは諸君もよく承知しておりましょう。これがウェスト・ポイントの名誉戒律とも訳さるべきものであります。これは私情を無視し、時には友情すらもなげうって、戒律を犯すものを許さず、その高い理想と奉仕の生活に生きようとする悲壮なる決意であります。われわれは徒《いたず》らに他国の制度を模することを潔《いさぎよ》しとしません。しかし、記憶したいことはこの真剣の心境に達し得て、厳格にまた正確にこれを行なわんとする学生の態度でありまます。人生に対する誠実なるその取り組み方に、誰しも感動することを禁じ得ないところであります。

われわれは平和を願い、平静なる世界の実現を希《ねが》う心の決して人後に落ちるものではありません。このためにあらゆる手段は尽くさねばなりません。しかも「樹静かならんと欲すれど、風やまず」

との風樹《ふうじゅ》の嘆《たん》は、にわかに現世よりその嘆きを吹き消すとは思えないのであります。けだし正しい平和が得られねば、正しくまた意義ある平静も求められぬゆえであります。世には波風が立ち、その騒音を如何《いかん》ともすることができません。民族の誇りもなく正義の主張も捨て、国家の理想も将来も考えない、ただ安穏であればよいというのであるならば、また何をか言わんやであります。小原台に集まる学生諸君は、この波風を乗り切らんと決心している人々であります。このために学業に励み、徳操を磨き、教養・情操を豊かならしめんとしているのであります。

しかし、「心に遅れをとっていないか」と反省するだけでは足らないことで、腕に力が抜けていては何の役にも立ちません。知力と技倆《ぎりょう》はもちろんのこと、体力、気力、精神力にこと欠いては、国を守る務めは果たせないのであります。たとえば激動の際に、余裕のない瞬間に正確な判断と行動をなし、精根を尽くし、気息とだえる中に、闘志をふりしぼることも、帰すところこの腕の力なのであります。

「心に遅れをとっていないか、腕に力は抜けていないか」、これが今日の記念日に当たって、諸君とともに、考えてみたいことであります。

（開校五周年記念式、昭和三十二年十一月九日）

（注）イギリス海軍兵学校台石の原文。**See that ye hold fast the heritage we leave you, yea and teach your children that never in the coming centuries their hearts may fail them or their hands grow weak.**（私たちの残す相続物を、君たちはしっかりと必ずつかんでいてもらわねばならぬ。否そればかりか、君たちの子孫に、来《きた》る世紀も永久に、心に遅れをとったり腕に力が抜けたりせぬように、その値打ちを教えてもらわねばならぬ。）

服従の誇り

本稿は去る一月十日（昭和三十四年）学生とともに、新春を祝う際に述べた講話に筆を加えたものである。それは「従う魂」という題名のものであった。服従の尊さを語らんとしたものである。服従という言葉は決して一般に歓迎されるものではない。おそらく、これはこの言葉が封建的な響きを伝えるためであろう。封建制度においては、生活の主な規範が臣下の主君、または従者の主人に対する、身分的のひたむきの服従忠誠にあって、服従は個人の自由や権利を無視し、個性やその尊さを軽んじ、その創意を殺すものと解されるからである。すなわち服従は個人の尊厳、自由の尊さを礼讃する民主思想に背馳《はいち》するというのである。しかし、民主制度がいかなる服従も一切排斥すると考えると、これまた大きな間違いである。民主制度には服従について立派な理論と主張がある。また大きな勝利が待っているものである。

防衛大学校において、われわれは自主を尊重し、積極的な思慮行動の必要を常に口にして来た。しかし、自主にしても、積極行動にしても、その反面には人に影が付き添うように、決して離れないものがある。それは服する魂とか従う誇りとでも名づけるべきものである。リーダーシップには常に、「フォロワーシップ」（Followership）がその影となって伴うことを忘れてはならないのである。一例をスポーツにとってみよう。競技を見ていると、その運び方はすべて競技者の積極的な思慮判断と、機敏な行動及び技術によって行なわれている。同時に各競技者はルールに従い、競技に欠くことのできない節度に服し、チームとしての一定の行き方に基づいて動いている。これは競技者の服する魂であり、また誇りでもある。一般世間のこと、一般社会のこと、すべてこの競技に見るような、従い服することが重んぜられ、守られねば、日常の生活はひと時として円滑には運行しない。自主があれば、自律はその影のようにこれに伴う。共同生活及び団体行動の、この意味での影は、その慣行であり、礼節であり、規律規則である。従い服することは人の常識であり、美徳であり、道義であって、堕落でもなく、屈辱でもなく、また威信の失墜でもないと言うことができよう。影のあるところ、必ず本体がある。自主、共同生活、団体行動がわれわれの生活の本体であれば、必ずこれに伴う影が、従う誇りであって、両者は表裏一体をなしている。本体には常に意思の持つ強さがその特徴であれば、影には徳の持つ床《ゆか》しさがその特色である。

われわれは何ゆえに服することに誇りを感ずることができるのか。それは言うまでもなく、本体の存在であって、その存在の使命が高いとか、主義理想が尊いとか、したがって精魂を投ずるに価するとか、理由はいろいろと挙げることができようが、要するに職務に生きがいを感じ、仕事栄えを感じ、いわゆる人生意気に感じるがゆえである。諸君の防衛大学校四年の生活を通じて行なって来たことは、少し大げさな言い方であるが、心をともにして正しく強く生き抜くことであった。条理に服し、生活を規制して来たことであって、諸君にとっては服する誇り、従う勝利以外の何物でもなかったと思う。教育訓練の方針、伝統雰囲気、またその運営の努力と励み、これらわれわれの日常を司る一切は、すべてこの学校及び諸君の使命である防衛にその源を発するものであった。すなわち国土の防衛、国の平和及び独立の防衛は、国家の政策方針であるとともに、またわれわれの主義主張でもあったからである。国の独立は民族の自主自由を意味し、これは自由を愛する人類最大の念願である。また国の平和は、各人がその創意を発揮し、互いに各人を尊重尊敬し、正義の行なわれる明朗闊達《かったつ》の生活様式を信条とする社会と、古来の文化伝統を維持せんとする国民最大の念願の達成に欠くことができない。防衛の目指すところ、ことごとくわれわれの主義理想に一致するからである。

自律のあるところにその本体として自主があり、慣行、礼節、規律のあるところに、その本体として共同生活及び団体行動のあるように、防衛のあるところに部隊組織がその本体として存在することは当然である。防衛の組織にはその生命として、服従が期待され、両者は表裏一体の関係にある。防衛に緊迫の状態が加われば加わるほど、あるいはその精度が進めば進むほど、その組織は強くゆるがぬものでなければならない。組織が強くあるためには、服従は高き誇りあるものでなければならない。組織の使命を思う時、われわれは服従の誇りを感ぜずにはいられない。

自主自由と服従は相反し矛盾する言葉として考えられがちである。このために自由が大切であるとして服従を排し、あるいは服従が必要な組織であるがゆえに、この組織には民主主義はないというかも知れない。しかしこれは共に間違いである。もし自由が気儘放縦《きままほうじゅう》を意味するものならば、われわれはこれを受け容れない。幸福追求が人の基本権であることはもちろんである。しかし、幸福追求がただ逸楽放逸を求むるのであれば、これはわれわれの組織では避けねばならぬ。また平等の考えも社会において重んじられねばならぬ。これも幸福追求と同じく社会の背骨である。しかし、才能才幹、創意熟練による秩序と順序、指揮に必要なる階級的の組織は、決して民主制度と撞着《どうちゃく》するものではない。まして組織の目的と使命が大切であり尊い時に、その制度に服することは責任でもあるが、また大きい誇りでもある。

第三期生諸君は今や学校を去らんとしている。今より四年前、諸君が入校した時、この学校の目的に従って成業することを約束した。卒業は一応この約束を果たしたことを意味するのである。約束を果たすことは、人間にとって最も大切なことである。一国の隆盛も一つの社会が堅実であることも、その成員の約束を果たすことの如何《いかん》にかかっている。興隆する国民、堅実な民族には必ず誓約を守る覚悟と掟《おきて》がある。すなわち責任を解する人々なのである。約束を守らぬ者を誰が信用しよう。われわれは諸君が約束を守ることを証したがゆえに信頼し、われわれまた約束を守って来たがゆえに信頼してくれたのである。諸君の今日の喜びはこの約束を履行して来たことである。われわれの諸君を誇りにするのもこのためである。約束を結ぶことと、これを果たすことは自主自由を尊ぶ者の大切な第一歩であった。

諸君はまた在学四年を幸福でなかったとは言うまい。諸君の人としての威信は充分に守られて来たと思う。多くの制約のあった生活勉学訓練は、決して諸君より幸福を奪ったものでなかったはずである。才能才幹、創意の練成は、諸君に対して指揮者、指導者たる素質の心構えを与えたものと確信している。われわれは諸君が過去四年間に服従の誇りの何であるかを理解できたと考えて、諸君の今後の精励と健康を祈ってやまない。

（新春の挨拶、昭和三十四年一月十日）

心の鍛練と行為の規範

防衛大学校は創設以来今年が十年に当たりますので、例年内輪に開催して参りました記念式を、本年は特に十周年を記念することとして、この式典を挙行することといたしました。

十周年を迎えて、ひとしおの感動を禁じえませんのは、この十年の期間において寄せられました、各方面よりの援助と激励についてであります。本日の式典の意義は、この数え尽くせぬ援助と激励に対する、心にしみる感謝の表明のほかにはないと信じております。防衛庁歴代の長官をはじめ、防衛庁内局並びに附属機関、統合幕僚部、陸・海・空自衛隊の幹部並びに隊員諸氏各位の、連綿として続いた惜しみない支援と親切に対しては、感謝の言葉もない次第であります。また、かつて本校に在職されました諸氏の数々の事蹟も、感謝をもってこれを想起するものであります。また広く各界の諸先輩、並びに国民諸氏の、時には個人として時には団体として与えられました声援には常に鼓舞せられ、これこそは国民総意の支持であるとして、常に任務精励の泉となったのであります。更に諸官庁並びに教育諸機関、内外の文化教育支援の諸団体よりの援助には大きいものがありました。諸外国駐在の大使館付武官、特に在日米軍並びに軍事顧問団の与えられました好意は、わが教育訓練に裨益《ひえき》するところ大きいものがあり、目を常に広く海外に向ける機会を与え、この意味で多くを学んだのであります。最後に、しかも最も親近感を抱いておりますのは、神奈川県と横須賀市でありまして、その官庁と県民市民諸氏に対しては深い感謝の念を持っております。このような県並びに市に本校が設立されましたことは、われわれにとって大きな誇りであり、その居心地のよさを肝に銘じております。以上に挙げましたような好意、援助、激励の賜物が、防衛大学校の今日をあらしめている力であると堅く信じております。十年を顧みて深い感謝を新たにするとともに、責任のいよいよ重いことを内省せずにはいられないのであります。

このような溢《あふ》るるごとき好意は、われわれの生活に力を与える糧《かて》でありました。過去十年、この好意がいかに背後の力であったかは、量り知れぬものがあります。誇りを与え、失意にあっては元気を呼びさまし、言葉ではなく実行であり、安易を追わず困難に挑み、他を頼む前にみずからに求めることを教えたのであります。何を意欲せねばならぬかを悟らしめ、心に潜在する可能の力を、いかに見出すかの強い動機となったのであります。

ここに防衛大学校の心の鍛練の意義があるのであります。すなわち、防衛意欲の昂揚《こうよう》であります。その鍛練の途《みち》には二つあるのでないかと考えます。理性と感情であります。理性は重んじられねばなりません。社会の一員としての道徳責任、国家の一員としての国家と法に対する義務、防衛機構の一員としての献身奉公の精神、これらすべては理性に訴え、その良心、道義、義勇に問うことができるのであります。理性によって培われるのでなければ、防衛の資質も適性も基礎のない建物のようなものでありましょう。これを絶えず批判判断をすることは、やがて確信となり、信念となり意欲となると考えるのであります。

しかし、資質適性の育成において、ただこれを合理思弁に求めるのが唯一の途かというと、必ずしもそうではないのであります。心の成長を促す原動力は、感情の持つ役割を考えに加えずしては、その達成は期し難いのであります。理性や合理、打算功利の念によっては解決し得ない、感情、情操、情緒の世界があり、この世界の持つ力に高い価値を認めずにいられないのであります。感動、忠誠、義侠、愛国心、これらは主として感情の世界において偉力を発揮するのであります。啓発や開放によって世に益する人、表現の力をもって魅する人、信仰や慈悲によって救う人、これらの人々はすべて、打算では考えられない感動を与えて社会に尽くすのであります。防衛の任務にも、何かこれに類するものを感ぜずにはいられません。理性にはそれ自身の世界があり、多くの成果を収めています。しかし、感情もみずからの世界を持ち、理性に決して劣らぬ勝利を収めているのでありましす。郷土を愛し、その文化を誇り、民族の平和な発展と繁栄を祈り、国の独立を守って民族と個人の自由を確保することも、人間として持たねばならぬ均勢と安定のある大きな感情であると言えるのであります。

心の鍛練はこのような下地の中に育たねばならぬのであります。鍛練による資質と適性の育成は、学業、訓練、体育、生活の全域をその道場として行なわれねばなりません。しかし、忘れてならぬのは徳育、したがって心の鍛練は、各人の自発心を条件としていることであります。ここに徳育の権威があり、学風の名誉が存し、その戒律の厳正さが生まれるのであります。過去十年、いつとはなしに、われわれのいうところ、行なうところ、また目指すところも、この基礎の上に立って、いくつかの行動の基準、戒律、規範を生んでいるのではありますまいか。これを挙げれば、正直であること、誠実であること、服従のできること、人を尊敬することの四カ条の要綱でないかと思います。

正直であることは、信頼の始まりであって、人ひとりの適性であることはもとより、殊に国防の任務については、この資質なくしてこれを委《まか》せることはできないのであります。嘘があり、偽りがあり、ごまかしや、言い逃れは許せない。これがここに学ぶ者の毎日の信条であり、反省でなければなりません。寛容寛大は美徳とされています。しかし、事、正直については、この寛容寛大にもきびしい限度があって、この一点においては互いに励まし戒むること金鉄の心を抱かねばならぬのであります。

誠実を尽くすことは、忠誠という言葉にも通じるかと思います。これを自覚する最善の方法は防衛任務の対象とその価値を知ることとであります。すなわち、国の独立と平和の防衛、これを少しく詳しく言えば、この独立平和なくして民族の自由、福祉、繁栄も起こらず、その歴史、伝統、生活の慣行もその生彩を消し、文化、学芸も、自由な言論もすべては影をひそめて、したがってこれは希望のない感激感動の皆無の生活であり、ただあるものは絶望と屈従だけでありましょう。国防の任務は、この危険を保障せんとするものであります。この防禦《ぼうぎょ》のために誠実忠実を尽くすに何の不足がありましょう。これ以上の忠誠を尽くすに値するものはないのであります。いわゆる「わが部署とその務め」とか、「心に遅れをとっていないか、腕に力は抜けていないか」というような古人の言葉が、思わず口の端《は》にのぼるのを覚えずにはいられぬのであります。

続いては服従のできることとであります。一人の英雄的行為によって救われる時代はすでに去っております。国防のことは、一人一人が有能有力で、その結集団結の組織と機構の行動力によって行なわれることは言うまでもありません。その行動力には指揮統率があって初めて生命を生みます。すなわち、持ち場任務の統合であります。服従もまた、その生命であることは当然でありましょう。しばしば引用する「正義は力なくしては空虚のものであり、力は正義なくしては暴力である」という言葉は、正義と力と服従の関係を説明していると思います。正義に基づく力に服従することは、理性ある服従であり、これは民主主義の原理でもあります。正しい力なくして、正しい秩序はなく、正しい秩序なくして正しい自由はないのであります。

最後に、人を尊敬することであります。服従において述べたように、国防のことは組織であり、ここに指揮命令のあることは当然であります。組織においても、一人一人は、その機構の目的からは大切な人々であり高い価値を持ち、その尊厳を持っております。しかし、これとは別の意味で、各人は差別のない人格の所有者なのであります。平等の基盤の上に接触、交友、交際があり、この間におのずと尊敬、礼儀、礼節が、その秩序のきずなとなっております。人を敬うことなくして、近代の民主主義は円滑に運営はできないのであります。ここに豊かな人間性の生まれる源泉があるので、これを枯渇せしめてはならないのであります。これらはここに学ぶ学生の心の鍛練の要綱なのであります。

以上をもって本日の意義深き創立十周年の記念式の言葉を終わりたいと存じますが、一言卒業生諸君を思うことなくして、この言葉を閉じることはできません。卒業生諸君はすでに各期を合わせて相当数にのぼり、各自衛隊のそれぞれの部署において任務に就いております。年月とともにその自信は増し、業績は上がっていると信じております。満腔《まんこう》の熱意をこめて、本校はその精励を祈っております。本校今後の声価も発展も、卒業生と在学生の健在と奮発に負うことが大きいのであります。諸君の母校は十年の里程標に達しました。今日の喜びは将来への希望であり、楽しみでありまず。その健在と奮発を祈る心の切なるものがあります。

（開校十周年記念式、昭和三十七年十一月十日）

愛国心について

愛国心というのは、郷土への愛着であり、国が栄えよとの人間自然の情であり、誰しもこれを持っている。大事なことは、それを、どういう時に、どのように発揮するかにある。部隊は毎日、国旗に対して敬礼をしている。これも愛国心または国に対する忠誠心の現れであろう。あるいは、自分の危険を顧みず、人を助ける。それも根本においては、人道あるいは、何か高い理想のために犠牲をいとわない愛国心につながるものであろう。公共の精神、奉公の精神も、愛国心の発露であると言えるであろう。独裁政治のもとにも愛国心があり、共産国にも愛国心があろう。しからば防衛の任に当たるわれわれの愛国心は、これらとは何か違うものであろうか。本日は主としてこのことについて考えてみたい。

防衛の任に就くわれわれの愛国心、それは防衛意欲とも言えるが、それは、わが国の平和と独立を守る意欲、熱意、自覚ということになるのではあるまいか。日本人は、伝統的に戦さに強いとされている。しかし、今日、侵略に対して、徹底して抗戦する意欲が、果たして国民一般にあるかどうか。他国が侵攻してきたら、これに抵抗する気魄《きはく》と意欲を持っているか。誰しもが、これを問うてみたいところであろう。

一九一九年、第一次大戦は終わり、二十年経った一九三九年に第二次大戦が始まった。第一次大戦後、世界の国々は、もう戦争にはこりごりした。戦争をなくそうと熱望して、国際連盟をつくり、あるいは軍縮を協定した。しかるに、このような空気の中に、ナチスドイツはドイツ再建を目指して、次第に軍備を整えていった。この時期におけるイギリスのチャーチルの言動には、今日のわが国と比較して、非常に示唆に富むものがある。そのいくつかを挙げてみたい。

チャーチルはこれを心配し、ドイツ視察に行った。そして、ナチスドイツの青年たちが、武器を持ち、ラッパを吹き、靴を鳴らしながら昂然《こうぜん》と行進しているのを見た。まさに彼らは敗戦の中から立ち直ろうと、懸命の努力をしているのであった。戦勝諸国が、軍縮と軍備の軽視に憂き身をやつしている時に、ドイツが再建を目指して、軍備の充実に邁進《まいしん》しているのを見たチャーチルは、必ず近いうちに第二次大戦がやってくるだろうと警告した。議会その他で、さかんに軍備の充実の必要を強調した。しかし、二度と戦争はやりたくないというのが当時の一般の気持ちだったから「危いぞ、しっかり軍備をやれ」というチャーチルの警告には少しも耳をかさず、むしろ冷笑し、あるいは誇大妄想であるとして、これを冷淡な態度で迎えたのであった。これが彼の政治生涯における孤軍奮闘の時代である。

彼の警告通り戦争はきた。しかし、チャーチルは「どうだ、俺の言う通りになったろう」とは言わなかった。彼は寛大で、過去の事は過去の事だ、いつまでもほえついているのが能事ではない、これからどうかみつくかが問題だとして、「この議場の外では、戦争がうず巻いている。しかしわれわれには、この議場内に、少なくとも良心の平和がある」と言うて、動ずる色がなかった。

一九四〇年になって、英仏の連合軍はダンケルクに追いつめられるに至って、チェンバレンは総理の任を去り、国の輿望《よぼう》を担うてチャーチルが総理大臣に推されて、絶体絶命の戦いを戦い抜く全責任を負うたのであった。就任後はじめて議場において彼の言った言葉は「私には何の手持ちもない。ただ捧げ得るものは血と涙と汗と労苦だけである」と率直に訴えることであった。しかし、イギリスの国民はこれを聞いて、それが聞きたかったのだとして共鳴したのであった。

それまで国民は、今後もフランスがナチスの軍勢を支える、アメリカが支援に参加するであろう、マジノ線で何とかくいとめるだろうというような話ばかり、聞かせられていたのであったが、チャーチルになって、何もないのだ、明日の戦いの飛行機にすら事欠いているというようなことを、率直に訴えられたのである。「しかし、戦争は止めない。最後まで戦うのだ。敵はおそらく上陸して来るであろう。来れば海で戦い、上陸してくれば上陸地点で戦い、突破されれば、丘で、野原で、街で戦う。それでも押しまくられるならば、あそこに見えるあのトーチカの陰で、家族ともども銃をとって戦おうではないか。そして最後には、この国が飢えるようになれば海外にある国土に行って、何年でも、この島が奪還できるまで戦う」と演説したのであった。

このような逆境に立って、敢然と抵抗を叫び、国民の奮起を促したチャーチルの熱意、政治力は、やはり偉大と言わざるをえない。国民の意気は高まった。この防衛意欲が、結局、ナチスドイツの英本土上陸侵攻を断念させたと言えるのであった。

このことは、現下のわが国情に鑑《かんが》み、大いに考えさせられるものがある。真の愛国心は、単に平和を愛し、国を愛するということだけではない。国家の危急にさいして、身を挺《てい》して国を守る熱意と心がなければならない。少なくとも国防の任に携わるわれわれとしては、この点において、強くなければならないのは当然である。そのような強い愛国心すなわち防衛意欲は、何によって育《はぐく》まれるか。それは決して単純のものではない。社会に対する責任、国家に対する義務、国民としての目ざめとともに、人類に対する正義の念慮、これらはすべて愛国心を正当化し、これらの義務や主義に奉仕し、あるいは殉ずることは、人間としては当然であるかも知れないが、また高貴のものであるという自覚である。同時に徳操の本質である自発的奉仕の精神が必要なのである。

ここで、世界の現状はどうであるかを見たい。われわれは現在、自由国家群の一員として防衛の任に就いているのである。その意義及びその価値について、はっきりした考えを持たねばならぬ。自由国家が共通に持つ信条を挙げてみたい。その信条は人間の値打ちを認め、その尊厳を堅く守ることである。これに従って生活の様式、社会の秩序、国家の組織を立てているのである。これは現在の事情のもとに、ただ手をこまねいて獲得することはできない。安易のうちに維持することもできない。端的に言うて、現在、自由国家は、絶えずこの信条を根底より覆される脅威にさらされているのである。これらが一度覆されるならば、屈従と抑圧が来《きた》り、みずからの意思と希望を失い、その独立自主の精神は地を払うて暗澹《あんたん》たる制圧の下にあえがねばならぬのである。また、これを一度失えば、自由と独立を取り戻すことは難事中の難事であろう。これが、自由国家が身を挺して守らねばならぬ理由の一つである。

また、われわれは、自由を思い、国民同胞のことを考えねばならぬ。良きにつけ悪しきにつけ、われわれは日本人である。日本人の勤勉さは世界に定評がある。その文化においても、独得の香り高いものを持っている。芸術、文学、その他もろもろの学問においても、百花撩《りょう》乱《らん》の観を呈している。またその将来性と可能性を持っている。これらのものは、皆大事に育ててゆかねばならない。これらがなくなったら、心の故郷は荒涼たる見るかげもないものとなり終わるであろう。歴史、伝統、文化は国民の心であり、精神であり、宝である。わが祖先がつくり、時代から時代へ伝えられ、継がれて来た祖先の心であり、現代に生きる者の心であり、また、将来の者の心でもある。

屈服したとすれば、この国民の心はどうなるか。征服者にとってさしつかえないものは、あるいは育てられるであろう。しかし何より大切な、みずから選び、みずからのつくるものは皆無となるのである。われわれ自身が育てるものではなくて、彼らの意図に従って育てねばならぬ。独立を尊ぶものがどうしてこれに堪え得るであろう。最善の抵抗を尽くして守らねばならぬのは、国民のこの心の境土である。

われわれとしては、自分の力でやってゆきたいのである。日夜みずからの力で切り開いてゆくところの大きな民族的な理想を持っている。それがやれないほどつらいことはない。生活に光明はない。将来の希望もない。みずからのため、自国のためにこそ、人々は奮発もし努力もするのである。これを憂うればこそ、われわれは、われわれの務めを果たさなければならないのである。それは国を思う心であり、抵抗の意欲である。防衛の意欲に表れる愛国心である。無抵抗であってはならない。

最後に抵抗の道義性について述べたい。無防備が平和の一番良い道なのだという考え方、これは尊い考え方とも一応は思われる。一方の頬を叩かれるならば、他方の頬も叩かせよ、ものを持ってゆこうとするなら与えよ、といった考え方である。しかし、それは条件つきである。すなわち、それが正しいという時においてのみである。悪の跳梁《ちょうりょう》に世を委せることはできない。このような考えは、隠遁《いんとん》、退嬰《たいえい》、消極的である。近代の道義、倫理は、もっと現世的であり、積極的であらねばならぬ。近代の倫理観は、もっと人間的であり、積極的の社会の律制であると思う。もっと現世においで、価値ある人生を送るという倫理、道徳主義があってもよいのではないかと思う。それが近代の仏教、キリスト教その他の宗教、道徳、倫理の主義というものではあるまいか。

西洋史に近代の積極的文明を生んだ文芸復興期と名づけられる時代がある。自然の美、人間の美、創造の美、人間の持つ尊い力を賛美する思想、文芸の運動である。人に科学、芸術並びにその力の尊さのあることを教えたのであった。これが近代人の行く途《みち》なのである。個人の尊厳、自由社会における規制、学問科学の進歩、個人の力の伸展、正義を目標とする集団結成の自由、すべてこれらは、現世を肯定し、積極的な倫理道徳の理論思慮の上に立つに至ったのである。

これが近代の倫理道徳の見解であるとすれば、害悪に対する無抵抗主義などというようなことは考えられないことである。暴力があり、害悪があるのが現実であり、また歴史の持つ悲しい事実であるとすれば、このために心構えのあることは当然である。ひとりみずからをよしとし、みずからを救えば能事終われりとすることはできないのである。ましてや、強力に訓練され、正義と人道を顧慮することなく、個人とその良心を無視するような権勢には、人道の威信の前にも、わけなく屈服することはできないはずである。ここに防衛意欲という愛国心がある。

さらに附言したい一事は、伝統と進歩についてである。わが国には多くのうるわしい伝統がある。これらは、われわれは守り継がなければならない。しかし、世の中は常に進歩し変遷するものであることを忘れてはならない。変化も大切である。変化は進歩の道程でもある。しかし、その変化があまりに急激であると、われわれはとかく方向を見失ってしまう。世の中にはいつも、変化というものと、継続性（絶えず進歩し変化してゆく中に、何か変わらない一つの恒久的なもの）という双方がある。また、変化していることを忘れてはいけないが、変化に気をとられて、継続性を無視してもいけない。また継続性ばかり考えず、変化に対しても素直でなければならない。この双方を冷静に見窮めることが、本当の健康な進歩を促すゆえんである。

平和は進歩に欠くことのできない要因である。しかし、国の独立を見失うての平和は何の意味もない。また、国民の幸福とその理想の実現に国民の基本的自由は大切である。しかし、このために国民は国を守る責任から解放されるものではない。築き上げて来た数々の努力とその成果、その誇るべき歴史と伝統、絶えず変化する中に国民の心の安定と郷土に対する愛着を継いで行く責任を簡単に放棄し得るものではない。この覚悟に心の緩みが生じたならば、一切は廃墟と化してしまうであろう。われわれの愛国心とは、これを憂うることであり、適当な行動をすることである。過去より現在を経て将来に至る、かけがえのない自分らの独得の生活の様式とその文化及び繁栄は、人道と文明の名において守らねばならぬ。結局愛国心は、われわれ防衛の任に当たる者はもちろん、国民の防衛意欲であると言うてもよかろう。

（陸上自衛隊幹部学校講演、昭和三十八年二月十二日）

伝統は誰がつくる

本年は防衛大学校創立第十一周年に当たります。もし十年が一時期、一時代を画するならば、本校は第一の十年代を送り、第二の十年代を迎えるのであります。本日は第二の十年代の第一年を祝うわけであり、この意味で一種の感想を持つものであります。

この時に際し、学校の伝統について想うことも無意味ではないと考え、「伝統は誰がつくる」というのが、これから語らんとする主題であります。十年の過去は徒《いたず》らに去ったのではなく、また来る十年も無為であってはなりません。過去を顧みて心強く感ずることは、在学生には自信と安定をもたらし、卒業生また漸《ぜん》次《じ》円熟の域に達して、重きをなしつつあることであります。自信を持ちながらも、将来に対し一抹《いちまつ》の不安を感じたものでありましたが、今やこれは払拭《ふっしょく》されて、前途に光明と希望を認め得ることは、最高のしあわせであります。

諸君の日常起居する小原台は、その景観施設、教育訓練、集団生活においても、幾多の改善の要は自覚しつつも、一応の整備はできたと言い得ましょう。風塵泥濘《ふうじんでいねい》の時代は去り、先輩学生の言うた「緑こそわが憩《いこい》」との待望の夢の達成も、さほど遠い将来のことではありますまい。物的環境の整備、教官、職員陣容の充実、これらはたしかに学問教育に大切な条件であります。

しかし、これだけでは伝統がつくれないということも思うべきであります。かつて七年前、フランスのパリのエコール・ポリテクニクという百七十年余を経た士官養成の学校を訪れましたが、その敷地は狭く、建物も時代の床しさはありますが粗末で、近代的施設とはおよそほど遠い古風のものでありました。案内された校長の語られるには「敷地にせよ、建物にせよ、求めればいかなるものでも意のままである。しかし、この土地、この建物を去ることはできない」とのことでありました。暗にフランス文化のゆかりの地、カルチェ・ラタンの一角を占め、ここに学んだ人材を思い、その業績をたたえ、伝統の尊さを思われたのでありましょう。伝統は輪奐《りんかん》の美とはまた別に存するものであることを、つくづく思わしめたのでありました。

環境は学問教育と深いつながりを持つ。しかし、環境は舞台装置に過ぎないのであります。また教官職員の学識人格は学生に大きい感化影響を与える。しかし、これは育成される学生のための存在であります。いずれも伝統を直接つくる要素ではないのであります。実際に伝統をつくるのは、学生、卒業生及び時間であります。伝統は学生から学生へ、卒業生から卒業生へ、時代から時代へと継がれてはじめてできるものと考えております。

しかし、ただ漫然として無為のうちに月日を待っても、伝統はもちろん育ちません。これをつくる意思があれば、その途はただ一つ、われわれの身辺であり、その任務であって、これに目を注ぎ努力することであります。諸君の任務は、深くしかも広い学殖と、防衛意欲の強い人材を待っていますが、いわばその苗床つくりが必要なのであります。脆弱《ぜいじゃく》ではない強い若木の育つ苗床であります。強さに心血を注ぎ、努力をすることであります。諸君の任務は特別のものであり、世の言う坦々《たんたん》たる途でないかも知れません。茨《いばら》の途であり、切り開く要のある開拓の途でありましょう。また激動の待つ前途でもありましょう。したがって伝統もきびしさと離れ得ぬ運命ともつながるのでありります。しかし、このきびしさは気分的のものでもなく、狂信的のものであってはなりません。必ず理性、感情においても均勢あり、客観的の価値を失わない、世の是認するものでなければならないのであります。この「きびしさ」を一言に表せば「みずからを顧みることに薄く、みずからに望むことにきびしい」という性質のものであろうと考えております。みずからを律することであります。

聞けば学生諸君の中に学生綱領が欲しく、これが議せられているとのことでありますが、この点についていささか考えるところを述べて参考に供したいと存じます。これこそ伝統づくりの上から大切のことと考えるからであります。綱領は主義主張であります。本校の学生綱領の場合、先に述べた「きびしさ」を持つものでなければならぬと考えるのであります。しからばこれを何に求めるか。それは心と行為の規律であり、名誉を守る戒律に関するもののほかにありますまい。もし本校学生の人としての真価が問われるならば、道義の世界において適者であるか否かによって定まるのでありましょう。その伝統もこの道義の綱領によって書き上げられねば、魂なきものに堕するのではないかと考えます。理をもって押してゆくと、学生綱領のあり方もおのずと明らかでないかと思われます。参考のために数条を掲げてみましょう。

一つは廉恥廉潔の戒めであります。恥を知り身に汚れなきを期することであります。学生の名誉に関する基本的のものであります。虚偽、欺瞞《ぎまん》、窃盗のような廉恥を破る行為、学生の品性を傷つける行為、各人みずからが戒めると同時に他の破戒をも許さないというきびしい態度であります。米国の士官学校の名誉制度がこれに当たることは、諸君も承知のことと信じます。次に述べたいのは、共通の目的のために自我利我を忘れることであります。あるいはこれは適性の問題であると思いますが、道義的性質の高いものであるゆえにここにつけ加えます。共同生活と団体行動を生命とする者の道徳的義務の基本的のものであります。指導力、服従、信頼、協調、犠牲のような徳操も、共同の目的に自我を忘れることに発するということができましょう。ただ、自我利我を忘れることは個人個性を忘れることではありません。すべての組織、共同生活及び団体行動も精錬された個人個性に依存することなくしては、その精華を発揮することはできないのであります。最後の一項目は人間尊重の精神であります。人間尊重は人道に通じ、平和の基礎であり、国の独立、民族の自由、したがってこれらの防衛につながる理念であります。防衛はその味方であり、その保障なのであります。人間尊重は防衛の基盤でもあるのであります。学生綱領の議せらるるに当たり、以上述べました諸点について一層の検討を願ってやみません。伝統のために努力の大切な手引きとなるかと信ずるものであります。

（開校十一周年記念式、昭和三十八年十一月十日）

卒業生をたたえよう

開校記念日も回を重ね、今年はその第十二回を迎えることとなりました。この機会に記念式辞に替えて、学生全体に講話をいたすことにしております。この例に従って今日も以下、述べてみたいと存じます。

今日第十二回の記念日を迎えて、この間、八回の卒業生を送り、その数はやがて三千五百を越えんとしております。今日は少しく、思いをこの卒業生の上に向けてみるのも記念日の意義を深くするのではないかと考えます。卒業生を語って忘れ得ぬのは、この中に八名の殉職者のあることでありまして、また本校在学中の五名の殉職者と十数名の事故及び病に倒れた人々と合わせ、記念日の来るごとに、思い出されることであります。その勇魂に対し、心からの追弔と追慕の誠を捧げたいと存じます。

卒業生三千、皆と申せませんが、その大多数は幸いに健在であります。初志を貫いて、おのおのその業務に精励する有様は、あるいは目立たないかも知れませんが、静かに思えば、壮観であり心強いきわみと言わねばなりません。常に卒業生の動静は敏感に響くのであります。しかも、その大勢は明るくその前途には光明があり、われわれは一段の励みを感ぜずにはいられないのであります。卒業生を出したこの数年の世情は、必ずしもわれわれにとって好意に満つるものではありませんでした。平安に慣れて危急に備えず、平和は安易のうちに得られ、備うることなくて維持し得るとの観すら呈していたのであります。しかし、三千の諸君は初志に忠実に、任務に対する信念を変えず、功利的な誘惑に迷わず、進んで未知不案内の途に身を投じたとも言い得るのであります。安易を捨て、労苦を選ぶ開拓者の途をとったとも言えましょう。われわれは今より百年前、米国ウェスト・ポイントの卒業生が西部の未知の大陸に途を開き、橋梁をかけ、襲撃者を撃退しながら、陸続と踵《きびす》を接し今日の大国の礎《いしずえ》を築いたと聞いております。今日の世情に、防衛の途一筋に進む卒業生の姿には、何かこれに似た尊いものがあり、同じ魂の後を追う人と映ずるのであります。前途には未知のものが多く横たわるかも知れません。しかし、未知の境域には、この境域のみが持つ大きな興味と期待があるのであります。

しばらく怠っていた卒業生との親交を温める旅行を思い立ち、春から夏にかけて九州、関東、北海道その他へと出かけました。各地において温かく迎えられ、よろこんでもらいました。これは少しでも小原台、その後の香りを嗅いでみたいとの発露でありましょう。広い職場の各分野にまかれた諸君の先輩は、今は群れをなして配置されており、互いに助け激励する有様は、無言のうちに小原台の気風と学風に責任を感ずるというふうにさえ見受けられたのであります。少数であった初期卒業生と比べて、この集団には今昔の感に堪えないものがあります。しかし、初期卒業生には、時とともにおのずと増すその威信と貫禄を見逃すことはできません。卒業生の真価はどうして量ればよいのか、これは難しい問題であります。ただ今の段階として考え得ることは、いくつかの観点を設けて、見聞によってこれに自問自答してみることでありましょう。この方法によって旅行より得た印象の一、二を述べてみましょう。

ここにいう観点の一つは、卒業生は誠実の点において人後に落ちないかどうかであります。上司、同僚、下僚より受くる信頼は一般に厚いようであります。このことは、度々各方面から聞くところであります。殊に責任の伴う部署に就いては、その盛んな熱意は往々人柄すら変えたのでないかと思われることがあるとのことであります。これは次の観点の、気力迫力に関することでもあります。困難や悪条件に挑む勇断や勇猛心であります。これも人後には落ちないように見て参りました。演習や急迫した事態において果敢であり、困苦の忍従におくれをとらないことであります。事実、空挺部隊やレンジャー訓練に、少なくない彼らの姿を見るのもその一証であるかと思います。進んで潜水艦に乗り、深海の作業にも従事している者もあります。もちろん、ジェット機の操縦者もおります。また遠隔僻遠《へきえん》の地にしり込みするかといえば、決してそうではありません。陸海空の最果てのところにその守りを天職とし、あるいは離島や人里離れた朔風《さくふう》の山嶺《さんれい》のレーダーサイトにその元気な姿を発見するのであります。戦車、機動車、その他諸種の手強《てごわ》い装備を相手に服務し、あるいは航海者をもって任じ、または各種航空機の乗員としての彼らに巡り会うこともしばしばであります。その誰もが、その持ち場持ち場の自信ある主人であります。最後の観点として、理智的能力はどう発揮されているのかを顧みることが必要であります。これを念頭にして歴訪の跡を考えますと、教育訓練に従事する者、時には教壇あるいは指導に立つ者、神経を削る整備管理補給に携わる者、大学院を含む研修研鑽《けんさん》や特別な研究に没頭する者まで、広大なその業務に思い当たるのであります。また業務には、俗眼には軽重の差があるかのようにうかがわれることもあります。しかし、軽かろうが、重かろうが、すべては組織の士気及び力に関連しないものはありません。この焦点を心にして全員挙げて精根を傾けて働いているのが卒業生の群像の姿であるのであります。

卒業生を語ってここに至りますと、彼らの健在によって、太陽はひときわ明るくこの小原台上に輝くように思われます。卒業生の足跡の極めて堅固なことを礼賛し、これに続かんとする諸君の行手をも祝福せずにはいられないのであります。卒業生に思いを寄せ、その不断の努力に感謝することも、記念日の忘れてならないわれわれの務めでなければならぬと信じております。

（開校十二周年記念式、昭和三十九年十一月八日）

学生綱領生まる——第九期生を送る

学生綱領生まる

第九期生諸君、防衛大学校在学四年の修業を積んで、幹部自衛官候補生として巣立つ今日の門出を衷心《ちゅうしん》よりお祝いする。このめでたい日に二ヵ月余り先んじて学校を去ったことは、わたくしにとっても心残りであった。しかし活発な働きの年齢的限界に近づいている今日、自分が公務上の都合に従うのは当然で、この点は諒《りょう》としてもらえるであろう。ただ諸君の在校期間の大部を共に過ごしたことは、このにわかの離任のために、諸君に対する親密の心の特に強まるのを覚える。さらに九期生について記憶に残るだろうことは、諸君の指導の下に出来上がった学生綱領である。廉恥・真勇・礼節の三語のうちにまとめようとした、学生の名誉と道徳的義務の規約をつくったその勇気と努力である。どんな教育も、これを受ける者が、ただ受動的であり、消極的であっては、その効果をあげることはできない。開校以来防衛大学校の一貫した教育方針は、自主自律、常に学生の言動と積極に、たじろぐことなく一切をかけてきたことである。心の規範、行為の掟、これらも与えられるものではなく、みずから勝ちとることの、いかに貴いものであるかであった。このことに、おのずと高まる志気、おのずと興る責任の意欲を期することができる。すべてが防衛に就く者の生命であり、また生きがいでもある。

学生綱領もこのような間に出来上がったもので、長い期間学生の間に醸成しつつあった気風伝統の結実したものであった。それだけに自然であり、滋味があり、奥床しさを持つものである。よき社会、よき集団の節度であり、徳操教養でもある。もちろん、綱領の字句構想については、異議、希望もあり、または思慮深い意見もあろう。批判論議は大いに歓迎すべきである。しかし綱領を持つという精神は、批判論議とは別に、これを乗り越えて学生の強い力となって生き抜いて行くであろう。人は必ずこれをふり向かないではいられない。そうして深く考えさせられるであろう。

先輩は諸君を待つ

各自衛隊の先輩諸氏は期待をもって、諸君を待つことは想像に難くない。特に防衛大学校の先輩卒業生はそうであろう。卒業後、彼らは日いまだ浅いが、漸次大切な存在となりつつあると言ってよかろう。軍人の社会には昔からのしきたりで、職場の兄弟子《あにでし》が弟分を鍛える雰囲気がある。荒いが親切で、淡白であるが慈悲深く、ぶっきらぼうだが親しめるような風がある。緻密な頭脳と同時に、荒行をやる腕もなければならぬ。英語に「危険にさらされて生きる」(Living dangerously) という言葉があるが、冒険心をたたえる言葉で、険を越え難を乗り切る勇猛心がなければ、やり抜けない持ち場の任務にふさわしい表現である。われわれはわが卒業生にもこれを見る。

少しその勤務ぶりを自分の見た経験から述べてみたい。海を航し、山野を越え、空を行くにしても、あるいは僻遠の地に住み、離島や山嶺に駐在するにしても、困難と耐乏と風雪風雨にさらされて任務に就いている。空挺部隊、レンジャー訓練、駆潜艇、潜水艦、深海の作業、ジェット機の操縦などと、およそ心身の緊張を極度に必要とする部署にも必ずその姿を見る。行軍、演習、見張り、装備の駆使、点検、整備から補給輸送、情報、管理に至るまで、昼夜を分かたず、精密な注意の下、消耗する神経に堪え、その勤務に服している。さらにまた、教育、研鑽、研究に従事して大いにその真価を発揮している姿は壮観である。いずこを見ても、誰を見ても、自信と生気に溢れているのに接することは、大きな喜びである。これあたかも九期生諸君の将来を語りこれを予見するかのようである。その前途を祝い健在を祈ってやまない。

家庭づくりに一言

家庭づくりの話は、まだ早いかも知れない。しかしやがては心せねばならぬことである。もちろんわれわれは何を差しおいても、諸君の任務に集中するひたむきの意欲を願ってやまない。しかしやがて来る生涯を支配する身辺にも気を配らねばならぬ。結婚はあるいは私事というかも知れない。しかし殊に防衛の任務に任ずるものには大切のことである。諸君の幸福を願っているが、これには二つの観点がある。一つはもちろん任務に心魂を傾けて精進のできることである。二つにはこの精進するはげしい勤務に常に励ましと慰めを注ぐ家庭である。最近極めて大勢の卒業生と共に一堂に会して心温まる思いをした。特に多くの感激のうちにうれしかったのは、卒業生の夫人が多数に参会して、会合の空気をいやが上にも明るく、光彩にまばゆくすらしていたことであった。新家庭の誇りを思わせて大家族団らんの美しい情景にただ心を奪われるばかりであった。ひそかに立派な妻選びであると考えた。

かつてウェスト・ポイントの米国陸軍士官学校を訪れた時のことを思い出した。同校には学生のための社交室が設けられていて、ここに風格の高い老婦人がおり、専ら学生の社交の世話をしていられるのであった。さる将軍の未亡人でいられることを後で知った。特に女子との交際について紹介の労をとられ、学生の婦人に対する見識を助長するに力を尽くしているのであった。その言葉に「将来ここの学生は国の内外を問わず遠隔の地にも勤務する。このような多くの場合、軍人家族とそれからなるコミュニティーが唯一の生活の集まりをなすこともある。ただそればかりではなく常に社交の中心は婦人である。あえていえばこの家族の社会が、そこに働く人々の士気を鼓舞するに大きく役立つのである。どうか学生たちはこのようなところにも気を配って、よい妻を選んでもらいたいものだ。そのためにできるだけのことをしている」というのであった。教育における遠大な着眼点を感心せずにはいられなかった。家庭づくりはこのような意義を持つものである。ひとり諸君の幸福のためにばかりではなく、社会の幸福、部隊の幸福のためにも考えねばならぬ問題と思う。

以上述べて今日防衛大学校を巣立つ人に対する餞別の言葉としたい。

（新聞「小原台」昭和四十年三月二十日）

Ⅳ

民主主義時代の幹部教育の創造のために

一　学校環境二題――米英の例

㈠　自然環境

学校教育に環境の大切であることは言うまでもない。多くの場合自然環境が問題になるが、実際には伝統と言い、あるいは気風、学風と称し、学問及び精神の環境の存することも見逃せないことである。わが小原台についても、その自然環境に恵まれていること、その学問、精神の環境の高くなければならぬことは、ひともわれも、常に口にするところである。最近この環境について、二つの記事を米国雑誌[注]において読んだ。一つは自然環境についての面白いもの、他の一つは英国の比較的新しい高等学校の精神環境に関するものである。時には他国の尺度で自分を測ることも、興味のあることであり、また、大切のことでもある。自信も得られるが、同時に、大きに反省の糧《かて》にもなる。

米国の北東部、通称ニュー・イングランド地方のヴァーモント州にベニングトンという古風で風景のよい小さな町があり、ここは独立戦争の古戦場としても知られているところである。このベニングトンの町に小さいが自由で有名な女子大学があり、その学長フェルス先生は、先年「大学案内書」のようなものを編集されたのであった。しかしその売れ行きは余りよくなく、いつとはなしに忘れていた。しかるに学長が自分の学校について叙述するに当たって、これを参考のため再読して驚いたのは、どの学校の叙述もが非常に文学的のものであることであった。環境にも色々あるが、特に先生の気づかれたのは、各学校がその環境を述ぶるに当たって、都市的と地方的の雰囲気の双方を備うることを力説していることであった。首都ワシントンに近いフード・カレッジは田園的なキャンパスと付近の小都市との結びつき、これに大都市、ワシントンとバルチモアの控えていることを述べている。また、ロード・アイランドにあるブラウン大学は、市街・田園両者の関係を「市中の市場の建物から、丘上の大学を眺めると、丘は楡《にれ》の木におおわれて、都塵を遠く離れている観がある」と説いている。両者の関係がうまくゆかぬ大学、たとえば、ニューヨーク州イサカのコーネル大学では、丘の上の孤立孤高を強調して、アメリカの大学創立者の多くは、丘上を学問の最適地として選び、コーネル大学の創立者エズラ・コーネルも特に印象深い丘を選んだとし、丘は高ければ高いほど、その学問の程度も高いというのである。また、多くの大学はその丘について語ると同時に、水との関係を説くのを忘れていない。こういう川がキャンパスの近くを流れているとか、わが大学は北流する川の東岸にあるというのである。もちろん、諧謔《かいぎゃく》を交えた話ではあるが、ひねもす海を見る小原台を思うと一種の興趣を感ぜずにはいられない。

さらにフェルス先生は次の点を観察する。男女の交際については、面倒な共学よりは女子大学としては、近所にいくつかの立派な小さい男子校を控えている場合がある。良い学校は概して小さく、小さければ一致団結するが、人間の種類、変化を提供するだけの大きさは欲しい。男子の学校では円満な人をつくるというが、進歩的な学校は個人をつくる。これらの観察研究の結果、先生はベニングトンの自分の大学について次の諸点を発見された。

ベニングトン・カレッジは小さく、地方的で、私立で、試験的な、個人の伸展を強調する、高い性格の女子大学である。またニューヨーク、ボストン、モントリオールの文化にも浴している。その丘も高いといえよう。

明澄な日にはここからは、トイレット製紙工場の向こう側に、歴史的なウォルルームサック河がウィリアムスタウンから北の方に流れている。しかもこの町には、小さな、地方的な、私立の円満な男子のため高い性格の試験的カレッジがある。

防衛大学校も、もし二千名が小さい学校の部類であるならば、他の条件は揃っているようである。地方的で大胆な試験的大学であり、女子大学も近くに数多くあり、横浜、東京の文化圏にも入っている。

(二) 精神環境

学校環境について述べる他の記事は、スコットランドのゴルドンスタウン・スクールの精神環境に関するものである。この学校は高等学校程度のものであり、十六歳から十八歳に至る少年たちを教育し、寮制度の英国のいうパブリック・スクールの一つである。ラグビーやイートン、ウィンチェスターと年齢と学力において同程度の学校である。この学校は「精神のための学校」とも呼ばれ、質実だという意味で「天幕のにおいのする清い生き方」をする学校とも呼ばれている。この学校の卒業生は、英国エリザベス女王の御夫君フィリップ公をも含めて、次の世代を荷《に》なう人々、殊《こと》に海上生活や、その他危険の伴う仕事に進んで就いて行く勇敢な若者たちの集まりであるとの評判である。近来、学校の声価いちじるしくあがり、心ある英国、スコットランドの親たちは、競うてその子弟を入学せしめんとして、その校門に殺到しているとのことである。貴族や富裕な家庭の子息も、付近の漁師、漁夫の子弟も、みな渾然一つとなって、この学校の異彩ある生徒の一団をなしている。最近、大西洋条約加盟の諸国の間に、東はトルコから西は北米に至るまでの各地に、「仲間を助けるために、心においても、体においても」これに適する少年を教育して、大学に進めようという企てがあって、十四の高等学校が設立されようとしているが、この十四の学校は、ことごとくゴルドンスタウンを範として、その方針で教育することになっていると伝えている。

ゴルドンスタウンは三十数年前、ナチスに追われたドイツのクルト・ハーン先生の建てた学校である。学校はスコットランドの北端近いモーレー州、北は北海に面する寒風吹き荒《すさ》ぶ、僻辺《へきへん》の地ではあるが、スコットランド的な風光の美しい土地であるという。スコットランドの案内書によると、古来僻地の豪族の戦いが続いたため、堡塁《ほうるい》、城趾《じょうし》の無数にある地方であるらしい。ハーン先生はこの地に七つの教育方針を立てて、この学校を始めたのである。すなわち、生徒に㈠自分を見出す機会を与え、㈡勝ち敗け双方の経験をなめさせ、㈢共通の目的に自我を忘れさせ、㈣沈黙の時を守らせ、㈤想像力を練らせ、㈥競技は重んずるが過度に溺没《できぼつ》することを制し、㈦富裕権門の特権意識より起こる人間をその弱体化から救おうというのである。

四百名ばかりの少年たちは、海や山の危険をおかし、かつ、これを利用し訓練されているのである。沿岸警備の小艇《しょうてい》で荒波を越え、警備見張りの実習を行ない、山火事を監視発見したり、岩石の多い山を登り歩き、あるいは、学校の雑役に服して、ひたすら心身適性の徽章《きしょう》を得ようと、精魂を尽くす努力を続けている。ハーン先生の目標は、「戦時と同様の気風を、平時にあっても維持する」のであるといわれている。この学校のやり方は、少年に訓練の計画を与え、各自はその名誉にかけて、これをやり遂げる、というにある。日常の生活は早朝空腹時の駆け足に始まり、一日二回あびる冷水シャワー、一切の間食の禁止、部屋の掃除、日誌の記入及び沈黙の自由時間となっている。もっともきびしい罰は、ひとりで一〇マイルの徒歩行をなすことである。この学校で、最も大切のことは何か、学業成績も大切である。しかし、これも「不愉快、困難、危険、嘲弄《ちょうろう》、退屈、迷い及び瞬時的の衝動にかられる行動に抵抗して正しいと信ずる途《みち》に進む能力」に対して与えられる評定に比すれば、はるかに低く評価されている。その教育が目指す主張が判るような気がする。この少年たちが戦う、これらの諸項目を一つ一つ拾って味わうと、他人事《ひとごと》ではなく、いかにわれわれの身近のことかと、心にしめつけられて感ずるのである。ゴルドンスタウンの少年たちよ。努力を要するのは君たちばかりではない。どうぞ健在であれと祈りたくなる心の切なるものがある。

（雑誌『小原台』第一九号、昭和三十六年三月）

（注） Time, the Weekly News Magazine. July 6, 1959 and November 14, 1960.

二　防衛大学校の毎日

組織は決して個人の存在を没却したり、個人を部分とする超人的の存在でもなく、また個人を部分品とする機械でもない。統制に従い訓練の成果を上げるのは個人の力である。

学校の受け継ぐもの

防衛大学校は東京湾口、観音崎灯台の後方に連なる、眺望のひろい小原台の丘陵上にあって、二千余名の学生が、四年の課程をここに学び訓練を受けている。創設（昭和二十七年）以来九年余の歳月を経て、今日までに敷地二三万坪余と走水地区の小港、大小二十余の建物、これらの整備を終えて、一つの教育環境となった。

防衛大学校は陸海空各自衛隊の幹部自衛官（将校）を養成する教育機関である。よく昔の陸軍士官学校や海軍兵学校と比較して話題にのぼる学校である。軍備のある国では、ほとんど例外なく設置されており、おのおの特色と伝統を持つが、軍学校としてのいちじるしく多くの共通点を持っているのである。十八世紀頃の欧州では、まだ軍隊は国王の手兵の域を出なかったが、その末期には国軍の色彩を深めて、士官もこれを広く社会の各層に求めるようになった。知る限りにおいて最も古いのはイギリスで、グリニッジの砲工兵科の士官学校（一七四一）である。これより遅れて歩騎兵の士官学校（一八一八）が設けられ、今日では双方を併合してサンドハーストの士官学校（一九四七）と称している。フランスでもこの頃に砲工兵科のエコール・ポリテクニク（一七九四）と、歩騎兵のサン・シールの陸軍士官学校（一八〇二）が設けられた。サン・シールと時を同じくして、この年に米国ウェスト・ポイントの陸軍士官学校（一八〇二）の設立をみた。

海軍において最も早く学校教育を始めたのは、米国アナポリスの海軍兵学校（一八四五）で、イギリスは艦上訓練の伝統を思い切れず、約半世紀遅れてダートマスに海軍兵学校（一九〇五）を設立した。航空士官学校の設置は、空軍の独立した第一次世界大戦以後のことで、その最初のものは、イギリスのクランウェル（一九二〇）であり、米国がコロラド・スプリングスに広大な敷地と異彩ある建物をもって、航空士官学校を新設したのは最近（一九五五）のことである。

この間十年近い前史的な変遷の後、陸軍では明治七年（一八七四）に東京市ヶ谷に陸軍士官学校、同九年（一八七六）に海軍兵学校が設置され、同二十一年（一八八八）に江田島に移転した。前史的時期を含めて、八十年近い長い異彩ある歴史を持っていたが、終戦時に閉鎖したことは周知のとおりである。

この種軍学校がイギリスに創始されて以来二百年、これら諸学校も転変する世界史の影響を、その教育訓練の上に受けずにはおかなかったであろう。たとえば時代思想にこれを見ても、国王皇帝の栄光を唱えたり、または領土勢力の拡大に、均衡勢力の維持にその使命をもやし、あるいは正義の名の下に民族の独立、主義主張の防衛のためというふうに、やはり嵐の中を歩んで来たのであった。諸学校も国や世の移り変わりとともに、変わるべきものは変わったのである。しかしまた、この間に残るべきものは、立ち騒ぐ風波にもかかわらず残ってきた。たとえば名誉とか、誠実とか、献身的力闘を貴ぶとか、数多くのものが一貫して今日にも残っている。これらはこういう学校の死なない伝統ということができよう。この歴史の教訓がわれわれの受け継ぐものと考えている。

防衛大新設に当たっての方針

創設に当たっての吉田元首相の話された言葉が強く耳に残る。「今は民主国家の時代であり、また軍律は徹底してきびしくなければならない」というのであった。これは大切な方針であると思った。このほかいろいろの方針も考えられていたし、多くの人々より数々の希望も聞いた。しかし、創設に当たっての具体的に与えられた方針に、主要のものが二つあった。その一つは陸海空（創立当時は陸海のみで空は第三年度より加わった）各個の学校ではなく、統合された一つの学校というのである。一つに融合統一することであった。しかし、実際に当たってみると、この融合統一については種々議論があって、その結果、四年課程の第一学年はこれを区別することなく、残り三年を陸海空の要員別とすることとした。この区別も主として軍事学と訓練においてであって、学業の大部、ことに寮舎内における生活は、渾然一体として訓練するので、その融合統一の度合は相当深いものと考えている。当時米国においても三軍統合の問題が起こり、その議論は士官学校の教育にも及んだのであったが、このためにはあまりにも現存の学校の歴史伝統が長く、この計画の流れたのを記憶している。創立に前後して、統合の学校が他の国にもあることを知った。カナダ、インド、ビルマ、フィリピン等がその例であるが、その制度並びに融合の程度についてはいろいろ差異があって、これをここに述べることをはぶく。学生は防衛大学校四年の課程卒業後、各自衛隊の幹部候補生学校において一ヵ年の教育訓練を受けて、初級幹部に任官することになっておる。

創立に際しての第二の方針は、学業課程においてその重点を理工学におくことであった。過去の経験より来る意見でもあったが、世界の大勢もそうであった。各国の方針も、ひとり理工学課程に限らず、教育全体をいちじるしく大学教育の方向に近づけていた。そこで理工学課程に電気、機械、土木、応用化学、応用物理、航空の六専攻を設けて大学設置基準に従うこととした。防大は防衛庁直轄の学校であるので、学士号を与えることはできないが、この設置基準に従うことが認められて、卒業生は一般大学の大学院入学の資格を得ている。（注）現に卒業生中六十余名の自衛官としての大学院在学生がある。学校は大学設置基準に基づいて、諸般の学業課程及び施設を充実し、教授陣を充足した。来年度よりは小規模であるが、大学院に相当する研究科の開始の運びとなっている。大学設置基準に則《のっと》ったため、いちじるしく学校の国民教育の色彩を深くした。この点はこの種学校としての新機軸を出したものと思う。

ただここに特に述べておきたいことは、国民教育の一線を保持しているが、学校唯一の使命は自衛隊の幹部養成にあることである。以下に項を追うて、主としてこの学校の特色と思われる、自衛官としての性格育成の過程について述べることとする。

訓練のある学校

訓練を広く解釈すれば学校の行なうすべての教育に及ぶであろう。しかし、ここにいう訓練は防衛に関連する知識を含め、主として戦闘の技術、気力、体力、精神の鍛錬、共同生活と団体行動の練成、国防に関する合理的な基礎理念に基づく修養についてである。いかに知能技能に秀でていても、規律なく、士気揚がらず、立ち居振舞いにおいて理知のひらめかない、また協力団結の存しないところに防衛任務の強い成果を求めることはできない。いかにこれを学生に求めるか。学校全体がここに一切の焦点を合わせることであろう。訓練の意義もここにあると思うている。

訓練のよい例を、一年ばかり前の米国の雑誌の一記事に感銘を与えるものがあったので、述べてみたい。スコットランドの一高等学校（パブリック・スクール）に関するものであった。この学校は三十数年前ドイツ人クルト・ハーンの始めた学校で、スコットランドのモーレー州、北海に面する寒風の吹く僻辺の地にある。ハーンは七つの教育方針をたて、生徒に㈠自分を見出す機会を与え、㈡勝ち負け双方の経験をなめさせ、㈢共通の目的により自我を忘れさせ、㈣沈黙の時間を設け、㈤想像力を練り、㈥運動競技は重んずるが過度に熱するのを避け、㈦富裕権門の特権意識からくる人間の弱体化を救おうというのである。

四百余名の少年たちは、海や山の危険をおかし、これを利用して訓練される。沿岸警備の小艇で実習し、山火事を監視発見し、岩石の多い山を登り歩き、あるいは学校の雑役に服するのである。教育創立者の目標は「戦時と同様の気風を平時にあっても忘れない」ことにあるといわれている。教育のやり方は生徒に訓練の計画を与えて、その名誉にかけてやり遂げさせるにある。日常生活は早朝空腹時の駈け足に始まり、一日二回の冷水シャワー、一切の間食を絶ち、部屋の掃除、日記の記入、沈黙の自由時間となっている。学業成績も大切である。しかし、「不愉快、困難、危険、嘲弄《ちょうろう》、退屈、迷いや瞬間的の衝動行為に対する抵抗力」はさらにいっそう高く評価されるのである。貴族富豪の子息も、付近の猟師、漁夫の子弟も、渾然一体となって、清楚な学寮生活を送っているのである。イギリス各地方より志願者が殺到しているとのことである。イギリス女王の夫君フィリップ公もこの学校の出身で、女王夫妻は王子のために、王室の伝統を守られてイートンか、それとも夫君の母校ゴルドンスタウンのいずれを選ばれるかと、国民の話題を賑わしているとのことである。

以上は少年に対する市民訓練の異色の例であるが、素朴で基本的であるゆえに、訓練の本質について多くを示唆しているような気がする。防大の学生に対しても同じことが言えよう。学生の将来にははげしい任務が待っている。従来職業教育とされていた軍人育成は、戦い争う陸海空の中の激動を想定して行なわれていた。それは山野や、海や、空に展開される任務なのである。科学や技術は自然大気の悪条件を改めもし、征服もしたであろう。だがこの征服は決して人の負担を軽減するものでなく、むしろ非常にその複雑さを加え、はげしいものとしたことも事実である。これに対し、在学四年の訓練は基礎的に行なわれる。それは正課訓練と定期訓練に区別されている。また軍事的の生活行動には、特色あるものが当然ある。その特色あるものを拾い上げてみれば、第一に慣れねばならぬ服装、姿勢態度、礼儀作法がある。外容の整いは、また心の整いを意味するのである。もちろん武器の性能やその操作も教えられる。観閲式や課業整列がしばしば行なわれる。これは訓練の成果の展示でもあり、集団訓練及び社交の象徴ともいえよう。来客を迎えての学生全員の参会する午餐《ごさん》会もたびたび行なわれる。水泳、スキー、マラソン、舟艇のローウィング（撓漕《とうそう》）も本来はスポーツではあろうが、全員交互に参加する訓練として実施されている。

さらに定期訓練について述べよう。各学年が毎年連続的にではないが、六週間をこのために費やす。その実施の大部分は校外においてであって、遠くは北海道及び九州に及ぶ全国各地域にわたって散在する、自衛隊の部隊や基地での実習である。あるいは遠く日本の沿岸を艦上に周航する。近くは富士の演習地に幕営、行軍、戦闘訓練、射撃、あるいは近海に帆走や内火艇の操縦訓練、グライダー、飛行基地における経験飛行に至るまで、広範のものがその計画中に盛られている。学問はもちろん人をつくる。しかし、訓練も人をつくる。スポーツ、寮舎における共同生活も同様である。

心身の訓練と運動競技

学生の将来は実働の人となることである。ことに気力、体力、精神力は実働の人に大切であることは説くまでもなかろう。運動競技が体力的にもたらす効果を数えることができよう。筋肉と内臓を強化することは当然であるが、特に激動への適応性、敏活、耐久力、身体に均整と柔軟性を与えることが挙げられる。また気力、精神力的にも多くの結果について考えることができる。競技はすみやかに人を個人的主観的の境地から開放し、客観的環境に馴化《じゅんか》させるのである。思慮行動は客観的となり、勇敢な行動を生むのも、このことにある。また自衛官に要望される性格もここに育てられるであろう。感情の制御、団体精神、団結、判断力、勇気、協力、積極性、忍耐力等と数え来《きた》れば際限がない。

競技の訓練効果を総括的に語るのはむずかしいが、あえてこれを試みれば次のようなことが言えよう。その一はルールに従ってフェアプレーを行なう点である。ルールは競技の規則ばかりではなく、不文律のあることとである。強靭《きょうじん》ではあるが乱暴や卑怯《ひきょう》な行為があってはならないのである。その二は競技は自分のために演ずるのではなく、味方のために戦い争うのである。競技の終了の合図のあるまで、ゆるみなく力の限り、最後のあえぎ、最後の「どぶ」の中で争うことである。その三は競技中には怒りや、憎しみ、憐れみ、同情のような感情の動くのを許さない。そうして競技の終わると同時に、即座に敵味方は解消するのである。

われわれは学生に対して「正しく、強く、生き抜け。持ち場を捨てるな」と言いたくもなり、また言うてもいる。競技に対するさきに述べた三つの点は、この意味を最も適切に説明してくれると思う。しかし、心しなければならぬのは、この三つの言葉にも危険は伏在している。団結の強化は強い忠誠心を育てる。忠誠や奉公の念は高貴なものと言えよう。しかし、このために個人の自主性や、反省力が後方に押しやられてはならないのである。また強力な団結や団体精神も、日頃その昂《こう》揚《よう》に努力している。しかし、その美名にかくれて、低俗な形式主義や、安易な一致態勢の影がしのびよってはならぬのである。このような心がけで行なわれる競技は、一方に節度をわきまえる素質と、他方には「弱味を見せるよりは、自分の肉を噛ませる」というスパルタ的の魂を育成するであろう。

防衛大学校においては、運動競技を学校の教育計画に合致せしむるために三つの原則を定めている。第一は学生は単なる競技の観覧者であってはいけない。全員が参加することとしている。第二に選択する競技種目の一つはできるだけ激しいもので、絶えず練習を続けて上達することである。第三は対外競技も奨励する。しかし、このために他の課業の妨げとなってはいけないという原則を守ることである。

防衛大学校の運動競技の運営は、原則として学生の自治を重んじて行なう。もちろん学校の教育計画に従ってその指導は受ける。体力テストも厳正に、毎年一回全員に対して実施している。学生は体育手帳を所持し、競技参加や参加競技の記録がテストの結果とともに記入されていて、卒業に際してはこの手帳が何物かを物語るだろうとして、各人の所持に帰する。自治運営の趣旨に従って、学生は全員参加して校友会を組織し、月ごとに会費を納入し、役員を選挙し、これを運営する。このことは合わせて、責任をわきまえ、運営の経験を習得し、市民的活動のどういうものかを知る一助にもなろうかと考えている。ただし校友会は体育のみではなく、体育部と文化部とから構成されて、文化部は学術、趣味、娯楽に対する多くのクラブを持ち、学生の自由参加として、広く意義ある活動を活発に続けているのである。

個人の威信は傷つけられない

士官養成の学校の教育に対する世間のおちいりやすい批評に、二つのことがあるように思う。一つはこの種の教育は個性を無視して、同じ鋳型にはめ込むいちじるしく形式的のものであり、他の一つは訓練や集団における教育及び指導のやり方が、無慈悲に近いきびしいものであるというのである。

形式主義というのは、われわれもこれをよく耳にする。確かにわれわれの教育は一律一様性を尊重する。姿勢態度も行進も、あるいはその生活の様式も一様一律で、形式的であるかも知れない。しかし、これが教育の一切であると考えては大きい間違いである。教えるところも、もちろん職業的の考慮は払うが、その課程の構成も一切の偏見独断を避けて、純粋に学問に正面より対している。学校の教えるところは、自然及び社会現象の実際とその原理、論理の構成と情緒の世界をすなおに対象とすることである。また学生生活で学ぶことは、自主自律と積極性である。これは人の威信尊重以外の何物でもなく、個性の伸展、臨機応変の素質、絶えざる心の成長と未知の世界への探求心の養成にほかならない。当然のこととして、宗教、政治に関しては不偏不党である。信仰は尊重するが、教育は不偏の非宗教教育である。政治についても同様で、国民市民の一員としての公正な理論の理解には力を尽くすが、学生は在学中一切の実際行動に携わらないことを誓っている。学生は信仰と学ぶ完全な自由を持つが、この原則の上に立つ学校の教育計画に協力する義務を持っている。

人当然の修業として、学生の学習、生活、起居についても厳守する規則と慣習がある。行為行動にも命令によることがある。気儘放縦《きままほうじゅう》や、安易な幸福が人間の自由ではないという固い信条もある。また維持される名誉と規律もある。しかし、すべては理性をもって納得もゆくし、服従もできるのである。ただこれらのことは厳重に、また正確に励行させなければならないのである。訓練課程にガイダンスと呼ぶ討論学級がある。これは規律のこと、生活起居のこと、名誉や任務のこと、思想の問題に至るまで、課題を選定し、あえて結論を急がず、学生が互いに自由に討論するのである。知見を広め、事柄の正邪得失を判断し、構想を練って、表現の方法と、討論のエチケットを学ぶのである。

知識の探求が進めば進むほど、また論議を重ねれば重ねるほど、知識意見の一致は促され、その隔たりは縮小する。その知見が、その行為行動が一様性を発揮しても、これをもって個性の欠如といい、形式主義の教育ということはできないであろう。これは訓練練習の結果である。個性は単に各人の孤立独走によってのみ収穫されるものではない。むしろ個性は規律ある集団生活中に養われる。場合によっては、孤立孤高も高く評価する。主観の世界に自由に大悟することも、人の当然の道である。しかし、同時に客観の世界に責任を自覚して、生き抜き戦い抜く個性と集団のあることを忘れてはならない。これはまた、人生のきびしい容貌であり実際でもある。個性の尊重と教育の形式主義は、対立し相容れない二つの存在ではなく、常に提携してはじめてその成果をあげるものと信じている。

学生の集団生活がまた、教育訓練の重要な対象であって、学生の全員は学生舎と呼ぶ五つの寮舎に起居生活をしている。集団生活を教育の手段、ことに人間形成の修業道場とすることは、わが国でも古くより行なわれている。かかる学寮制度には自治があり、自主性が育つ。同僚、先後輩、互いに交わり、友情節度をわきまえる高度の一団に発達することも可能である。学術的にも教養的にも、互いに学び啓発するのである。防衛大学校も学寮制度の持つ美点を発揮することにも、もちろん努力はする。しかし、学校には自衛官養成という使命があって、このために学寮制の自由は幾分制限されて、組織の下に運営する必要が出てくる。ただし、この組織運営は純粋に学生の教育訓練のためであって、一つはリーダーシップの訓練であり、他の一つは団体精神及び団結の涵養《かんよう》である。五つの学生舎は、それぞれが五個の大隊となっており、これが学生隊を編成している。学生はここに一隊としての責任と指導を経験するのである。学生みずからの手で固く守らんとするのは、学生全体の名誉と責任と規律である。ここに一般学寮制との相違があるかも知れない。

この種学校の教育のきびしく過重であるとの評を聞くこともある。多分生活に自由のない、また忙しい一日のプログラムを指すのであろう。しかし、これは堪え難い程度や性質のものではない。このような批判の言は、むしろ人間修養の過程のきびしさを物語るものでなかろうか。

その最も洗練された例を、米国の陸軍士官学校にとって、これに語らしめたい。その一つに名誉制度というのがある。「学生は嘘をつかない、欺かない、盗まない」という戒律を厳守することになっていて、重大な違反があれば、それが何人《なんぴと》であろうと、仲間として、共に学び共に生活することはできないというのである。間違いを起こした者は学校を去らねばならぬ。また減点制度なるものがある。週ごとに月ごとに自分の行為に対して、各人には持ち点が与えられている。忙しい生活の中には間違いもあろうし、違反もあろう。その度《たび》ごとに友人は、これに対して厳重に減点するのがその義務となっている。持ち点を費《つか》い果たせば、校庭を執銃して往復する軽い罰に服する。年間の持ち点を費い果たせば学校を去らねばならぬ。また相互評価の評定制度があって、態度、業務の履行、能力、指導力、挙措《きょそ》服装などの項目の設けがあって、これに相互に評点をするのである。これらは確かにきびしい。人を監視し、また監視を受けていては堪えられないとするかも知れない。あるいは人の尊厳威信を傷つけるものというかも知れない。しかし、学生自身が互いの遅緩停滞を戒め、義務と友情を、公事と私事を確然と区別して、ここまで行くかと思うと、むしろその努力と勇気を賞讃せずにはいられない。

われわれは常に自律と言い、自主と言うている。民主国家の一市民として、それだけの矜持《きょうじ》は持たねばならぬ。ただこれが単に口先だけのものでないためには、ここに述べたようなところにまで行かねばならぬ。しかし、外国の制度そのままでは行なわれまい。環境も違うし、慣習も異なる。しかし、精神は同じである。今日学生がこれに敗けない気魄《きはく》を持っているのを見て頼もしいものを感じているのは、ひとり自分のみではあるまい。

われわれには義務がある

防衛大学校の毎日は明るいと言うてよかろう。学生は煩雑な悩みから解放されて、一心に勉学とこの学校の生活にいそしんでいる。この朗らかさは自分の将来、自分の使命に希望と信頼を持たずしては存在し得ないことである。これは何によるであろうか。学生とともにその答えと、その説明を試みたい。

防衛の任務は国民の総意に出ており、国民の信頼と期待を受けていると信じていねばできぬことである。わが国民がその幸運を喜び、誇りとすることは、国民がその上に降りかかる過去幾度かの災厄を切り抜けて、国家の統一を持続してきたことでないかと思う。すなわち一つのまとまった国民として、一つの社会、一つの国家、一つの政府の秩序の下に、その文化、理想、将来の希望を持ち得る、この恵まれた事実である。言いかえれば、国民が自力に頼り、伝統を誇り、これを育成して、その運命を自ら切り開く機会と自信を持っていることである。

人は幸福に慣れる時、ややもすれば心緩み、励むことを忘れるものである。しかし、ひとたび目を世界の現状に向けると、このような幸福は、他の多くの民族が常に受けているものでもなく、また無為と安易のうちに獲得するものでもなく、あるいは大きい努力なしに維持し得るものでもないことに気づくであろう。一国をなせども民族的安定のないもの、一民族にしていくつかの国に分割され、あるいは民族が自由に選ぶ政府の下の生活を拒まれて、屈従に服することは、あまりに多くその例を見るところである。幸いに日本はその自由を保持し、独立平和を確保して、国民自らの生活を持ち、これを擁護している。これがいかにむずかしいかは世界の現状が示しており、国民の熱意と努力のみが、これを可能にすることは、一つのはげしい現実として、日ごとに眺めている。ここに国民の意思があり、その総意によって自衛権の存在が確認され、われわれの防衛の任務が生まれ、その任務の責任と尊さがあると考えている。民主主義の下の防衛とはこのようなものではないかと考えている。これがわれわれの国民、民族の一員としての義務であり、また国家国民に対する義務である。

次にわれわれは防衛の組織の一員としての義務がある。この義務は組織の統制とその組織の持つ慣行に服従することである。いかなる組織も、かならずその目的達成のために存在する。その目的達成のため必要な統制には従わねばならぬ。これあってはじめて組織に生命が生じ、意義ある行動が可能となり、その正確と敏速が期待されるのである。この統制は多くの場合、命令の形で行なわれる。命令は必ずその陰に法、または上司の委任認証のあるものである。これに服するのは公事であって、私的の命令は決してあり得るものではない。間違いもあろう。その時は直ちに矯正さるべきである。われわれは常に遵法の精神を口にする。防衛の組織の一員として一徹に貫かねばならぬのは法に従う精神である。

同時に記憶せねばならぬのは、組織の全体について語ることは、その構成員である個人の存在を忘れることではない。組織は力であり、機能を発揮するが（組織の価値が高く、その使命の重いのは、その目的が高くかつ重いからである）、その機能を発揮するのは構成員であり、各個人である。組織は決して個人の存在を没却したり、個人を部分とする超人的の存在でもなく、また個人を部分品とする機械でもない。組織は統制が行なわれ、訓練の成果があがらねば、その組織は性能を発揮し得ないのである。この統制に従い、この訓練の成果をあげるのは、個人の力である。あたかも民主国の法秩序が、個人の遵法精神なくして存在せぬように、あるいは高き水準の社会が個人の高い教養節度なくして実現できないように、防衛のための組織は、その構成員個人の献身的精神なくして成立するものではないのである。

防衛には必然的に、その職務に伴う多くの忍苦、忍耐、犠牲の精神が要望されている。この精神は徳であって、すべての徳がそうであるように、この精神は本質的に自発的でなければならぬ。言いかえれば強く自由な心のみが達し得る境域であり、したがってこのゆえに尊いものでもある。民主主義の価値は、あるいはその精華は、このような意味での人の尊厳、個人の威信が重んぜられて、個性の発展に重きをおくところにあると思う。防衛大学校在学四年の教育訓練の心髄は、ここにあると言うてもよいのではなかろうか。

（『中央公論』昭和三十七年二月）

（注）防衛大学校卒業生も、平成四年度から学士号を授与されるようになった。

三　自由国家の防衛意欲

平時に安危を気遣う心

民意に基本をおく政治の下で、防衛は当然国民の関心事でなければならない。国民総意の支持なくして、防衛防備は成立しない、また、その成果をあげることもできない。しかし、民衆は時に具体的に危険が身に迫るのでないと、実感に疎く、著しく無頓着で、防衛を軽視し、国を憂える声を嫌うことがある。これには色々の原因があって、無抵抗無防備であれば平和が維持し得るとか、あるいは国際情勢、外交政策に対する見解の相違等がその主なものであろう。さらに一般論として、民主国家には概して無防備論的平和風潮が強いことも認められよう。

自由国家とか、西欧的政治理念と称せられるのは、自由主義的な民主政治を指している。民主主義の重点は通例、非侵略、非軍事的な平和愛好の市民政治であると解され、専制、独裁、全体主義とは相容れぬ対照的な存在であるとされている。同時に民主主義は、統制的な傾向を持つ軍備とは必然的に背馳《はいち》すると考えられてきた風がある。みずから侵さねば、他も侵すまいという安易な考えである。しかし時代は移り、軍備目的自身も大きく変革を遂げており、この時代と情勢の変遷推移を認めずには、自由国家の防衛意欲を語ることはできない。自由国家はその民主主義を外部よりの侵略と破壊より防がねばならぬ時代となっているのである。自由民主制とは全く異質の主義主張に築かれた攻略的な力によって脅かされていることである。すなわち、外部的には強大な軍備により、内部的には浸透を手段とする攻略の脅威にさらされている。民主主義なるがゆえに侵されないというがごときは一場の夢で、ここに今日の自由国家群の防衛なる近代の軍事目的が存するのである。

民主国家であって、軍備を怠ったがゆえに苦しい経験をした例は皆無ではない。イギリスをその例に挙げることができよう。第一次大戦においても、また第二次大戦でもそうであった。殊にこの二つの戦争の中間期間において、特に用意が足りなかった。第一次大戦の勝利にゆるみ、その疲れより立ち直る時期でもあったし、戦争にはこりごりしていた。人類最後の戦争を戦ったとも信じていたし、恒久平和の悲願が消えたと考えることは辛抱し難いところであった。第二次世界大戦の近づくにつれてその望みは薄らいで行ったが、その映像の期待には尽きぬ心残りがあった。このような時期の人心の動向は、当然、手段を尽くしての外国との摩擦の回避と宥和《ゆうわ》政策を歓迎した。したがって、温和な外交、現在に対する楽天的の見解、将来の甘美な見通しには好んで耳を貸すが、こと軍備防備についてはこれを避け、ひたすら心を軍縮にかけ、これを最善の解決策とする傾向の強いものがあった。

いわゆる「安にして危を忘れず、存にして亡を忘れず、治にして乱を忘れず(注)」との、安存平治の時といえども危亡敗乱を忘れないという戒めの言葉は、こういう時には人の心には容れられないものである。平穏であり、繁栄しておれば、その無事を喜び、災害のことを思いたくないのは人情であろう。花見に長刀のたとえもある。平静の世に乱を語るのはところを得ないことであろう。しかし平和への願望がいかに強くとも、またその理想がいかに高くとも、それは願望であり、理想であって、現実ではないことがある。この現実が充分に理解され、方策が立てられねばならぬのである。これを凝視して、その危機を説いていたのが、この時代のウィンストン・チャーチルで、その言動には、われわれに示唆してくれるものが非常に多いと思われるので、次項において少しく述べてみたい。

イギリスは第一次大戦に対しても、その戦備は不充分のものであった。この時期において桂冠詩人で多くの愛国詩を書いたキプリングが次のようなことを言うている。イギリスが国威と繁栄をほしいままにしていた時代のことである。

"Given to strong delusion, wholly believing a lie,
Ye saw that the land lay fenceless, and ye let the months go by,
Waiting some easy wonder; hoping some saving sign —
Idle — openly idle — in the lee of the forespent line."

Rudyard Kipling

(強い妄念のとりことなり、嘘を信じ切って、
国が囲いなしになっているのを知りながら、空しく月日をやり過ごし、
気楽な奇蹟を待ち、何かの救いに望みをかけて ——
なまけて —— むき出しになまけて —— 崩れた前線の風かげに。)

青空の雷鳴のように、突如として起きた第一次大戦の当時、イギリスは義勇兵制の下にあった。

直ちに応募した兵士は大学生で、各自一挺の銃を手にしてベルギーの戦線に馳せつけた語り草もこの当時のことであった。いかに苦悩の多い戦争を戦わねばならなかったかは言うまでもない。

チャーチルの防衛意欲と国民

第一次大戦後、第二次大戦に至る約二十年間（一九一八―三九）のイギリスのチャーチルの言説は、特筆に価するもので、平時の心掛けについて示唆するところが多いと思う。先にも述べたように、当時イギリスでは戦備の軽視や防衛努力の欠如を指摘することは、不評を買う時代であった。チャーチルにとってもまた、この時代は彼の政治生涯を通じての、最も不遇の底に沈んでいた時代であった。殊に一九三〇年頃より彼を悩ましたのは、ナチスドイツの再軍備であって、とりわけその空軍の増強はイギリスに極めて不利に情勢を転換していた。このような事情の下で、チェンバレン政府の唯一の対策は、一般軍備縮小のほかに何ものをも持ち合わせがなかった。チャーチルは政府のかかる態度に不満であった。彼はドイツの持つ不満は、これを緩和すべきである。しかしその方策は、ドイツに弱味を見せることではない。むしろ強く備えてこれを許すことであるとした。大戦開始に至るまでの、これが彼のナチス対策の一貫した主張であった。

人気に投じなくても、不評不遇であっても、防備に対する彼の執念は強烈のもので、冷評冷遇の中に孤軍奮闘しているのが、その当時の彼の姿であった。このような時にこそ、彼の異彩に富む本領が発揮されるのであった。ある伝記作家は、この人物の存在のために人類の経験はその豊富さを増し、また人間力量の偉大さのはかり知れないことを知らしてくれたと言うている。後世に長く記憶されるような多くの言葉を残したのも、この時代とこれに続く大戦の時であった。一九三〇年代の初期、問題のナチスドイツを親しく見聞して帰り、その戦意の高いのを指摘し、ことの容易ならぬことを考えたのであった。「ナチスドイツは武器を求めて敗戦より立ち直り、祖国を他国と平等の位置に挽回《ばんかい》せんとして、若者たちは国難に殉ずるような心で街頭を行進している。また、軍縮に藉口《しゃこう》して勝者の力を削ろうとしている。この野望が達成した時、欧州は再び戦乱の巷《ちまた》と化するであろう」と予言していた。

彼はまた「私は平和を求めている。どうすれば戦争を回避できるかを探している。ただ、どうかわれわれを抵抗できないゆえに、逃げ腰の烏合《うごう》の衆と転落させないでくれ。われわれは弱味からではなく、力と強さを持つことによって交渉したいのである。国の結集と力からで、分裂や孤立（当時彼はナチスに対抗しての同盟を考えていた）からではない。力を保持して、正義を行なうのである」と言うている。ナチスの脅威を感じて政府に迫った時、その態度に業を煮やした彼は、政府を「不決定であることだけが決しており、決意しないことに決意しており、押し流さることに強味を見せ、変わりやすいことにしっかりしており、無力であることに強大である」と評したが、これは有名な警句となっていて、しばしば、引用されるのを見るのである。

この間に形勢は最悪の事態へと急速に転落しつつあった。オーストリアが併合され、ミュンヘンの宥和条項が結ばれ、しかもチェコスロヴァキアが壊滅し、ポーランドへの軍事侵入が開始されるに至って、世界は第二次大戦に突入したのであった。しかし、チャーチルは「どうだい、言うた通りであったろう」とは一言も口にしなかった。彼の度量は大きく、過去のことは過去のこととした。彼は開戦直後の下院の議場で次のように語っている。「外には戦乱の嵐が吹きまくっていよう。しかし、この日曜の朝、われわれの心のうちは平静である。われらの手は忙しい、だが良心は安らかである」。チャーチルの吼《ほ》えている時期は去って、今や敵に噛《か》みつく時がやって来たのだと、これも彼の伝記作家の言葉である。

開戦翌年の春、フランス軍の抵抗力は決定的に壊滅し、イギリス軍はダンケルクに追い詰められた。この時チャーチルは国民最後唯一の希望として、チェンバレンから首相の印綬《いんじゅ》を引き継いだ。国の運命存亡を賭《か》けての責任を引き受けたのであった。就任の三日後、彼は議場に臨み、「ただ、血と労苦と涙と汗をささぐるほかに何一つ持ち合わせがない」と述べた。この苦悩の言葉こそが、当てもなく過ごして来た国民も議会もが聞こうと待ちこがれていたものであった。一切の気休めや、楽観や、から頼みは、ここに霧消し去って、ただ悲しみと絶望のうちに絶体絶命の戦いを続ける決心をすることであった。大切な彼の仕事は、絶望的な戦況と日に夜をつぐ爆撃のさなかに、いかに国民の志気を盛り返すかであった。彼は戦う決意を次のように述べている。「必要とあらば何年かかろうと、またイギリスがただひとりとなろうと、この島を守り、戦禍を乗り切り、圧政の恐怖を取り除くことである。われわれはしおれたり力を失ったりはしない。最後まで行く。フランスで戦い、海上洋上で戦う。空でも日毎に昂《たか》まる自信をもって戦うであろう。この島をどんな価を払っても守る。上陸地で戦い、町や丘で戦い、決して屈服しない。もし（これはこの瞬間には信じないが）この島やその大部が敵手に落ちて飢えるなら、海外のわが国土でこの戦いを、神の恵みによって、新世界がその全力を挙げて助けに来るまで戦いを続けるであろう」。やがて、フランスはその戦線を去った。フランスは脱離したが、頼みにならぬ者を頼みにすること、みずからに事欠く物資を割いて救援することを免れたのは、せめてもの慰めというべきであった。時間の問題とされたナチスの侵攻も日とともに遠のいた感を与え、熾烈《しれつ》であった「ブリテンの戦い」と呼んだ本土上空の空中戦も、夏期を通じて戦われたが、初秋には一応克服したかたちであった。防衛の自信は徐々としてではあったが、イギリスに取り戻されていく観があった。

一国の対外的関係が重要な時期に、防衛防備を怠り、あるいは軽視することの何を意味するかを、ここに述べた一九三〇年代のイギリスの実例が物語っているのではあるまいか。阻止し得べき戦乱に流され、維持し得べき平和を失い、または一度、戦乱に突入してからは、救い得る多くを救い兼ねた恨みを物語っているのである。この期に及んでイギリスをその無防備から立て直し、国民の持つ防衛の潜在力を発揮したのも、チャーチルという指導者があったためであろう。しかしまた、イギリス国民の持っていた国民性がなかったならば、あるいは戦争は敗戦というかたちで早急に終わっていたかも知れない。

防衛と国民及び国民性

国防と国民及び国民性の関係は、融合していて不離のものである。防衛は国民と国民性から離れては、流れる浮雲のようなものであろう。少しく抽象的な言葉で国民及び国民性の源流を探り、防衛がなぜ国民及び国民性にも必然的につながるかを考えてみたい。先に言うたように、自由国家、民主国家の理想と現実は、これを防衛するのでなければ、その存在を全うすることのできない時代である。防衛もまた、国民と国民性に待つことなくして、存在もしなければ、有効な成果をあげることもできない。

国民と国民性の意味するものを考えると、まず心に浮かぶのは、国民が国家と同じ広さを持つことである。かつては国家あって国民が生まれると考えられた。歴史的にはそうとも考えられる。だが理念的、殊に民主的理念に従う時、民族があって、そのために国家が市民的文化的の必要から誕生するとするのが、通説のようである。また人種的に見ると、一人種が一民族国家であるとは限らない。あるいは宗教的に違い、歴史伝統にも異なる民族が、一国を形成し、融合して生存生活を営むこともあり得る。こう見てくると国民及び国民性を知る上に最も大切なことは、国民はこれを構成する人々以外の何物でもないことである。国民はこれを構成する人々の、その意思、その性格によって動き、かつこれらによって統一ある存在となっている。この事実は国民の各人が共通に感ずるものを持ち、共通の意思があり、共通の願望を抱き、努力と行動となって現実があると考えるべきであろう。

国民と国民性を描写するに当たって、一応は物質的にその因果の関係を説明することもできよう。たとえば人種的特質と特長より生ずる特異の点を強調し、または領域風土のような地理的条件を比較し、あるいは人口産業等の経済的社会的要因を数えることによって、国民及び国民性の輪郭を描くことも無論可能である。しかし、物質及び環境のみでは、国民及び国民性の一半の容貌は眺め得ようが、心及び精神的の要素を残しては、その画像の心髄をつかむことはできない。人間生活の大きな、しかも決定的な部分には、ただ目では見えない、あるいは五官だけでは経験のできない部分のあるもので、その部分は抽象的であり、思弁的で、しかも人生にとっては現実と同様、またはそれ以上に意義あるものである。すなわち、国民の心、または精神的の存在である。たとえば、信仰、文芸、思想哲学や、習慣、伝統、法律法典の制度や、政府、教育のようなものである。思うに人は初め心の安住を求めて、信仰、文芸等によって、ここに掲げたような各種の心の住居を造成したのであろうが、やがてこれらの心の住居は、かえってこれらに住む心に影響し、感化を及ぼすものとなった。心のつくったこれらのものが、時代から時代へ、心から心へと受け継がれ、継がれるごとにその広さと深さを増したのである。すなわち、これらは過去の人の持った心であり、また未来の人の持つ心である。過去よりの蓄積であり、創造物であり、伝統であり、共同の世襲財産である。

この過去より現在へ、現在より将来へと継がれていく共同の財産は、ここに述べたように自然と環境の要件の上に、個々または共通の心によってつくられた精神的の存在である。これが国民と国民性とを形成するものである。もしその価値が高ければ、それは国民の叡《えい》知《ち》と能力、創造力と努力の結集であり、その集積である。いうまでもなくこの共同財産は国民にとって、一度失えば取り返し得ぬ宝であり、誇りであり、またその真実の生命でもある。同時に将来を託する希望の一切でもある。その安泰と繁栄を願い、独立と平和のうちに、その恒久の生命を続けることを祈り願わずにはいられない。ここに民族の自由、その理想があるので、これが防衛されずには、生きても生きがいのない生命であろう。真の意味の国民及び国民性とはこのようなものである。

しかし、今日の世界情勢について、われわれの日々見聞するところは、必ずしもこの安泰と繁栄、独立と平和、国民の自由と理想を保障するものではない。いつ破壊が襲い来《きた》り、冷酷な力が屈従を強要し、今日の平和と希望が明日の混乱と絶望に陥ることなきを約束している何物もない。もし淡い希望があるとすれば他国の善意と力の均勢だけである。人類の善意には頼りたい。しかし、善意と正義だけでは侵略を押し除《の》ける力のないのが世界の現況で、防衛の一切を他に依存するには、みずから守るべきものは余りにも貴重である。

チャーチルのように、「いかなる代価を払ってもこの島国を守る」とは、あるいは大袈裟《おおげさ》であるかも知れない。しかし、変に応じては、わが国民にも、またその国民性にも、この言葉に共鳴する心の潜在することを否定することはできない。みずから守らずして、他の来って援助を与えるものはないであろう。

防衛の道徳性

かつては人は人生に対して、現世は仮りの住居に過ぎないとして、その見方は消極的で、隠遁厭《いんとんえん》世《せい》が修道の途《みち》と心得ていたかも知れない。俗世を避け、禁欲、難行苦行が魂を済度《さいど》するものと諦観《ていかん》する風があった。したがって消極、無抵抗も徳と見る傾向のあったことは免れない。しかし近代人の人生に対する態度は、これに反して現世を肯定して、無限の世界を積極的に発見開拓せんとするのである。その思慮行動は積極的で創造の力に溢《あふ》れ、芸術、学問、倫理に対する視野と態度は著しく拡大強化され、これらが今日の文化文明を築いたものである。これは物心両面の世界を開拓する個人の力、集団の力等、力に対する限りない刺激となり、また自信となって、人間行為の再評価を導入したのである。国民もまたこの澎湃《ほうはい》たる力の積極性に、共に進む陣営の一員であり、共通の意思と感情のゆえに統一を有し、みずからの運命を切り開き、その存在と生命の意義を自覚するに至ったのである。同時に自由、民主の主義主張は個人尊厳の容認を意味し、自主自律の気魄《きはく》の賛美であり、独立の気風の推奨であった。これらは、正義、秩序、平和と遵法《じゅんぽう》の精神が融合統一した近代社会の、現世を肯定する積極的な倫理道徳が生んだものと言えるであろう。このような社会では、ひとり扉を閉じて己に終始することではない。進んで正義と名誉を尊重し、国家と社会、並びに公共に尽くす犠牲行為のごときは、その倫理的価値の最も高いものに考えられ、防衛行為もまたこの範疇《はんちゅう》に属するのである。十七世紀フランスの思想家ブレーズ・パスカル（一六二三―六二）が「正義は力なくては空虚のものであり、力も正義なくては暴力に過ぎない」ことを論じているが、防衛と倫理の機微もこの辺にうかがわれるのではあるまいか。

自由国家においては防衛の義務も任務も、国民の総意に出ていると考えねばならぬ。国民の信頼と期待がこの総意であろう。わが国民が、その幸運を互いに喜び、これを誇りとし、その将来に希望と期待を持ち得るのは、その過去と現在である。幾度かの災厄を切り抜け、国民がその統一を持続して来たことである。一つの国民、一つの社会、一つの国家、一つの政府の秩序と平和のうちに、その文化、繁栄、福祉、理想、将来への希望を抱懐し得るこの恵まれた事実である。言いかえれば、国民がその伝統を背景として自力に頼り、これを持ち前の勤勉と努力をもって育成して前途を切り開く自負と機会を持っていることである。これは自由国家の信条であるとともに、国民として抱かねばならぬ道義に一致する信念でもある。

この自負と機会は世界の現状について見ると、決して多くの他の民族が容易に受けているものではない。また、安易と無為の間に獲得できるものでもない。また大きい努力を傾けることなくしては維持継続もできない。広く世界の情勢を観察すると、一民族ではあるがいくつかの国に分割され、あるいは、民族みずから選ぶ政府の下に生活することを拒否されて屈従しているもの等、不幸な民族のあることは枚挙にいとまのないことである。国民がみずから、その国の平和と独立を維持し、自由と理想の輝かしい、生きがいのある生命を持続するに際しては、それだけの熱意と犠牲なしには購《あがな》うことはできない。これが一つのはげしい現実で、これをわが国民は日ごとに眺めているのである。ここに国民の防衛意欲の源泉がある。われわれの防衛の任務もここから生まれたのであって、国民の一員として、また国民に対する義務と責任でもある。民主主義の下の防衛義務とはこのようなものであると考える。道徳的義務であると同時に法律的義務でもある。この点に関しては項を改めて考察してみよう。

防衛意欲と心の鍛錬

人間の良心は個人の心に内在するが、この主観だけではまだ徳とは言えないであろう。また、正しさは客観的の存在である法にさえ従えば、それで徳となるかというとそうはならない。良心も正しさも、自由な人々が意見としてこれを述べ、守る習慣ができると、これまでは内面的存在に過ぎなかった良心も正しさも、外面的（法律的ではない）の道徳の律制を形成して人の守らねばならぬものとなる。十九世紀後半のイギリスに理想学派と呼ばれた一群の哲学者があったが、その一人で倫理学者であるブラドレーは「自分の持ち場とその義務」（my station and its duties）と言うている。人の具体的な持ち場を考えないでは、具体的な義務も考えられないということであろう。持ち場なくしては義務に伴う徳性もない。これを防衛について言うならば、具体的に防衛機構が与えられてはじめて、その意欲は、統一された防衛義務や、または時と所に従っての個々の義務となって現れるのである。

防衛の組織機構は厳正に防衛の目的のためにだけ存在する。この目的によって、この組織に生命が生まれ、意義ある行動が可能となるのである。同時に記憶されねばならぬことは、組織の全体について語ることは、その構成員である個人の存在を忘れることではない。組織は力であり、その機能を発揮するのは構成であり、各個人である。しかし、組織が力を発揮するのは個人ではあるが、ただの個人ではなく、機構の持ち場にあってその義務を果たす個人なのである。組織は決して個人の存在を没却したり、個人を部分とする超人的の存在ではない。しかし、個人がその持ち場とその義務を履行するのでなければ、組織はその機能を発揮することはできない。

このような持ち場に義務を果たす個人はどうして得られるか。それは防衛意欲の昂揚《こうよう》であり、それは人間性を重んじる教育及び訓練であり、心の鍛錬である。心の鍛錬について、まず重きをなすのは理性である。社会の一員としての道徳責任、国家の一員としての国家と国法に対する義務、防衛機構の一員としての献身奉公の精神、これらはすべて理論的合理的に説明し、その納得を受けることができる。すなわち、理性に訴えることによって、良心、道義、義勇のことを批判判断すれば、これはやがて確信と信念となり、意欲となるであろう。理性によって培われることがなくては、個人の資質も適性も基礎土台のない建物と同様であろう。

しかし、資質適性の育成において、また防衛意欲の昂揚においても、これらを理性と合理の思弁の上に求めるのが唯一の途かというと、これは必ずしもそうではない。心の成長鍛錬をうながす原動力は、ひとり理性のみではなく、感情の持つ役割を考えることなくして、完全な成果は期し難い。理性や合理、打算功利では割り切れない、感情、情操、情緒の世界があり、この世界の持つ力と、その高い価値を認めずにはいられない。感動、忠誠、義俠、愛国心、これらは主として感情の世界において、はじめてその偉大な力を持つのではあるまいか。啓発開放することによって世を救う人、心の引きつけられることを覚える人、表現の力をもって世を魅する人、これらの人々はすべて打算では考えられない感動を与えて、はかり知れない奉仕を社会に尽くしているのである。防衛の任務にもまた、何かこれに類似したものを感ぜずにはいられない。理性にはそれ自身の世界があり、多くの勝利を収めている。感情もまた、みずからの世界を持ち、しかも理性に決して劣らぬ気高い勝利を収めているのである。郷土を愛し、その文化を誇り、民族の繁栄発展を祈り、国の独立と平和を守って、民族及び個人の自由を確保することも、人間及び国民として、理性とともに豊かな安定のある感情が大きな原動力となっているのである。「持ち場とその義務」というが、防衛の持ち場に要請される義務は数多い。ただここで考えてみたいことは、防衛がその組織の構成員に何を最も強く要請しているかである。学力でもあろう。または技倆《ぎりょう》、体力でもあろう。しかし、道義がもしも組織の絆《きずな》であるとすれば、それは心の力、鍛錬された心であるに違いない。鍛錬を受けた心の存在こそが、組織の魂であり、その神経であり、組織を有機化し人格化する組織の持つ「団体精神」(esprit de corps)であり、組織の持つ特性であるともいえよう。この防衛意欲の昂揚のために鍛錬されねばならぬ本領、徳性、徳目には何を挙げればよいのか。これについては古来多くの言葉が尽くされている。広範な事例より適切なものを選ぶのも一方法であろう。しかし、特別の目的を持つ組織の立場より、その構成員に対して何を所望するかを定めることも必要である。もちろん、これが徳性であるならば、これが徳であるために構成員の任意自発であることに留意せねばならぬ。これらを考慮して、ここには次の四項目を、基本的のものとして挙げてみたい。すなわち正直であること、誠実を尽くすこと、服従できること、及び人を尊敬することとである。

第一は正直であることとである。このくらい初歩的一般的に知られる言葉もなかろう。しかし、このくらい防衛任務に携わるものの適不適を決めるものもほかにはなかろう。またその鍛錬に、このくらい応用され、日常実践されるものも少なかろう。一例を百六十年の歴史を持つ米国陸軍士官学校にとろう。「嘘をつくな。欺くな。盗むな」が数千の学生の名誉を守る合言葉で、この言葉に精通して、これを過《あやま》つものを不問に付さない。新しい国、新奇を求め変化を追うと思われている米国に、このように古い、初歩的な、また素朴な戒律を百年一日のように固守する心情は、あるいは清教徒の先祖を偲《しの》ぶ縁ともなろうが、変幻応接にいとまのない時代に継続性と恒久性を求める心には彼我の差はないように思う。

第二は誠実である。忠誠はその同義語であろう。防衛くらいその任務の性質から、組織の構成員に対して献身的努力を要請するものは他になかろう。防衛任務の尊さが語られるのもこの意味であるし、また敬虔《けいけん》の念慮をもって扱われるのもこのためからである。その献身努力は時には宗教的帰依にすら比較されることのあるのも、このためである。要するに、守る郷土はひとり物質的功利の対象ではなく、過去現在未来に拡がる純粋清純の民族の精神の理想郷であり、自由郷であるからである。

第三に服従のできることである。服従のない自由があり得ようか。それは孤島に棲息するロビンソン・クルーソーのほかにはない。いかに小さくとも社会に住めば他人を考えずには住めない。守るべき掟《おきて》がある。社会が大なれば、従うべき伝統慣習と良識がある。国があれば、服すべき法規がある。防衛のいう献身努力には、はじめから忍従、困苦克服が主要な任務であることを語っている。国防は正義のための力の結集であり、このための組織である。力の源泉は構成員の誠実と服従に待つよりほかはない。理性による服従とはこのことを言うのである。

第四に人を尊敬することである。防衛の一切は深く考えると、個人の問題であり、家族の問題である。また、国民の問題であり、人類全般に関するものでもある。これらすべてを貫く一筋の線は人間関係である。文明と文化、平和と秩序、福祉と繁栄、これらはいずれもが人類の味方で、人命人格の尊重以外の何物でもない。防衛もまた、これらのことの保護擁護を意味するにほかならない。

防衛は、外すでに高い人道主義に違背するものではない。内にはもちろん、その機構運営について、この間の主義と節度に一貫するものがある。人命及び人の威信尊厳に対する尊重なくして、防衛本来の使命は達せられないであろう。

自由国家の防衛意欲とはこういうものではないかと考えている。

（『国防と教養』昭和三十八年）

（注）『易経』繋辞下伝

是《ノ》故《ニ》君子安《ニシテ》而不レ忘《レ》レ危《ヲ》、存《ニシテ》而不レ忘《レ》レ亡《ヲ》、治《ニシテ》而不レ忘《レ》レ乱《ヲ》、是《ヲ》以《テ》身安《クシテ》而国家可《キ》レ保《ツ》也。

四　心と行為に規律を――国防に就く青年のために

国防のため幹部の任に就く青年の教育にたずさわるもののひとりとして、考えの一端を述べてみる。特異のものと思われがちのこの教育も、基本的には一般教育と違うはずはない。国防の任務に就く者が、国民のよき一員であることは当然であろう。自衛隊は国の平和と独立を守ると法は定めている。歴史のかもしだす国民感情は、しばらく別として、現実には国の物心両面の興隆発展と国民の自由と理想――これらを国の安全を維持することによって可能にするのが、防衛に課せられた任務と考えている。世界の現状は、かならずしも、安易のうちに安全が保障されているとは言えない。国民のこの憂慮が、自衛の任をわれわれに授けていると堅く信じている。

「いいわけをしない服従」という軍隊語がある。今日では異様の響きを伝えよう。封建的の言葉とも思える。しかし服従は、今日でも生きている。ただ欲しいのは、今日に適する理論である。法にそむき、道義に反し、社会慣行を無視して、秩序の生活は一日も不可能であろう。学問の門戸をたたかないで、生気ある知性は伸びない。心の掟《おきて》を守らないで、人格は育たないであろう。いずれをみても、何かにたより、服せねばならぬ。服従は常に影のように添うている。自衛が組織の力にまつのならば、その目的のための規律と命令に服するのは言うまでもないことである。自衛には道具立てと、集団の組織を欠くことができない。道具立ては変化もするし、精度を増す。組織は個人の尊厳と、人間の威信を持つ人々の集団である。道具立てを駆使するには原理を知り、すぐ役立つには訓練が必要であるが、変化と精度に対応するためには、どうしても基礎原理を学ぶ必要があろう。組織の持つ機動力の発揮には、訓練と規律がその要諦《ようてい》であろうが、士気の昂揚《こうよう》は徳性のきびしい鍛錬以外にはなかろう。自衛という大切な目的に結ばれる自由人なるがゆえに、これが可能なのである。自主自律の精神と義務の念慮がこれを可能ならしめる力である。

自衛には当然激動が予想される。困苦にも欠乏にもたえねばならぬ。持久耐久力にもすぐれていなければならぬ。危急に対処する勇気と判断力も必要であろう。窮地におちいって持ち場を捨てぬ度胸を要求される。これは深く考え、強く心に聞かせねばならぬ。同時に体力と胆力を備えねば望めぬことである。このために適切な訓練鍛錬を行ない、はげしいスポーツに精進することである。果敢、敏速、格闘的な心気、味方のために身を挺《てい》する性格が築かれねばならぬ。この性格と防衛技術をかねそなえてこそ、自衛官の適性がととのうのである。

どんな職業でも、心魂を傾倒せねば成就はしない。しかしまた、一身をささげる職務もある。古来、僧職、学者、教育家、医師、社会事業家などの仕事は、献身的のものとされてきた。みずからを顧みることに薄く、みずからに臨むことにきびしい点からいえば、自衛の任務も献身的な職業である。

ここで問題になるのは、自然の人間性とのかねあいだが、しかし人間性も自由と同様に、放置放任するものではない。心の規制と行為の抑制があって、人間性も自由も、その真価を発揮するのである。正直、誠実、正義、約束に対する自発的な遵奉服従は、修学修養する者にとっての名誉律であり、誇りでなければならない。視野の広いこと、科学的思考力を尊ぶこと、豊かな人間性を養うことともに、これらは自衛の道に進む者の信条であると考えている。

（「毎日新聞」昭和三十八年七月六日）

五　往訪の旅に思う

市民教育と軍人教育

旅行中の歴訪先は、三軍の士官学校がその主眼であった。ただ、この視察について起こる疑問は、軍人教育は一般の市民教育と離れた異質のものであって、この観点に立って判断すべきか否かであった。米国の士官学校については、聞知していたこともあった。また書類書籍においても読み、いささか予備知識を持っていた。この予備知識の関する限り、士官学校教育は独得の体系を持っているが、教育理論においては決してその国の教育から分離独立するものではなく、これと密接に共にあるという強い印象を与えていた。そこで米国においては二、三の一般大学にも足を運んだ。イギリスについては、筆者みずからがかつて学んだ国なので、市民教育との関連において判断するにはこと欠くまいと考えた。ところが、フランスの教育については知見皆無、有り体に言えば、いわゆるぶっつけ本番であったが、訪れる先々の説明が懇切で、殊《こと》にエコール・ポリテクニクでは、この学校の伝統と性質からフランス教育の高い水準の那辺《なへん》にあるかを、ほぼ推知できるとの考えを持たせてくれた。これを要するに、軍人教育も、その国の教育伝統と教育雰囲気を別にしては正確な判断はできないということである。この伝統と雰囲気を知る上に幾分かの足しになるかと考えて、訪れなかった学校を含めて、市民、軍人両教育の交錯の事実を限られた探訪の記憶から少しく述べておきたい。

一口に軍人教育というが、これは一般教育から離れて独立しているような簡単なものでないという感想をいずこでも持った。殊にこの点は米国において強く、軍教育独得の特徴と矜持《きょうじ》は高く標榜《ひょうぼう》するが、大学教育の理論と慣例には謙虚に、しかも忠実に従っている。殊に基礎理論に重点をおき、これを教え、理解させ、消化させるという教育良心については、一般大学以上にその最善を尽くして力を余さない気魄《きはく》がうかがわれた。もし軍人教育が戦術戦技を専らとする鍛錬主義に一切をかけているとの考えがあるとすれば、それは誤解であり、あるいは過去のこととなっている。思うに情勢は変わり、将来の有能な軍人は民主政治下の有能な市民でもあり、急転急迫に臨んでは、これを正確に判断する素質も持たねばならぬし、特に科学の進歩に対応する必要も起ころう。これらの事情が軍人教育の上にも影響を与えずにはおかなかったのである。特に米英両国の軍人教育には、リベラル・エデュケーション（職業的技術教育に対する意味での広域教育と訳しておこう）の思想が深く根をおろしていることを感じた。このためには、後にも述べるであろう広域教育の本山ハーヴァード大学を訪れたのは意義があったと考えている。

米国の一般大学が軍事に関心を持つことは大きい。大学には予備士官養成制度のあるのが通例である。また海軍の現役士官養成のハロウェー・システムと呼ぶ委託制度もある（創始者ハロウェー海軍中将からは、ペンタゴン訪問の際、熱心な教育の話を聞く機会を得た）。これらは、あるいは政府の施策の結果であって、大学としては受け身であるかも知れない。しかし大学自身の軍事に対する関心は強い。特別の講義、課程、研究部門を特設する大学は数多い。ハーヴァード訪問に際しては、その Defense Seminar を親しく参観する機会を持った。また、ウェスト・ポイントの陸軍士官学校では、毎年一回著名の大学の学生とともに、数日にわたって同校の学生と調子の高い討論研究を行なっている。これには各大学ともに協力を惜しまない。

なお注目したいのは、軍人教育の要素を教育にそのまま取り入れている学校がある。大学程度の学校である Coast Guard Academy 及びいくつかの Mercantile Marine Academies（前者は本邦の海上保安大学校、後者は商船大学に当たる）は、殆どアナポリスの教育様式を採用している。最近になって知った大学にペンシルヴァニア州のレキシントンにある Virginia Military Institute がある。南北戦争当時、軍人養成の目的で設立されたが、今では理工学をその主要課程とする一般大学である。この学校はマーシャル元帥の出身校である。しかし、その服装、起居、態度、動作はウェスト・ポイントの陸軍士官学校の学生そのままであることを写真で知った。一般教育学に軍隊式を採るという精神もひとり大学教育にとどまらない。これを高等学校においても見たのである。少しくこの点について述べてみたい。

国民の気性と子弟のしつけ

士官学校と一般大学の教育の共通点の多いこととともに、旅行中に受けた他の印象は、士官学校が国民の尊敬と支持を受けていることであった。もちろん、これには理由がある。その過去の輝かしい事績と真摯《しんし》な教育のためであろう。しかし、これは国民の気性及び国民性にもよるものと考えられる。そこで米英について語るが、この両国民の気性には、独立心が強く、束縛をきらい、しかも責任ある自尊心を持ち、これを伝統とし理想とする風がある。国民性の一端でもあり、子弟のしつけに及ぼしていることはいうまでもない。男らしさ（manliness）とか、あるいは、男の徳性（manly virtue）と称して、剛毅、果断、率直、冒険心を愛好する。公共の精神（public spirit）を唱えて、法を守り、規律に服し、作法を心得、任務に専念するのを人間の義務と考える。勢い教育の最高使命もこの辺にあると考えるようである。その説明の一端となるかと思うて高等学校の教育について、知るところを拾うてみたい。

米国にはミリタリー・スクールと呼ぶいくつかの高等学校がある。その起こりは別として、今では軍の様式を取り入れた市民養成のための学校である。インディアナ州にCulver Military Academyがある。映画で見たが、服装、起居、規律の大体が士官学校式によって行なわれている。また、ペンシルヴェニアにもPennsylvania Military Collegeがある。教育様式は詳《つまび》らかにしないが、元在日米国軍事援助顧問団長ビッドル少将が生徒隊長をしているところから、軍隊様式の教育であろう。ちなみに防衛大学校元顧問ベイス海軍中佐はカーヴァーの卒業生であった。米国には一般の高等学校とともに、プレップ・スクール（Preparatory Schoolの略称）と呼ばれる私立の高等学校があって、ひとり学業だけではなく、人をつくる努力が高く評価されているという。アンドゥヴァーとかエキセターをはじめとする、それぞれ由緒を持つ多数のこれらの学校がニューイングランド地方の諸州に散在している。あるいはミリタリー・スクールと様式を異にするだろうが、これらの学校も米国の国民性を象徴しているように思う。

米国の高等学校について語って、イギリスのパブリック・スクールを無視することはできない。

長い経験によって成長した私立の古い学校である。たとえば、ウィンチェスター（一三八七）、イートン（一四四〇）、ラグビー（一五六七）、ハロー（一五七一）のごときその最も古く、またよく知られている学校である。いずれも由緒深く、各々の特性によって広く英人の間に親しまれているが、ここに少しくラグビー・スクールについて述べてみたい。トーマス・アーノルドが、その晩年校長として、パブリック・スクール全体の教育を一新するような改革を行なっている。アーノルドはここに、学問と道徳と信仰の境地を築いて、生徒を彼らの人生のために、義務と戦うことと責任を教え、かつ鍛えたのであった。しかし、この学校の鍛えたのは知能、徳性だけではない。運動競技も人の品性と性格をつくる手段としたことであった。名の示すラグビー蹴球《しゅうきゅう》がそれで、今から百年前頃までは、この球技はルールのない乱暴きわまるものとされて禁止されていた。ただ少数のパブリック・スクールのみは、この衰亡を惜しみ、荒い競技に紳士道を取り入れてルールをつくった。これがラグビー蹴球の更始であった。

英陸軍士官学校訪問の後、日没までのわずかの暇を附近のウェリントン・カレッジの校庭を車で見物した。この学校もパブリック・スクールの一つである。地勢には高低があり、森もあって、一望の眺めは得られなかったが、林立するゴール・ポストの数で、約十七、八の球技場の設備があると想定した。ラグビーの教育における国民性の現れであると感心した。

（『米・英・仏士官学校歴訪の旅』昭和四十四年）

教えを受ける者の嘆き

「朝雲新聞」の「窓」の欄に書けとの依頼であるが、窓は外も眺められるとともに、内ものぞき得る。防衛大学校をやめた日の注文なので、どちらかとまどうたが、外へ出たのだから内をのぞいてみる。

自衛隊は教育に明け、訓練に暮れる集団で、部内に擁する多くの学校は、強烈な教育意欲と有無を言わせぬ知識注入主義である。詰め込み教育はわが国の特徴で、大学然《しか》り、防衛大学校もまたその例外ではない。極端に言えば寸暇を惜しんで教え、注入して、暗記を主たる手段とするのである。学生はノートを取るのに精一杯である。授業は一日七時間、八時間と続く。それでも教え切れないという。これを「教えを受ける者の嘆き」と言うた所以《ゆえん》である。話を専ら士官候補生の教育に限ってみよう。

九年前、米英仏に士官学校、大学等の教育視察に出たことがある。この旅行で特に印象を深くしたのは、米国の陸軍士官学校と海軍兵学校であった。その透徹した合理主義と教育良心であった。その一例を挙げよう。一週の授業時間は二十時間内外で、したがって一日の課業は四時間以内である。われわれの通念とする時間表とは余りの違いに、ひとたびは驚いた。しかし仔細《しさい》に知れば教育の本義が忠実に、また勇敢に守られているのであった。それは学生の理解と消化と将来の伸展を完全に守ろうという、万難を排しての措置なのである。

必要の点から、科目を並べればいくらでもある。教える人にも研究の専門があり、その専門も講じたかろう。すぐ実地に役立てようとする焦慮もある。これらの整理されていない考えが雑然と動いて詰め込みが生まれ、教えられる者が犠牲となっている。また教え方にも定見が足りない。基礎に集中するのか、各種職場の知識も授けるのか、科目中の得意不得意をどう扱うのか、ぼんやりと少数学級の優位を語るが、実施の熱意は乏しい。

米国ではいくつかの教室授業を参観した。一クラスは必ず十四、五名、学生は課業に充分の準備をして臨む。定期試験の結果に従って、科目ごとに同一能力者をもってクラスを編成する。能力に従って行なうクラス編成の編成替えは頻繁に行なわれる。クラスはその能力に応じて進度を定め、優逸のクラスは進度を早めて上級生のクラスも追い抜くことができる。課業は質問、応答、討論、説明の形で進められる。

課業外の学修時間を彼らは準備時間と呼んでいる。一日の学修時間を、就眠八時間、生活七時間を差し引いて九時間とすれば、準備時間は五時間内外を当てることができる。準備時間は学生の全力を挙げての勉強時間である。科目の性質は全部基礎的である。すぐに役立たなくても、時勢の推移、武器兵器の変化にも対応できるというのである。現在必要な知識の吸収ではなく、理解と考察力と広い視野を失わない教育である。

わが防衛大学校も、このような線に沿うて手を染めている。その将来を刮目《かつもく》して待つべきであろう。

（「朝雲」第五八七号、昭和四十年一月二十八日）

防衛の任務と広い視野――米国士官学校の場合

今から十三年前、一九五六年の二月から三月へ、二ヵ月足らずの短期間ではあったが、米英仏三国の陸海空士官学校を歴訪したことがある。今も思い出すが、受けた印象は強かった。またこれを契機として、この種教育の問題点というか、その基本理論と呼ぶか、こんな事柄について、しみじみと考えさせられた。一般傾向として、この教育の基礎が何か固定した型に嵌《は》まっているものかというとそうではなく、それなりに、常に理論的にも、時勢の動きにつれても、変動もしている。ひとり防衛大学校在任中のみならず、退職後の今日も、もし何らかの転変移動がこれにありとすれば、自分にはこれは見逃し得ない関心事であり、また興味ある問題である。近時いつの間にか溜《た》まった資料も整理し、読み、かつ記憶も呼び起こし、まとめて「自由国家の士官養成」とでも名づける一本にしようと考えている。この一文もこの過程の流れの一産物である。

軍事当事者はもちろん、社会一般も、防衛任務担当の士官の養成は特殊な教育であると多年考えて来た。高く胸壁《きょうへき》を巡らす事大風潮の影響もあって、特殊という城壁はやや高過ぎた嫌いがあった。すべて職業的の教育は僧侶、牧師であれ、教師、医師、法律家であれ、芸術、技術、技能の世界であれ、職業のギルド的色彩をも帯びて、その胸壁は高くなりがちのものである。殊に軍人指導者の養成において然りで、時には、派閥、血族的インブリーディング、あるいはカーストに類する気配も起こり得るのであった。

このためかアメリカにおいて、特にその陸軍士官学校に対して、次のような言葉で批判する向きもあると聞いた。ある者はウェスト・ポイントの陸軍士官学校は、頭上に漆黒の兜《かぶと》、身には鼠白上下の制服をまとい、颯爽《さっそう》と一糸乱れぬパレードを行なう学校であるとだけ映り、またある人には軍人通有の頑迷と固陋《ころう》が、ここに巣食い、個性のない自動人形の育つところともいう。あるいは簡単に横柄不遜《ふそん》の軍閥の揺籃《ようらん》であると片付けるものもある。極端にいえば、こんな酷評もあろうが、一概にこのような議論にうなずいてばかりはいられない。しかし、この種教育の城壁の高かったことは否めない。昔われわれも陸士、海兵と聞くと、その心事の高いことには尊敬を払ったが、国民との間には乗り越え難い胸壁の存したことも否定し難かった。

ウェスト・ポイントを往訪して、二日間滞在したが、この後も、その声価に興味をもって知って行くと、世間の一部の者がいうように城壁の高いところでもなく、特殊性はあるが、超えがたく隔絶するものでないことを悟るのであった。確かに学生は頑強に育てられる。またどんな任務にも挫《くじ》けない強情も、身につけねばならぬであろう。しかし、常識もあり礼儀も弁《わきま》え、社会にも重んじられ、人として立派に社会に通用している。むしろ心ある国民には、過去幾度か国と民族の危険を救うた、長年のこの学校の教育の功績を忘れることはできないであろう。むしろ、この学校のすぐれた教育を理解し、その学生を信頼し、彼らに期待をかけている。また彼らを誇りとしているのではあるまいか。

国民はここに学ぶ若者達を愛し、生涯を国にささげる心事を高く評価し、彼らを個人の自由を基礎とする民主主義の擁護には、欠くことのできない存在と見ているのであろう。ウェスト・ポイントは、単に軍閥が自画自賛する城壁高き特殊教育の学校ではない。訪れてみれば、学校はその一切を開放し、もし意見、異説を唱えるならば、喜んで聞くだろう。国民のうけもよい。その誠実は広く認められ、学生の心境は透徹して明るい。すべてこれらは何のためか。原因は種々挙げられる。しかし、その最大のものは、教育が常に学生の視野の広さに目を注ぐ、彼らのいう建国以来の伝統のリベラル・エデュケーションの念慮から離れぬためではあるまいか。人間の教養を人文、社会両科の学問の各分野の上に築きあげようとする努力を忘れないためであろう。

米国北東諸州のニュー・イングランドに足を入れて、ハーヴァード大学が、米国一ヵ月の旅程の最後の場所であることは仕合せであった。ここに来て、リベラル・エデュケーションの本山に来たような気がした。雪解けの町や校庭を歩いてみると、時代の先端を行くアメリカの姿は消えて、三百年前とはいわないが、その古風な落ち着きを見て、心に安らぎを感ずるのであった。ニュー・イングランドには、青少年、その老幼を問わず、著名な学校が数多く集まっている。格別の基準もないが、この中にアイビー・リーグ（つたかずら連盟）と呼ばれる大学が八つある。ハーヴァード及びエールも、その仲間であるが、前者は最古、後者は三番目に古い大学として知られている。伝えるところによると、エールはみずからは大学であると大声で叫ぶのだが、実際は古風ゆかしいカレッジ教育を行なっているところとして人は推称する。またハーヴァードは、しきりにカレッジ教育をやるところと喧伝《けんでん》するが、大学院を含めて、最も大学の相貌を備えているところと人は言う。前者は大学と称するがカレッジ教育に真価を持ち、後者は立派な大学だが、カレッジ教育をやっていると力むのである。この言い争い（?）で目を引くのは共にカレッジ教育である。ハーヴァードの教育を見て直ちに気付くのもこの点であった。

ハーヴァード大学では、アンダーグラデュエイト四年の課程をハーヴァード・カレッジと称し、ここでは一般教育を授けることとしている。わが国流にいえば、教養学部一本の四年制の大学本科である。一般教育は十年間の試みとして始められたが、今日ではこの制度は既に二十年を閲《けみ》しているであろう。科目は人文、社会、自然の三科学の科目を均等に履修するのであるが、三学年頃から、この三科学均等の履修と平行的に、一定の科目の集中履修が行なわれるのである。ハーヴァード・カレッジとともに、ハウス・システムと称して宏大な学寮制度を持っている。イギリス流の居住大学（Residential University）に類似するところがある。米国の専門教育の現状はいうまでもなく、その精度からも、またその幅や量の上からも、他国の比肩することを容易には許すまい。しかし、ただ一筋に専門教育に流れることなく、一般教育あるいは教養教育の重要性を忘れない。これでなければ、人間はできぬという信念である。手放しの専門教育では、ただそれだけのことというのである。

士官養成の学校の高い胸壁を撤去することが、こういう学校の民主化と呼び得るならば、この民主化はアナポリスが一九三七年、大学制度の学校に乗り替えて以来の、これに相応《ふさわ》しい教育内容に変えていった一連の経過を指すと言うてもよかろう。また理論的にはアメリカの教育に、強靭《きょうじん》に主張を繰り返して来た、伝統のリベラル・エデュケーションの精神でもあった。大学制度への乗り替えは、経過的にはどうしても、軍事教育と市民教育の二つの容器を必要とするのに、これらを一つの容器に盛るの無理があった。なお第二次世界大戦後の恐るべき武器の出現と世界をおおう思想上の抗争は、将来の装備変化の可能性も合わせ考えて、教える対象の観念は訓練よりは学問に、応用的技術よりは基礎理論へと移行するのであった。また理工学への集中も必要である。しかし、これを減じても、人文社会科学の重視を認めざるを得なくなった。

訪米の頃、設立後間もない航空士官学校（コロラド・スプリングス）の教科課程は、軍事学並びに訓練、特に英断とも考えられたのは、在学中の操縦訓練を廃してまでも、基礎的な学修に専念させることであった。しかも、その科目の配分は、従来の士官学校教育の理工学重視から一転して、これを人文社会科学と均等のものとした。コロラド・スプリングスから遅れたが、一九五九年頃からは、海軍兵学校（アナポリス）及び陸軍士官学校（ウェスト・ポイント）も同様の方向に改革を急いだ。アナポリスまた、海事航海の科目六を割いて、「時代遅れとならぬ根本的性質の学科目」に替えた。数学、基礎物理学等「応用工学から一層基礎的な科学」に動いた。さらに入学前カレッジ教育を受けた者に対し、重複する学科目を考査の上免除して、これに代わって高級の学科目を選択によって履修させた。この制度は強化され、有能力者は力に応じて、所定の科目を短期間に修了することを許し、その上「超過負担」の制度を作って、選択履修の道を開いた。ウェスト・ポイントまたアナポリスと大体同歩調をとったのであるが、ただ海軍はいまだ一対二の割合で理工学に重きをおいている。しかし、陸軍も科学の占める割合は、全体の六五%にとどめたが、この時人文の比率を一五%増している。しかし、三士官学校の教育方針中には、ひとり教科課程においてのみならず、広い教育リベラル・エデュケーションに対する奥深い確固とした態度が、明らかに汲み取ることができるのであった。

士官養成機関も、今日に立って見ると、過去三十年間に、大きく推移したと言えるのではあるまいか。大学制度を採用し、教科内容や、履修の方法に変革を加え、さらに最近数年の間に、いわゆる軍人のしつけの方法にも変化が来た。ウェスト・ポイントはフランスのサン・シール陸軍士官学校と共に、そのしつけはきびしく、手荒く、残酷なものとして定評があった。殊に新入生に対する一年間は激しいものであった。ウェスト・ポイントの学生の端正な姿、きびきびした態度と行動、その見事なパレード、これらには変わりはあるまい。しかし、新入生いじめや意味なき人格無視に類する下級生を遇する手段方法は、一層習熟と理性ある態度に途《みち》を譲った。科目の選定に技術や軍事的巧者を主眼とする風は改まり、むしろ批判的、懐疑的思慮を励ます人文科学に力を入れ始めたことは既に述べた。この学校はただ小、中隊指揮官をつくればよいというのではない。このためならば、九十日もあれば充分である。今日の軍人は、外交や政治の進み方も、火器火砲に対する完全習熟とともに、これに鍛錬され、その情報を咀嚼《そしゃく》し、これらを判断決断し得てはじめて指揮幕僚の資格を備えるのである。ウェスト・ポイントの四学年生は将校クラブにも入って、酒類も用いるようになったそうである。これはともかく、軍人養成にも広い教育の経験を背景とするリベラル・エデュケーションの伝統を再確認する必要があるのである。

（『米・英・仏士官学校歴訪の旅』昭和四十四年）

六　卒業生に告げる

防衛大学校長離任の辞

私は昭和四十年一月十六日をもって防衛大学校長の職を解かれましたので、ここに離任の挨拶をしたいと存じます。

昭和二十七年八月十九日校長の任命を受けてより十二ヵ年余を閲《けみ》しました。第一に申さねばならぬことは、この間における同僚諸氏のご苦労には並々ならぬものがあったことであります。創設に当たっては、越えねばならぬ万事が困難障害ならざるはなきその中に、これを乗り越えて本校の今日をあらしめられたことであります。また、その後、業務ようやく軌道に乗るとともに、本校の事業に勇躍参加されまして、教育、訓練、一般業務の企画に、またその実施に当たられました各位の献身的な努力のみが、よく今日の本校の基礎を築いたのであります。さらにまた、四ヵ年の修業を積んで卒業する学生諸君の意欲と、その精進を思わずして、本校の今日を語ることはできません。現に学んでいる諸君はもとより、全国津々浦々にその職責に精魂を尽くす卒業生は、本校の名誉と声価を、日に日に昂揚《こうよう》しているのであります。本校離校するに当たり、臥薪嘗胆《がしんしょうたん》、難関を踏破されて来た職員の諸氏、並びに卒業生、学生諸君の事績を思わずにはいられないのであります。ひとり防衛大学校という偉大な記念物が末永く、これらの事績を象徴するのではないかと、特に感銘を深くする次第であります。

次に述べたいことは、旧臘《きゅうろう》校長の更迭《こうてつ》が内定し、本月四日には小泉純也防衛庁長官より懇篤《こんとく》な親展書を頂戴したことであります。この中に本校の将来について語られている部分がありまして、これはひとり私のみが拝読して終わるべきではないと判断し、ここにその一節を披露いたします。すなわち、「貴官のご薫陶《くんとう》のもと同校を巣立ちました卒業生は、幹部自衛官としての資質を備え、今日各自衛隊の初級幹部の中堅として活躍しており、防衛大学校教育の成果は、高く評価されております。したがって後任者については、創設以来、貴官の築き上げられた伝統を受け継ぎつつ教育を推進し得る人を念頭において人選を進めて参りました。そしてこのたびは自衛隊の運営と自衛官の教育訓練に豊富な経験を有し、かつ人格識見共に教育者として適任者であることを基準として人選を行ない、適任者を内定いたしました。もとより当校は幹部自衛官となるべき者の資質を養うことを主眼としていることはいうまでもありませんが、その主要な要件として、当校が理工学その他において大学設置基準に準拠して一般の大学と同等程度の学力水準を保持して来た従来の教育方針にはなんら変わりなく、今後ますますその内容の充実を期すべきものと考えております。貴官においては、私の意のあるところをご賢察くださるようお願い申し上げます」。以上が長官のお言葉の一節であります。

かくして、本日ここに新防衛大学校長大森寛先生をお迎えすることとなったのであります。大森先生の閲歴については、ここに述べるまでもなくよくご存じの通りであります。校長の任に就かれるまで陸上自衛隊幕僚長の要職におられました一事は、その人格識見豊富な経験をもって、小泉長官の要望されるところを一意ご推進なさるに、他に比類なき方ではないかと考えております。同僚諸氏および学生諸君は、ここに心機を一転して、新校長のもとに一致結束し、全校の力を結集して輝かしい将来に向かって邁進《まいしん》するものと堅く信ずるものであります。本校の使命は重く、開拓さるべき前途は限りなく広がっております。新たな防衛大学校の将来を国民は祝福し、かつ刮目《かつもく》しているのであります。

最後に一言お別れの言葉を述べさせていただきます。私は昨年末、満七十三歳の齢《よわい》に達しました。意義深い職務と清新にして誠実の気の満つるこの台上を去ることの至難であることは、人情の然《しか》らしむるところであります。しかし齢を知り責任を思えば、徒《いたず》らに留まるべきでないと夙《つと》に意を決しておりましたが、幸い今回これが聴許されたのであります。過去十二年余、大過なきを得ましたのは、ひとえに同僚諸氏と代々の学生諸君の厚志と援助、激励によるものであり、これなくして一日も任務の座にあることはできなかったでありましょう。これを思えば、その恩義に対して感謝と謙譲の気持に堪え得ないものを感ずるのであります。終始変わりなかった友情と寛容は交誼《こうぎ》の中に、常に張りと力を見出させて来ました。この十二年余は私の生涯にとって最良の時代であったのでありいます。本日去るに当たって起こる他の感想は、卒業生がその母校を去る心と何の違いもないと思うことであります。卒業生が心を母校に残すように、わが余生も新たに得たこの母校に深い思いを残すでありましょう。卒業生がその努力を防衛にささげるように、願わくば私も責任の軽い場所においで、その生涯を投じた学問と教育に微力を尽くし、この母校の栄誉を傷つけぬように心がけたいものであります。母校の隆盛を思うことは老若の境を越えて楽しいことであります。本日は同僚諸氏と学生諸君とに一応の別れをしますが、それは校長という意味においてであります。今後は一校友として旧に倍する交友を熱望してやみません。堅く再会を期して今日のお別れの言葉といたします。

（新旧校長離着任式、昭和四十年一月十八日）

卒業生に告げる退任後の感想

退任後九カ月になるが、その感想はと問われると、まず挙げたいのは、防衛大学校在職十二年余の期間は、私の生涯にとって最も意義があり働きがいのあったことである。いつまでもこの感想は忘れないであろう。この時期を回想すると、常に限りない幸福と感謝の想念が湧き来《きた》り、いつまでもこれに浸ることができる。微力ではあったが、微力の最善を尽くしたような気がする。もちろん足らざる過ちも、また過ぐる過失も犯したであろう。それにもかかわらず、先輩、同僚、学生、卒業生の寛大な態度と善意の至情は、その叱咤鞭撻《しったべんたつ》と相俟《あいま》って、一日として私を奮起させずにはおかなかった。冥加《みょうが》に尽きるとはこのことであろう。

したがって防衛大学校に対する愛着もまた、ひとしおである。この学校が正々堂々たる歩みを続ける姿は夢寐《むび》にも忘れ得ぬところである。世間の例に漏れず、私にも多くの恩師がある。その中に、数年前八十五の高齢で物故したひとりのイギリスの政治学者がいる。名はサー・アーネスト・バーカーといい、オックスフォードで師事し、爾来《じらい》四十五年この師の人柄や、その多くの著書を通じて、意識しようが、すまいが、その感化の力の大きかったことを覚えずにはいられない。諸君に語った私の談話にも直接間接に、その影響を受けていることは免れない。彼の著書のうちに一冊の回顧録があって、そこに次のような感慨を述べている。「自分は一つの大学から他の大学へと移り歩いた（彼はオックスフォードでは指導教員、ロンドン大学のキングス・カレッジでは学長、ケンブリッジでは新設の政治学講座の教授であった）。このうちどれに最も忠誠心を持つかとの問題になると、私は最後に勤めた大学に最大の親近感を抱くことを言わないわけにはゆかぬ」。仕事においては、もちろん、この師のそれとは比ぶべくもないが、私も一つの大学から他へと移り歩いた。彼の言がいかにも私の実感を言い当てているように思う。防衛大学校は、卒業生の人々とともに、もしそう言い得るならば、私にとっても母校である。十年前防衛庁から命を受け、米英仏の士官教育の実情視察に赴いた際、フランス、パリのエコール・ポリテクニクという著名の軍学校を訪れた。百八十年前の創立当時、この学校にささげられた一句のあるのを知った。それは「蟻が世界を経巡って来るまでも、亀が大海を飲み干すまでも栄え続けよ」というのである。今もその古びた平凡だが由緒ある建物が、文運の中心カルティエ・ラタンの一角に、幾多の転変と波乱の歴史の中に堪えて、光輝ある教育を続けている。この言葉をそのまま借りて私も小原台のとこしえの栄えを祈りたい。

この祈願をするに当たって、私は切に卒業生諸君の健全を思わずにはいられない。いま私は印象や記憶の散逸しないうちに、良い収穫を得た十年前の米英仏の士官教育の視察を経《たていと》とし、その教育方針を緯《よこいと》として小本を書いている。これを書きながら感ずることは、制度や課程は比較的よく解るが、いずこにも深い伝統が潜んでいて、これがいかに大きい感化の働きをなすかを、つくづく感ずることである。伝統は理性に訴えるものではなく、感情情緒に根差すので一層解りにくい。ただ卒業生が学校の伝統に果たす役割の大であることだけは明らかである。

在任中から当然の責務と心得て、卒業生の生い立ちに関心を払って来た。昭和三十二年第一期生が卒業してから今年は八年目になる。二、三年この方、卒業生にいちじるしく頼もしさの加わったのに気がつく。この観察と判断には間違いなかろう。このことは、卒業生に大きな期待をかけて来た人々の愁眉《しゅうび》を開いたと言うても過言ではない。この頼もしさが小原台のこの上もない資産であって、これが小原台の値打ちの象徴である。その値打ちには数も大切であるが、特に一人一人の質が大切である。いま筆をとりながら目を瞑《つむ》れば、陸に海に空に、かつて訪れた卒業生の真剣な努力の姿が思いに浮かぶ。年月を重ね、努力を積み、層を増していくこれらの成果は、すべて小原台の誇りとなってやがて伝統の基盤をつくり、時には特色ある伝承や伝説も生むであろう。小原台の抱負と希望が熱を帯び、学ぶ者の心の柱となるであろう。徒らなエリート意識や、主観や自己陶酔ではなく、客観の大地に根をおろして行く、無辺の森林の静けさと威容である。また日に月に結ばれて行く卒業生の新家庭を眺めていると、そこには喜びと幸福が満ちている。激しい勤務の傍らには、慰めと安息と幸いの光明が常に輝いていねばならぬ。勤務に尽くす精力の源である。美しい家庭こそが部隊士気の湧き流れる泉である。栄えよ、卒業生の家庭と叫びたくなる。

若い時から心の一隅にこびりつく夏目漱石の言葉がある。それは「遥かなる心を持つものは遥かなる国をこそ慕え」というのである。春秋に富む諸君にも響きを与える言葉ではないかと思う。現在諸君は専門専技に余念のない時代である。一技に打ち込むのも、慕う遥かな国への一歩一歩である。しかし、一日の業務を終えて、巷《ちまた》に響く騒音の消えるとともに、真の自分個人に立ち返る時が来るであろう。この時が人々の思慮思考の閑寂時である。真のレジャーはこれである。みずからの将来、世間の将来、国の将来を思う時なのである。思慮思考の時間をどう使うかは、各人、その人々の解決すべき問題である。しかし、空想空夢であってはならない。試みに考えてみよう。一日一時間、書を携えて思考すれば、一年間に三百六十五時間を得るであろう。十年二十年、さらに生涯を思えば、人はどのくらい、学問思考に時を費やし得るかを知るべきである。部隊も国家も要請するのは幅の広い修練を積んだ人である。読書の伴う思考の一事は、遥かなる国を思う遥かなる心を養い育ててくれるのである。ここに再び卒業生諸君の健在を祈ってやまない。

（防衛大学校同窓会編『会報』第三号、昭和四十年十月）

防衛大学校卒業生と伝統

卒業生の進路を見守っていると、上げ潮の寄せるのを思わせる。その潮先は、やがて九年の足跡をうしろに残して、勢いを落とさず、間断なく寄せ続けている。またその後には、つぎつぎと、潮がとぎれもなく押し寄せるのが望まれる。しかし、これはひとり防大の卒業生とだけは限らない。他の学校の出身者についても同じことが言えるのである。ただ防大に職を奉じた者の一人として、その卒業生に特に関心を持つのも、必ずしも私情のみとは言えない。近来機会を得て、多数の卒業生に会っているが、一段と落ち着きを増したことは、著しく気のつくところである。これは衆目の一致する点でもあるらしい。一頃に比して大きく安定した感じである。生活に安住の場を求めて、これを職務と家庭に得たこともあろう。また心に安住の宿を求めて、これを伝統のうちに発見したとも言えるのではなかろうか。いかに辛《から》く評価しても、彼らに沈着と旺盛な清新の気のあがるのに、目をおおうことができない。もちろん、すべてこれらは先輩と同僚諸氏の激励、指導、引き立てなくしては、考えられないことであった。しかしまた、彼ら自身の運命を切り開く、闘魂と気魄《きはく》なしには達成されないことでもあった。目を瞑れば、あがる気勢の潮騒《しおさい》を聞くような心に打たれる。

卒業生出《い》でて十年、各期を通じてのその足跡を追うと、強く目に映ずることは、伝統が彼らに与えた力である。防大は創立なお日浅くとも、常に伝統を口にして来た。これを言い得たのは、学校は不毛の地に忽然《こつぜん》と出現したのではなかったからである。目指す職種職域は、たとえ粗野幼稚であろうとも、人類の歴史とともに創始されたものである。年代を経るに従って、この職務の道義的要素は愈々《いよいよ》深くこれに喰い入り、その口碑《こうひ》もできれば伝承も現れた。伝説も生まれ、科学とともに哲学も離し難いものとなった。この職域は健全な伝統を持つものとして、常に考えられ、敬われるようになったのである。職域のいずこに目をやっても、この伝統の行き渡らぬ隅はない。この職域の伝統は道義精神の高いものとされて来た。しかし、一たびその運用を過《あやま》てば、苛酷、残忍、非人道的の暴力と化し、世の非難を受けるものでもある。この過ちの要因一切を清算した伝統の姿は、国民民族の高い理想と、これを伸長繁栄させる温床としての社会と国家、その安全と平和、これらを護《まも》る理性と情熱であると言えまいか。

防衛大学校草創の際、アメリカ映画「長い灰色の線」を、当時の学生たちとともに、他人事《ひとごと》でない思いを持って観たのを覚えている。「長い灰色の線」というのは、ウェスト・ポイントの陸軍士官学校のことで、灰色の制服を着けた学生が、波乱万丈の変転を乗り越えて、今日まで一世紀半余の歳月を連綿として精進し続け、これが一線をなして伝統と見えることを意味するのであろう。また、英雄やその事跡を神格化はしないが、伝説として崇敬もする。百余年を経たアナポリスの海軍兵学校の礼拝堂の地下には、独立戦争当時の怪傑ジョン・ポール・ジョンズの石棺が安置されている。校内には伝説を伴う他の記念物も数多くあるが、ここを訪れる米国民はまずこの墓域を訪ねる。海軍を語って、必ず出会う数奇の生涯と闘魂逞《たくま》しいこの海将を忘れ得ないで、その伝統を愛するのであろう。内外の辞典に「伝統」の語義を求めると数多くある。ここには『広辞苑』の説明の一つを挙げてみよう。「広くは伝承と同じ。特にそのうちにある精神的核心または脈絡」とある。われわれは、民族の存亡、国や社会の隆替《りゅうたい》変転のうちに、この短い文字が尽くす防備に関する伝説、伝統の類をも、容易に数限りなく発見するであろう。

現に今日の自衛隊は、以前の陸海軍とは違って、全く独自の構想に立つとも聞いている。しかし、かつての陸海軍の歴史や、その伝統を受け継がずして何が残るであろう。同時にこれらの伝統にも、時勢の変化に伴う新たな見方によって、評価し直されて受け継がねばならぬものも数多い。幸い卒業生は、一方、再評価に必要な判断の基礎知識と、他方、よしとするいかなる伝統にも、馴化《じゅんか》、同化する柔軟な資質を備えていたに違いない。このゆえに今日の安定と、将来への躍進の基盤をつくり得たのであるまいか。環境への馴化と、組織集団へ渾然融合して、しかも自分を失わない心掛けが、訓練されていたことを証明しているのではなかろうか。諸君はこれらを如実に示しているように思われる。潮先に立つ人々は、常に行手に暗雲のように立ち塞がる不確定の要因に挑まねばならぬ。その行動は常に冒険であり、開拓である。これに反して、今日の学生は多くの先輩卒業生あるがゆえに、卒業生の経験した行程については、安定感と確信を持っているのである。このことは重大である。これが母校に尽くした卒業生の大きな貢献であったとも言い得よう。次代の学生の前途には、あるいはこれに優る障害があるかも知れない。しかし、彼らも先輩が乗り越えたように、これらの障害を突破するであろう。この辺に防衛大学校の大切な真の伝統、気風が窺《うかが》われるのではあるまいか。小原台は一見悠久である。しかし、そのスピリットは活動的であり、常に寄せて留まることを知らない上げ潮に湧き立つ後続部隊の揺籃《ようらん》の地である。

（防衛大学校同窓会編『会報』第四号、昭和四十一年十一月）

防衛大学校十五年の時の流れ——卒業生とその自信

防衛大学校創立以来十五年の歳月は流れた。この期間中、同大学校は何を生み、どんな収穫をあげて来たのか。この学校に関連する誰でもが考えてみたい問いであろう。踏み来た道を振り返れば、ここに教え、ここに学んだ者は、想い出を籠めて、色々と物語るものを持っているに違いない。学校も学ぶ者も、少なくとも誠実に、学生の障害の道程とそれが豊かであれと祈る心を忘れなかった。

誰もが彼らの身に付いたもの、印象に残るものの一つや二つは必ず持つであろう。しかし、この学校の主要目的は防衛の任に就く人々の育成にあった。ここではこのことが最も重大である。

防衛の任に就く人の教育について、期待される資質及び資格は数々ある。問題はこれがどの程度できたか否かである。その前に述べたいのは、十五年の歳月を身近に考えると、喜びも苦労もあり、全体的に平穏単調のものではなかった。時にはなじみにくい環境と気勢に取り巻かれ、動きの鈍ることもあった。久里浜旧海軍の廃屋を復元修理して用いた校舎と宿舎に始まり、やがて小原台の砂塵と泥濘《でいねい》の中に移った。小原の台地は空と海に丸裸でさらされ、これを庇護《ひご》する山懐《やまふところ》も樹木もなかった。風強ければ波が岩に砕けるのが丘上から、また、砂塵を巻きあげて空にたなびくのが遥かの海上から、眺めることができた。泥濘は靴を没し、教室への往復には難渋した。年を重ねて今日では、道は舗装、苗木は伸び、芝生も地表をおおうた。しかし、移転当時誰があの砂塵と泥土の中で、今日の緑風を想像し得たであったろう。「緑こそわが憩《いこい》」と彫った石が校庭のどこかにある。これが当時学生の叫んだ渾身の願いであった。だが烈風強雨の吹きつける校舎宿舎のたたずまいにも、むしろこの学校の来し方を思わせるものがある。荒天に抗して耐え忍ぶ建物群の姿は、われわれにも世の冷やかさに忍従することを教えたのではなかったか。またたとえば、困難、不愉快、危険、嘲弄《ちょうろう》、退屈、迷い、発作のごときは、われわれの戦う毎日の対手《たいしゅ》であった。思えば、過去十五年、これらを耐え退けて今日ここに生き抜いた気がする。敗れて去った者もあった。まず互いにこの存生を祝うべきであるまいか。

十五年の年月を数えて思うことは、この間に卒業生がどう伸びたかということである。防衛大学校の教育は、すぐ役立つ人ではなく、むしろ年とともに伸び行く人をつくるとも唱えて来た。これが心にかかる。早い話が、彼らは果たして生涯の職務に自信を持つに至ったであろうか。この疑問にかかわらず、気持ちだけをいえば、上げ潮の潮先を眺めて砂浜に立っているように思う。潮先は常に寄せ、常に引き、漸次《ぜんじ》満ちて行く。自信の固まるには、さらに時を貸さねばならぬであろう。立派な上げ潮を見守りたいものである。

当然だろうが、卒業期の古い者ほど、鼻息は荒い。これも兄貴分というか、自信の一つであろう。時と共に重厚さを加え、やがては一隊を預かり、一艇を任され、飛行しては翼機を導く。責任とともに自信も増すであろう。指示は受けるが、判断はみずからする。激動と激突に対処する覚悟はできている。乱戦に処して平静を失わず、活路を開くのはその任務である。わが部署とその義務、持ち場を離れるな。艦艇《ふね》を見捨てるな、心に遅れはとっていないか、腕に力は抜けていないか、これらは共に語った言葉である。学生はみずから綱領をつくって、ひた向きの道に進もうとした。

われわれは求めて、よく、部隊や艦艇に、または航空基地に卒業生を訪ねる。学生時代よりは頬はこけ、身はしまり、目は鋭く、気力は横溢《おういつ》するが謙虚な、そんな姿の卒業生を見かけては話す。隊務に精励する者、精悍《せいかん》に訓練に打ち込む者、精巧な機器の操作及び整備に従事する者、補給に携わり、あるいは災害や民生の支援に参ずる者、業務業種は異なるが、その性能の発揮と安全の確保はいつも彼らの目標である。時には大学院、研究室の奥深く業績を重ねて、資格や学位を得、教育や研究に従事する者の数も逐年増加している。彼らの職種職場は多様多彩である。このことはもちろん、ひとり防衛大学校卒業生に限ったことではない。各自衛隊員と共に各種の部署にあり、その伝統に同化し協力してのことである。しかし、防衛大学校もまた、窃《ひそ》かにこのことあるを期していた。このために必要な自信の育成は、結局個性の尊重にありとして、これを自発と積極の気性に求めて来た。これが英知と技能に結び付くならば、自信の伸展は期して待つべきであるとの信念であった。

言いかえれば、自信満々たる人物を得るには、独立不羈《ふき》、敢然難関を突破する気概を与えれば足りるかということになる。しかし、防衛の任に当たる者にとって、その自信はこれだけでは充分ではない。これはその半面を語るに過ぎない。残る半分は組織の生む力に対する自信である。集団中の一人としての働きである。防衛任務の遂行は組織による力である。ただ集まること瓦礫《がれき》のごときは組織なき烏合《うごう》の衆であるが、これに反し、機能の分掌により本領を発揮する、すなわち、特定の目的を達成する集団は有機的であると呼ぶことができる。防衛の自信は個人の力と組織の力に対するものである。

ただここで注目したいのは、組織は個人を離れて存在するものではなく、個人の性能がまた組織の力の基幹であることを忘れたくない。個人はいつでも判断と技能の主人である。組織の力は時には著しく機械的のことがあるが、その蔭《かげ》には常に人の心があり、特に道義的要因がその力の動きの価値を定めるのである。殊《こと》にこれは防衛組織において然《しか》りである。たとえば、フランス十七世紀の科学者で思想家であるパスカルの言を借りてみることができる。彼は力と正義は常に結ばねばならぬとして、「力の伴わぬ正義は無力であり、正義の伴わぬ力は抑圧である」と言った。防衛組織に正義は常に伴侶《はんりょ》でなければならぬ。もしこれなくば、防衛の力は道義的に無力であるか、あるいは忌むべき暴力に堕するであろう。

力が正義より離脱するのを阻止するかのように、力には常に影のごとく伴うている規則がある。規則の一つは法律であり、他の一つは道義である。力の行使に合法性を付与するのは法の存在である。力に価値と合理性を与えるのは道義である。前者は国法が定める強制外面的規制である。後者は個人の任意内面的の動機である。その実践において、一方は「遵法の精神」なる表現によって奨励されるが、他方は良心、理想、希望、慈悲などの徳操情操と同様に自由であるが、しかし行なわれるものとする各人の意欲によって実現される。道義の行なわれるか否かで、行為の尊さの高低が定まる。

人、もし防衛に参画する卒業生の心事を問うものあれば、次のような答えも一つの見解ではあるまいか。日本は、見ようによっては、今日その繁栄に有卦《うけ》に入っているといえよう。秩序と平和は維持され、生活は延び、文化と経済、教育と福祉は戦後格段の進展を見せ、祖先が夢にだけ描いた民主国家において、これらはすべて、豊かに収穫されているのである。しかし、このことは国の独立と平和並びに民族の自由が保障されての上の話で、これら三者を完全に享有する国は、世界広しといえども決して多くはない。その上、わが辺境は穏やかであり、善隣の政策も物をいい、国内外の平和的動向も他を刺激せぬ理由の一つであろう。われわれとしても、人類の理性と善意をもって、いつの日にかは恒久平和の到来を固く信じているものである。他国の善意も信頼しよう。友邦、隣邦、遠近いかなる国との親善も歓迎する。しかし、これだけで、国の独立、平和、自由の保障ができるかといえば、問題は簡単ではない。将来の理想だけで、今日の問題と取り組むことはできない。理想の構図だけで、一切の危険は避けられ、国の安泰が保障さるべきはずもない。安全保障は単に他国の善意や友情だけでできるものではない。あらゆる危険に対し、みずからの手で、みずからの判断で決定すべき事柄である。

世界の動向のどんなものかを、手っ取り早く心に銘記するには、過去半世紀の世界大勢を顧みるのが早道である。第一次世界大戦（一九一四―一八）は戦争に終止符を打つはずであった。そのために生まれた国際連盟にかかわらず、これは第二次世界大戦（一九三九―四五）を回避することができなかった。この大戦の終結は人類の悲願を、今度は国家連合の上にかけさせた。しかし、この悲願をどこ吹く風かと、戦後二十年余、世界の実情は戦備の強化によって対手国を制圧し、これを戦争抑止策とする有様である。それのみか、防備なき国家群は随所に思想や騒擾《そうじょう》による侵略を受けた。破壊思想とその分子の侵入、洗脳的手法、秩序の攪乱《かくらん》などをその常套《じょうとう》手段としている。かかる世界事情に対処するには、国民がみずからその侵略から国を守るよりほかに手段はない。われわれは常時遠雷の響きを聞いている。しかしその響きは明日は他人のことではないのである。咆哮《ほうこう》や硝煙《しょうえん》の香りは一気にこの境域の空を襲うかも知れない。

防衛大学校創立十五周年を迎え、その卒業生に思いを馳せ、いささか考えるところを述べた。あわせて後続する学生諸君の将来を思い、その健在を祈る心の切なるものがある。

（防衛大学校同窓会編『会報』第五号、昭和四十二年十一月）

七　小泉信三先生

小泉信三先生塾長時代の一面

編集部の注文は「小泉先生の思い出、特に日吉建設当時」というのであるが、この時代は先生の塾長時代である。したがって、もちろん日吉建設当時にも触れるが、もう少し広い立場から、先生の遺徳を偲《しの》んでみたい。

昭和八年の暮れ近く、先生は塾長に就任された。乞われて堀内輝美先生とともに、私も常任理事就任を引き受けた。先生の塾長時代の十二年余は、日本にとっては大変な時代であった。先生であったればこそ、塾は波乱万丈のこの時代を堂々と乗り切ったのではなかったろうか。この時の先生を知るためには、もっと時をかけて、時代転変の経緯や、先生の事跡、さらに時期的に正確に知ることの必要を感じる。また著書の中のいくつかの論文、文章も読んでみたいと思う。しかし、今はその暇《いとま》がない。したがってここに述べるものは、思い出《い》づるままに書く域を脱しないことを断っておきたい。

先生の塾長時代は、その前半が満州事変から引き続いて、日支事変の深みに陥っていった時期であり、後半は苦悩の重なる戦乱の騒然たる世相の中であった。塾長就任後、間もない頃であったが、先生は自分は多くの時間を学生の薫陶に費やしたいと、その意志をわれわれ理事に表明されたことがあった。塾長就任前から、先生を中心とする、いくつかの学生の団体はあった。しかし、この時以後の先生の薫陶の対象は専ら全学生であったように見受けた。もちろん、当時は日吉建設の大切な事業が控えており、その資金募集のために東奔西走、席の暖まる暇とてない有様であった。

しかし、みずからを督して学生に尽くそうとする熱意には、いささかの怯《ひる》みもなく、機をつかんでは講演をなし、文章を書いては、小冊子とし、これらを広く学生に頒布した。目指すところは、学生の志気を鼓舞することであり、塾生としての高い矜持《きょうじ》を力強く勧めるものであった。学校行政に主務をおく大学総長の中にあって、文字通り学生の陣頭に立ったことは、異色の存在ではなかったろうか。その後、時局の緊迫深まるにつれ、多くの学生は学業を捨てて、戦線に去ったが、彼らは小泉先生の教えを、心の力として出かけたことは察するに難くはなかった。

塾長就任と同時に、あるいは翌春から日吉の新校舎が使えるのでなかろうかと、先生をはじめ一同で検分に行った。かなりの不自由はあるが、これを忍び、同時に集中的に工事を施せば、南校舎の半分が使えることが判明した。そこで善は急げと、翌春、すなわち、昭和九年の四月から大学予科の新入生約一千名を収容、教育を開始することと定めた。一年生から収容するのは、心機一転、出直して教育の刷新に努めようというのであった。

新校舎を開いて間もなく、少しく世間の話題を呼んだのは、新入生全員に頭髪の丸刈りをさせたことである。もちろん、新塾長の発案である。学生たちは、これを断髪令と称して、ぶつぶつ言うたものであった。先生は、しばしば、学生に話しかけられたが、覚えている、いくつかを拾ってみよう。当時の学生中に、学帽に油を塗り込んで得々としているものがいたが、これを見て先生は、「それで、しゃれた積もりだろうが、それにしては鼻持ちならぬ悪趣味だ」と口を極めて罵倒された。特に、着衣、姿勢、態度、礼儀については、学生の留意を喚起し、「ペンの徽章《きしょう》」と題する小冊子の配られたのもこの頃であった。電車の中では婦人子供に席を譲れ、君らの足で一時間や二時間立つのは、何でもなかろう。校庭に紙屑を散らすな。吸殻が落ちていたら拾え。時には海軍兵学校では、その生徒に「雨に遭ったら、ゆっくり濡れて行け」と教えるそうだと、この言葉がよほど気に入ったか、しばしば、口にされた。先生の発議で、一同は当時築地にあった海軍経理学校を訪れて、生徒の「しつけ」振りを見学した。生徒が白の着衣で階段を駆け足で上下するのが印象に残っている。こうして、二年三年と時がたつうちに、心持ちか、学生に落ち着きと頼もしさを感ずるに至ったのを誰しも認めていたところである。電車の中などで、学生同士「塾長の話はよかった」とか、「いい塾長だね」と、私語するのを聞くようになっていた。

後年私は小泉先生の推薦を受けて、新設の防衛大学校長に就任して、その創設と教育に十二年余を過ごした。この間、常に先生を相談の相手と心得ていたが、むしろ無言の激励を常に強く心に感じていた。同時に身に覚えるのは、先生の学生薫陶を身近かに見聞していた経験を持つ幸運であった。防衛大学校はその教育の目的の性質上、どうしても道義心と勇気、規律としつけ、これらを民主主義の旗の下に身につけさせねばならなかった。想を練れば、その背後に先生あるを拒めなかったし、ものを言えば、その語った後に、これは小泉語であったと気づいてハッともし、その影響の強さに、みずから感心せずにはいられなかった。最近先生の追悼会に臨むに当たり、先生の「塾長訓示」について一言しようと思い、これを求めて久し振りに読んでみると、何だ自分は徒《いたず》らに駑馬《どば》に鞭打って苦心していたのではないか、すべてはこの数行の訓示に尽きているではないか、こんな感に打たれるのであった。近頃、人はこの訓示を忘れているようなので、ここに掲げておく。

塾長訓示

一、心志を剛強にし容儀を端正にせよ
一、師友に対して礼あれ
一、教室の神聖と校庭の清浄を護れ
一、途《みち》に老幼婦女に遜《ゆず》れ
　善を行ふに勇なれ

少しでも学生補導の経験を持つ人ならば、この訓示がいかに肯綮《こうけい》に当たっているかを知るであろう。しかし、これが発表された当時には、批評する者もあったし、冷たくあしらう人もいた。先生は評判を気にする声を聞くと、「われわれの意見と決断はどうなのだ」と問われる。こんな時は二の句を継ぐ者はいなかった。先生の勇気の本源はこんなところにあったと思うている。

先生の塾長時代の世相は、時を経るとともに重苦しさを増して行った。五・一五事件に輪をかけたような二・二六事件の日には、塾長とともに皆で塾監局に集まり、沈うつな空気の中で情報を聞いていた。やがて、日支事変は大した意味も持たないで深淵に押し流され、制動を失った車のように転落して行くばかりであった。われわれの教育の周辺にも次々と、目まぐるしい変転が訪れ、殊《こと》に全体主義は、恐喝的の暗雲を捲《ま》いて襲いかかるのを覚えた。この時、記憶する一事件があった。それは陸軍士官学校の教科書に、自由主義を誹謗《ひぼう》した後、福澤諭吉を日本の国体を汚したものとして記述する文章を発見した時のことである。塾長とともに、この教科書を読んでいたと思うが、先生は「これをこのままにすることは出来ない。たとえ慶應義塾をつぶしても、しようがないじゃないか」と、ただならぬ気配であった。正直のところ、私は大変だと驚いた。幸いその後、この件はだれ言うとなく再び口にすまいとして、ことなく済んで行った。

やがて、開戦の昭和十六年十二月八日の朝がやって来た。早朝まだ開戦を知らずに登塾して塾長室に入ると、十四年に開校した藤原工業大学の藤原銀次郎理事長が、すでに来ておられ、沈痛な面持ちで対談していられた。塾長に「戦争は始まっているのだよ」と聞かされて、初めて開戦を知った。また藤原氏は「もう、聖断を仰ぐこともなくなりましたね」と呟《つぶや》かれた。この「聖断を仰ぐ」というのは、日々に緊迫する情勢に苦悩する小泉先生が、戦争回避の途《みち》は、この機に及んでは、このほかに方法はないと、頻《しき》りに言われていた言葉であった。先生自身に聞かせる祈りにも似た文言であった。いうまでもなく先生は、生涯を貫いた愛国者であり、国家独立の熱烈な擁護者であり、幾度となく福澤諭吉の愛国心について語り、書きもした人である。しかし、当時の開戦論者の同調者では、断じてなかった。むしろばかばかしい話だが、当時の禁句の非開戦論者であった。先生はこの頃、急に山本五十六元帥と親交を結んでいた。同元帥の対米戦争避くべしとする説も周知のことである。しかるに、この二人の戦争回避論者は、ひとたび干戈《かんか》を交えるに至っては、戦争の遂行に全力を傾けたのも、奇《く》しくも一致する運命であったと言うよりほかはない。

戦いに全力を尽くす塾長の意図を忖度《そんたく》させるような二つの話題を思い出す。一つは昭和十一年ハーヴァード大学の三百年祭に参列後、どこか南部といわれたと思うが、新聞記者の日米戦わば総長はどうするかとの問いに、言下に自国のために戦うと答えられたそうだ。すると新聞は「日本の大学総長は米国と戦うという」とでかでかと大きな見出しで書いた。戦いたくはない。しかし、百策尽きて、やむを得ねば戦うというのがその持論であったように思う。

他の一つは、後年防衛大学校に講演に来られた時の話である。ちょうど米国アナポリスの海軍兵学校から多くの記念品を贈られて、それを陳列していた。中に米国海軍の伝説的提督の肖像画の色刷り複写が数葉あった。ジョン・ポール・ジョンズ、ペリー、マハンまではまずわかるとして、外にデカター提督のものがもう一枚あった。これはどういう人かと問われたので、私はこれは歴戦の勇士ではあるが、彼を有名にしているのは、彼の乾盃の言葉であるらしい。それに曰《いわ》く「米国は国際交友においては、常に正義の味方であって欲しい」とここまで述べると、先生は英語で“but our country, right or wrong”（しかし、正しかろうが、悪かろうが、われらの国）と、この句の後を継がれたのであった。名分がたたなくても自国のために戦うのを愛国心と解すべきかは、なかなかの難問題である。これをすっぱり割り切るのは、おそらく軍人だけかなとも考えられる。先生はどう解釈していられたろうか。この時は、ただ笑っていられた。

戦時中の出征の卒業生や学生に対する、先生の心くばりには、慈悲の権化でなかろうかと思わせるものがあった。手の届くところ、心の及ぶ限り、一人一人に尽くすのであった。次々と暇乞《いとまご》いする学生に、激励もし、注意を与え、家族についても問う。また次々に送りこまれる、署名と筆跡を求める国旗には、真心をこめて執筆されていた。時に、同窓勇士の奮戦の手柄話を聞くと、これを人々に涙を流さんばかりにして話す。自慢と愛情に、他を忘れている父親の観があった。戦争は固着し、敗色すら濃くなると、教職員のうちには、怨嗟《えんさ》の声も出た。こんな時には、先生は「今や覚悟して国難に殉じようとする、青年たちの心を曇らせては済まんじゃないか」と静かに戒められた。

しかし、ついに戦争は、敗北して終わった。塾にも、先生にも、またわれわれにも、大きな傷跡を残して終わったのであった。殊に先生は、戦いに敗れ、ひとり息子の令息を戦争に失い、焼夷弾に家は焼かれ、大きな火傷を負うた。また塾長の職も退かれた。この頃のある日、私は三田の邸宅に、静養されている先生を訪問した。先生は静かに安楽椅子に掛けられていた。慰めの積もりか、このことは今は忘れたが、私はわれわれは敗れたが、よく戦って義務を尽くしたのではないでしょうかと語った。しかし、先生の言葉はその当時の私には意外で、「そうだったろうかね。僕は今米国の本を読んで、戦時中強硬に、堂々と戦争に反対した人々に感心している」といわれた。この時ほど、私は何か先生の淋しげなのを感じたことはなかった。

塾長時代を語って、筆をおくに際し、先生の晩年が心に浮かぶ。その豊かさ、その円熟さ、ただ人を魅する風格であったといえまいか。塾長時代の先生は、持するところ高く、気性も強く、理路整然としてことばの切れ味も鋭かった。人はこれを尊敬した。しかし、晩年の先生ついては、英語の mellow という字を思わせる。「よく熟した葡萄《ぶどう》からとれた、酸味も粗味もよく除かれた、酒とその香気について用いる」とオックスフォード英語辞典は、この字句の解釈の一つに説明している。塾長時代と晩年、多くの共通点を持ちながら、相違点もあったろう。戦後の二十有余年は、たしかに先生の豊かな実りの刈り入れの秋であった。

（『三田評論』第六五二号、昭和四十一年八月一日）

任重く道遠し——小泉信三先生の一面

小泉信三先生が慶應義塾塾長に就任されて間もない頃、よく福澤先生の「独立の気力なき者は国を思うこと深切ならず」との言葉を引用して、国の護《まも》りについて説かれたのを記憶している。戦後、朝鮮事変に関連して国防問題が喧《かまびす》しくなると、わが国の独立と平和を憂慮して、その護りについて論陣を張られたことも周知の通りである。二十七年の秋から翌春にかけて、私は防衛大学校設立の準備を越中島でしていたが、その頃先生から、あの名文「国を思う心」数部の恵与を受けて、自衛隊首脳部の数氏に送ったが、たちまち大きな反響を呼んだ。国防に説得力ある表現を求めていた当時、旱天《かんてん》の慈雨の観があった。また、故伊藤正徳氏とともに、記念艦三笠の復元に尽くされた時の両氏の文章には心に残るものがある。同艦を訪れる人々は、今も「小泉信三・記念艦三笠」の一文の刷り物を携えて帰って行く。

しかし、同じく防衛の仕事に就いて先生の支援を受けること最も多かったのは防衛大学校であったろう。ここに勤めた者は先生から深い恩恵を蒙《こうむ》った。先生もまた、特別の関心を寄せていられたと思う。たびたび来校されては、創設進展振りを問い質《ただ》し、教官と会談しては来るべき教育を語り、学生を集めては講話をされた。私が退任した後、逝去半年前、昭和四十年十二月三日に小原台における最後の講話をしていられる。いつかは先生と防衛大学校との関係に触れておかねばと思いながら今日に及んだのである。

ちなみに表題の「任重く道遠し」とは、小泉先生が防衛大学校卒業式（昭和三十三年）の祝辞中に用いられた『論語』からの言葉である。

先生と防衛大学校との関係は、まず校長の推薦から始まった。昭和二十七年五月か六月のある日、私は先生から書信を受けた。それによると、先生が総理大臣吉田茂氏に会われた際、新設の防衛大学校（当時保安大学校と呼んだ）に校長を求められたので君の名を挙げておいた。承知おき乞うというのであった。この時の模様を後年次のように述懐されていた。宮中で皇太子殿下に、首相とほかにもうひと方、それに小泉先生と三人でお目にかかり、殿下ご退出後首相からこの話が出た。君の話をすると、吉田さんはそれで決めたようなことを言われるので、あわてて、充分の調査を願う旨申し出たとのことであった。この学校は昔の陸軍士官学校と海軍兵学校を一つにしたもので、本来ならば当然軍人が校長であるが、吉田首相は今回は軍人でなく、しかも民間から選びたいと決意されたのがこの間の事情であった。小泉先生には考えさせていただくと返答したが、日がたつとともに忘れていた。すると七月末、先生から吉田首相にお目にかかるから、至急同道せよとのことで、翌日官邸に出向いた。この後話は進んで、校長を受けることとなり、八月中旬に発令された。

学校創設は焦眉《しょうび》の急務だとのことで、この時（二十七年）の秋、学生募集、これも順調に進んで一万を越す応募者から定員四百名を得た。理工学を中心とし、文部省には直接関係しない学校だが、大学設置基準に従って課程を編成し、敷地の選定、校舎の建築を含めた諸計画は学年の進行に連れて実現することとして、第一学年の教官と共に、ともかく半年余りの準備で翌年（二十八年）四月開校したのであった。しかし、校舎、寮舎は文字通りの仮設、横須賀久里浜の旧海軍の廃屋に手を入れて入った。万事大家《おおや》の保安隊通信隊の世話になりながら、二年間をここに過ごした。小泉先生は校長推選の責任も感じられたろうし、教育の前途についての不安もあったろう。しばしば来校されたが、この仮施設には目に余るものがあったらしい。お先真っ暗な将来についての心配の様子もありありと窺われた。

しかし二年目には敷地も観音崎に続く丘陵小原台に決まり、二十九年末頃には工事も進捗《しんちょく》した。この頃のある夕暮、講演の後であったろう、先生を初めて小原台にご案内した。地積は二十余万坪、諸事質素な建物ではあるが、延べ二万余坪、港湾あり、射場、運動場にも事欠かぬ旨をお伝えした。土は掘りかえされ、足場のかかった工事中の諸建物十棟ばかり、夕靄《ゆうもや》の中に立ち並ぶのを興味深げに眺めていられた。学校の前途に塞《ふさ》がっていた不安にも、やや愁眉《しゅうび》を開かれたらしく、慶應義塾の日吉建設時代の諸工事を思い出されて、「あの頃が思われて、君らしいな」と、私の校長就任以来初めてご機嫌の顔を見たような気がした。

昭和三十七年には創立十周年を迎え、十一月十日記念式を挙行、小泉先生の祝辞を受けた。過分の推称なので掲げるのも気が引けるが、学校の一同にとって一応の安堵《あんど》であったことも争われなかった。その一節をここに挙げる。「昔寺子屋ということを言いましたが、実際当時（久里浜時代）の防衛大学校は大きな寺子屋に毛の生えたものでありました。当時この大学校の未来を約束するものは、ただ槇智雄校長とこれを助ける文武職員諸氏の精神と決意以外、何ものもなかったというのが事実でありますが、しかしながらその精神と決意は遂に防衛大学校の今日あるを得させたのであります。今日この大学に最もよく教育せられ、気品あり、訓練あり、高い使命感をいだき、而《しこう》して謙虚の何ものたるかを知る日本の青年が真に養われているという事実は、今日もはや人々の疑わぬところであると思います。私はこれを日本のために喜び、学生諸君のために喜び、今日この機会においてこの成績をあげたる槇校長、而して過去及び現在において校長を助けて、この成績をあげしめた文武職員の方々に対し、最も深い敬意を表したいと思うのであります」。これは過賞であったが、われわれを更に奮起させる励ましでもあった。

この頃、私の同席した慶應義塾出身者の宴席で、先生はこんな意味の話をされた。防衛大学校長の仕事は気の毒なものだと言うて、次のような点を指摘された。国防のごとき大切のことに世間は冷やかである。軍閥の復活だといい、学生などにも悪口雑言を浴びせる。さぞ気苦労の多いことであろう。心から心労ねぎらい申すというのであった。いささか面はゆい気がしたが、思えば黙々として人知れず苦労する者への先生の同情と、一部の者に対する義憤かも知れなかった。防衛大学校学生の求めに応じて、「灯台守」の一文を与えられた。「孤島または岬角《こうかく》の突端に寒暑と風浪に曝《さら》されて、孤独単調の日々の灯台守とその家族の心」に行く港の先々から礼状を送る一船長の心がけを賞された後、先生は「いつの世にも、力をたのんで騒々しく、権利を主張するものの要求は聴かれて、誠実謙遜に、その義務を行なうものが顧みられないのは、歎かわしいことである。厚かましい権利の主張者を無視してでも、人知れず職務を行なう人々をこそ顧みるべきであるとすることは、苟《いやし》くも義を知るもののひとしく思うところであろう」。文中には明示されていないが、防衛の任務にもこれに類するものもありとして、学生を慰め、励まされたものであったろう。

防衛大学校開設以来、先生逝去までの十四年、この間先生は十数回来訪されている。学生のため壇上に立つと、「私は招かれて来たというと体裁がいいのですが、校長に私を呼びませんかと要求して、やって来ました」とよく言われた。事実そういうことも何回かはあった。しかし、それほど先生はこの学校とここの学生に関心を寄せていられた。三十八年、時の防衛庁長官志賀健次郎氏の指示もあって、「防衛大学校における小泉信三先生講話」と題する冊子を作り、学生及び広く自衛隊員に頒布した。長く絶版になっていたが、今回先生最後の講話をも収めて、この一文と同じ『任重く道遠し』（甲陽書房刊）の書名で出版された。この一冊を通読していくと随所に、先生が常に口にし、筆にされた、テーマ、論旨、句節、標語等が現れて、懐しさを感じさせるものがある。防衛大学校学生に語らんとされた所論の大要はこの一冊に尽くされていると思う。

三十余年前、慶應義塾塾長に就任し、進んで全学生に接して薫陶《くんとう》の役を果たそうとした、あの当時の先生には、気魄《きはく》に充ちた指揮者の風があった。これと対照的に、防衛大学校学生に語る先生は、豊潤と滋味に溢《あふ》れる晩年のあの姿であった。この間防衛の論旨には変わりなく強力に一貫していた。ただ、用語、語調、抑揚には年の隔たりの違いはあった。「国を思う心」、「祖先の残した郷土」、「子孫に伝える国」、「人四十を越せばその顔に責任がある」、「山河を立派にして未来に渡したい」、これらは先生の用いられた晩年の一種の標語であった。ある時先生は『論語』を知ると学生に話しやすいと言われたことがある。講話において常に引用されたが、忠恕《ちゅうじょ》や風樹《ふうじゅ》の嘆《たん》についてよく語られるのを聞いた。「逝《ゆ》クモノ斯《かく》ノ如キカ。昼夜ヲ舎《お》カズ」については「河流」という立派な文章がある。防衛大学校最後の講話（四〇・一二・三）を、私は新刊の『任重く道遠し』で読んだが、題は「日本の昨日、今日、明日」というのであった。「ある意味で武士階級は国民の背骨である」、「日本は信義の国でありたい」、福澤三条として「天は人の上に人を作らず……」、「独立の気力なきものは国を思うこと深切ならず」、「愚民の上に悪政あり」と語り、全体の構想は広く十四年間の講話を総括するように終わっている。

防衛大学校昭和四十一年度の卒業式が去る三月十八日、今年二倍に拡げられた体育館で壮重に挙行された。大森学校長は式辞の中で、小泉先生の日本の国土のいかに大切かを諭された一条を長文にわたって引用した。この日、外には風雨がはげしく荒れて、かつて同様の風雨の強かった卒業式に夫人と共に来場された先生を思い出させた。外は荒れ、内も三千を越す人の集まりであった。しかし一切の騒音反響が全く打ち消されている静寂そのものの中に、校長の引用文のみが流れる。いつの間にかただ小泉先生の文章が漂うような錯覚に陥るのであった。小泉先生の面影は長く小原台にも留まるであろう。

（慶應義塾雑誌『塾』昭和四十二年六月）

八　伝説の人吉田元首相

設立のことども

防衛大学校の職員並びに学生であった者にとって、過去現在を問わず吉田元総理は学校創始以来偉大な存在であった。しかるにこの巨星、にわかに長逝されて、われわれは今、限りない追憶と寂《せき》寥《りょう》をしみじみと味わっている。吉田さん（われわれはいつも親しみをもってこぅ呼んだ）は学校の続く限り、この学校には忘れ得ぬ伝説伝承の人となるであろう。もちろん元総理は日本国民にたたえられるべき人である。しかし、小原台上においても忘れ難い伝説の独得の人として語り伝えられる人である。

昭和二十七年の初夏のある日、私は老総理と昵懇《じっこん》であった小泉信三先生から書信を受けた。内容は「過日吉田さんにお目にかかると、新たに国防の任に当たる幹部養成の学校を計画している。だれか校長に心当たりはないか。それで君の名を挙げておいた。こうしたことを承知しておいてもらいたい」というのであった。後年、小泉先生はこの時の模様を次のように述懐されていた。皇太子殿下に吉田総理、他に宮内庁のお方及び自分小泉とお目にかかり、殿下ご退出後にこの話が出た。ここで君の名を挙げたのだが、吉田さんはこれにきめたようなことを言われるので、あわててご調査願うと申し上げた。

それはともかく、私は先生の書信を日がたつとともに忘れていたが、七月末のある日、突然先生から明日総理が会うと言われるから、同行して欲しいとの通知に接した。

七月末の暑い日の午後であったと記憶する。小泉先生とともに、目黒の今は迎賓館となっているあの旧館に総理を訪れた。暫時《ざんじ》階下に待ち、二階の一室で総理にお目にかかった。あの頃にはまだ珍しかった冷房のある一室であった。談話は主として総理と小泉先生の間でかわされ、総理の話は常に雑談的でその調子は柔らかであった。こういう調子で、新設の学校の校長は自分が軍人以外から選ぶと言われ、いろいろ注文もあるのだとも語られた。ここであったかは、はっきり覚えぬが、陸海両者の争いを根絶するため、この学校一つで教育を行なうとも言われた。さらにこの日の談話を拝聴していて、強く心に感じた事柄が二つあった。一つは今日は民主主義の時代であると言われ、暗に多くは昔のままではいかぬ、士官教育また然《しか》りであるというふうに考えたことであった。全く同感を表するところで、就任後、幾度この言葉を思い出して、自分なりにこれを講述するに努めたか数知れない。もう一つはアメリカ軍の統制の厳正なことについてであった。事柄の何かは、総理はこれを明らかにされなかったが、進駐軍の政策に関して、堪えがたい、すぐ矯正を要望するものがあり、総理みずからマッカーサー元帥に交渉された。これが賛意を受けると、その翌日には全国の各地から踵《きびす》を接して事態の改められたことの報告に接したそうだ。その統制振りの見事さに驚いたと口を極めて賞揚されていた。これが下剋上《げこくじょう》、上司をないがしろにして、国運を破綻の一途に追いやった経験を知られる、総理の軍律に対する要望であったと思う。

ある日久里浜に

昭和二十七年度内に当座の準備を行ない、久里浜の仮校舎において防衛大学校、当時の保安大学校は翌年四月から開校された。校舎宿舎は保安隊（陸上自衛隊の前身）通信学校の一隅と門前の河川及び道路を隔てた向かい隣地にある旧海軍の廃屋を改修した仮施設で、その有様は到底学校の態《てい》をなすものではなかった。これみな、幹部養成に一年も遅れをとるなとの急迫事情の所産であった。

恒久施設の小原台に移るまでの二年の間に、吉田さんは総理として久里浜に二度見えている。一回は開校後間もないころで、学生も一通りの訓練を終えてパレードも曲りなりにできた。初夏の日の輝く校庭で、これが恐らくこの学校初めての公けの観閲式であったろうが、吉田内閣総理大臣の観閲を受けたのであった。訓示もあった。これの録音があるはずである。後にこの録音を、その中にある新聞写真班を叱咤《しった》される場面とともに聞いたのを覚えている。

二回目の来校は翌年であったと思うが、前日の通達による突然の来訪であった。報道陣を回避せよとの指令で苦心した思い出がある。この日、横須賀米国海軍からの招待もあって、そのために時間待ちをしながら、臨時の柔道場の畳を上げて席を造り、ここで暫《しばら》く懇談した。吉田さんは学校で食事をとられたことはなかったが、一度だけ久里浜で学生食堂の席に着かれたことがある。これは来訪二回のうち、いずれであったか、はっきりせぬが多分第二回の時であったろう。久里浜の学生食堂は、河向こうの工場跡で粗末のものであった。その一端に高い座席を設けて、総理と増原保安庁次長と私とがこの席に着いた。

食後私が立って、総理来校に対する挨拶をしたが、その中に「いわば本校生みの親とも申すべき総理」の言葉があった。総理は立たれて訓示されたが、その中でこの言葉を捕らえ、「もし僕が親なら、諸君の出来の悪い者は不肖《ふしょう》の子である」といわれた。学生は笑った。しかし苦みは残ったらしかった。

今になって、つくづく思うことは、久里浜時代は草創期、その有様はこれを瞥見《べっけん》しただけでは、海のものとも、山のものとも見分けがつかなかったであろう。多くの人の目には混沌としか映らなかったであろう。総理は必ず当時の有様に心を痛めていられたであろう。またそれだけに、この学校の出来栄えに力を入れられていたことにわれわれも気づいていたし、心よりの感謝もしていた。強い励みであった。

ユーカリの由来

開校二年目には小原台移転の見当が付き、設計も進み、二十九年春には鍬入《くわいれ》式を行なった。景勝の地でもあり、広さにもまず不足はない。先生方も振るって参加され始め、優秀な自衛官は来って、訓練に、人づくりに参画された。見通しは日に月に明るくなった。やがて、第一期生の卒業式が来た。吉田元首相は演壇に立って、いつもよりは長く、かつ滑脱な口調で、学校発生の由来に自分の抱負の那辺《なへん》にあったかを入れて、祝辞を述べられた。われわれも実のところ、ホッとした気持ちであった。その後も卒業式と記念式には必ずご招待を申し上げた。差し支えなき限り、必ず諾《だく》と返事された。ただその日になって、天候や、お体の具合で、お断りになることも多かった。池田総理と卒業式で巡り会われたこともあったと思う。三十九年秋の記念式には珍しくも出席され、最後の来訪は四十二年の卒業式であった。

小原台の景観や、建物、造園については、ご意見を伺うことができなかった。しかし一度、初めて小原台を見られた感想を、お宅を訪問した際に伺った。「それは樹木がなくて困るだろう。善い樹を教える。ユーカリプタスがよろしい。自分も植えた。業者はこれ」とご紹介に与《あずか》った。ユーカリの樹は後にこのほかにも大量に入れたが、これが小原台のユーカリ樹のそもそもの由来である。何年か経て、学校のユーカリ樹は伸びましたと報告したところ、「アレはいやな樹だネ、僕のところでは皆切ってしまった」といわれ、ニコニコしていられるのであった。

防衛大学校十五年の歴史を支えてきた、偉大な人物は逝去した。果てしない寂莫を感じる。しかし学校の精神生活には、豊かな伝統ができねばならぬ。また伝説伝承も必要であろう。ひとり防衛大学校の関係からばかりではなく、日本の歴史の上からも、元首相吉田茂を研究すべきである。研究に価する大人物であったことに間違いはない。

（昭和四十二年十一月二日、新聞「小原台」昭和四十二年十一月十二日）

全国民によって読まるべき書

――槇智雄著『防衛の務め』推薦の言葉（昭和四十年一月十日）

小泉信三

槇氏は教育行政家であると共に政治哲学者である

「防衛の務め」は、前防衛大学校長槇智雄氏の学生にたいする講話を集めた著書の表題である。

槇氏は往年慶應義塾を卒業ののち、渡英してオックスフォードに学び、帰来母校の教授となり、のちに久しくその行政の幹部となった人であるが、防衛大学校の創立に際し、招かれてその校長となり、以来十二年余、まさに同大学校を今日あらしめたその人であることは、すでにいうまでもなく、世の知るところであると思う。

槇氏はすでに経験豊かなる教育行政家であると共に、オックスフォード在学時以来、民族と世界の昨日と明日に思いを致すこと深き政治哲学者である。

そのような経歴と学殖を持つ槇氏が、やがて自国防衛の任に当たるべき青年に向かって何を教え、何を誡《いまし》めんとするか？　それは今日、人の最も聴かんと欲するところ、また聴かねばならぬところである。

本書に収められた講話合わせて三十余章、その語るところは自衛官たるものの本務から日常生活上の注意に至るまで多岐多端であるが、その中の一編「守るのは何か」の諸章に、私は殊《こと》に注意をひかれた。

「守るのは何か?」無論われらのこの国である。この国とは何か? 槇氏は政治哲学者として、先ずそれを論究する。

そもそも国民と国民性をなすものとして、人は当然先ず民族、人種、領域、風土、人口、産業などを思うけれども、真に国民の画像を成すためには、その精神的要因を描かなければならぬという。歴史、信仰、文芸、思想、習慣、法典、制度や、或いは政府、教育などがそれである。これらのものは、皆もと人の心がつくったものであるけれども、一度《ひとた》びそれがつくられると、やがてこれらの心の住居は、そこに住む心そのものに影響を与える。心のつくったそれらのものが、時代から時代へ、心から心へと受け継がれ、継がれるたびにその深さを増して行く。

すなわち、それは過去の人の持った心であり、また未来の人の持つ心でもある。目に見えないが、しかし見えるものと同様に実在するのであり、過去からの蓄積であり、伝統であり、共同の相続財産である。国民はその心を総合したものと言えるであろう、という。

この共同の相続財産は、国民にとっては過去現在のみならず、その将来に託する希望の一切を含むのであって、われわれは切にその安泰と繁栄を願い、独立と平和のうちに恒久の生命の続くことを祈らずにはいられないのであるが、さて現実の世界において、この貴重なるものの保障は、十分与えられて心配ないのであるかといえば、何人もしかりということはできぬ。しからばどうするか? 自分でそれを守るより外ない。

そこに防大学生の将来の任務がある。「……平素の準備鍛練が、諸君の国民の一員として、また国民に対しての義務であり、責任であると考えるのはこのためであります」。そうして槇氏はしばしばパスカルを引用する。パスカルのいわく、「正義は力なくしては空虚のものであり、力は正義なくしては暴力に過ぎぬ」と。

自衛の権利と義務、自由と規律

改めて、私のいうまでもなく、国民自衛の権利と義務とは、独立国民なる観念と不可分である。それは独立国において、いかなる法典の条文にも優先すべき根本の大義であって、自衛を放棄した独立国というものは、あたかも生命なき生物、氷冷なる熱湯、空を飛ばぬ飛行機というにもひとしい、概念をなさぬ概念というのほかはない。

もしも自ら独立の国民にして、しかして国民自衛の権利と義務を疑う如き言説をあえてするものがあったとすれば、それは思考の混迷か、さもなければ、気がねの必要のないところに気がねをする心志の虚弱を示す以外の何ものでもない、と言ってよいであろう。槇氏の論述は、この自明の理を、青年学生のため、特に懇切《こんせつ》ていねいに解説したものに外ならぬとして、私はそれを読んだ。

氏はまた学生に向かって、特に自由と規律について教える。民主主義と服従の精神といえば、或いは互いに相容れぬものであるかの如く思われるかも知れぬが、「しかし実際には規律なくして真の自由はなく、遵法精神または正義に服従する意思なくしては、真の民主制度は成立いたしません」。槇氏は新入学生に教えていう。「望むらくは、こんご四カ年の大学校生活において、規律および服従の真髄を体験せよ。服従のみがあって自由や個性尊重が認められなければ、それは奴隷的関係であって、近代文明の許し得ないところである。また自由のみ存して服従のない社会があるとしたら、それは恐らく無秩序混乱の社会であろう。いやしくも共同生活の営まれるところ、規律なくして自由の生活はない。これが諸子がこの大学校において習得する重要なる教課の一つである」と。

これは今日恐らく多くの大学長の、学生に向かって教えたいと思っていることであろう。しかも、充分の自信と権威とをもって、それを説くこと槇氏の如くなるもののあまり多くないように見受けられるのは、私の平生ひそかに残念に思うところである。

容儀の端正

槇氏はまた学生に、その日常生活のいかにあるべきかについても教える。その一箇条が「容儀の端正」であることは、私のわが意を得たと言いたいところである。槇氏は学生に教えていう、「こまかい話ですが、諸君の頭髪には常に櫛がはいり、顔には毎朝剃刀《かみそり》があてられ、衣類は常に清潔で、靴は泥土に汚れていないことが堅く期待されております」。そんな細かいことをと思うかも知れないが、「このような些細《ささい》のことを若い時代に怠ったばかりに、世に軽んぜらるることが甚だ多いのです」。

それは親切な校長の教えであると思う。今日もはや、一時のような破帽弊衣《はぼうへいい》趣味は学生の間に流行していないと思われるが、文明社会の青年に、無作法の振る舞いなきを教えるのは、教育者の当然の務めであろう。天才は辺幅《へんぷく》を修めないだろうが、天才でもないものが、ただ無作法だけ天才のまねをするとしたら、それはただ人の笑いを招くに終わるであろう。大学の長たるものが、その学生の人の笑いの的とならぬために、予《あらかじ》め誡めるのは当然の配慮であって、これをもって細節に拘《こう》泥《でい》すると思うものがあれば、それこそ事理を辨《わきま》えぬものとして批判さるべきであろう。

私は「防衛の務め」が、ひとり防衛大学校学生、自衛隊員のみならず、日本の青年の教育について思うところ、憂うるところある人々によって、ひろく読まれることを願ってやまないものである。

（『任重く道遠し』昭和四十二年三月）

解説

田中宏巳

本書は、初代防衛大学校長の槇智雄先生が入校式や卒業式、開校祭や新年祝賀式の際に学生に語った式辞類を収録したものである。防衛大学校の人文科学教室で西洋史を担当された上田修一郎教授が企画し、槇先生の了承を得て、一九六五（昭和四十）年に『防衛の務め』と題して甲陽書房から刊行された（初版）。その後、第二版は先生が存命中の一九六八（昭和四十三）年に、第三版は逝去後の一九七一（昭和四十六）年に、それぞれ増補改訂が施されたうえで、同じ甲陽書房から刊行された。このたび、あらたに「自衛隊の精神的拠点」と副題を付し、中央公論新社から刊行されることになった本書は、言わば第四版に相当する。

槇先生は一年に三、四回ほど、学生を前に話をされ、在職された十二年間に四十回以上にのぼった。先生は流暢《りゅうちょう》な話し方ではなかったが、原稿のスジに沿いながら、親しく会話でもされるようなスタイルを取られた。前もって何度も推敲を重ねた完成稿を持って登壇されたことは、現存する原稿からもうかがわれる。一般に式辞は、似通った美辞麗句、用語が多用され、内容も千篇一律になりがちである。しかし先生の式辞は、冒頭の挨拶文に共通した用語が見られるものの、それ以外はそれぞれ異なる明確なテーマに基づき、完結した話が大部分を占める。それらは学生にとって、むずかしかったかも知れないが、言葉の一つ一つを吟味してまとめられた内容は、焦点がはっきりしているため、強い印象を与えるフレーズとともに学生の記憶に永くとどまるものとなった。

防衛大学校が開校した頃は、まだ戦後の住宅難が続き、鎌倉市由比ガ浜の江ノ電沿線にあった校長官舎には、上田修一郎教授ほか曽我孝之総務部長らも入居していた。上田教授は最も長く同じ屋根の下で暮らし、のちに購入した自宅も官舎のすぐ近くにあったため、いつも槇先生の近くにあって何でも相談を受ける信頼関係にあった。言わば「側近中の側近」であり、槇先生の高潔な人格、広く深い学識、信念に忠実な生き方に敬服するだけでなく、先生の教育理念や政治哲学及び民主主義思想を最もよく知る一人であった。それだけに、先生が精魂を傾けて推敲した原稿が、一場の話だけで紙屑になってしまうことに忸怩《じくじ》たる思いがあったのであろう。この思いこそ、上田教授が本書初版の刊行を企画した動機であったことは言うまでもない。

防衛大学校の前身である保安大学校と、これを統轄する保安庁が設置されたのは、ほとんど同時である。政府内にあった後藤田正晴や内海倫《ひとし》らのグループの手で、大学校の目的や基本的教育方針、組織制度の大枠までは決められたものの、その中に盛り込むべき教育哲学や教育の重点を明らかにし、理想とする学生像の輪郭を描くのは、現場に身を置く槇先生をはじめとする教職員の責務であった。言いかえれば、器に魂を入れるのが槇先生等の使命だったのである。

戦前の陸海軍の歴史を振り返ってみると、徳川幕府の崩壊と明治新政府の樹立にともなって、旧来に代わる新しい道徳や秩序の確立が焦眉《しょうび》の急であった状況と、第二次大戦敗北後のそれとは共通するところが多い。

明治維新直後、幕藩体制下の士農工商の身分制を廃し、すべての成年男子を対象とする全国募兵制（徴兵制）がいち早く実施された。だが四民平等の軍隊をつくるのは容易なことではなく、旧士族がこうした軍隊をいかに嫌ったかは、募兵制問題を大きな要因として神風連《じんぷうれん》の乱、秋月の乱、萩の乱、西南の役が相次いだことでもわかる。このため、動揺する軍秩序の強化を目的として、山縣有朋は「読法《どくほう》」、「誓文《せいぶん》」、「軍人訓誡《くんかい》」を著わし、最後に西周《あまね》、福地源一郎らの助けを得て「軍人勅諭《ちょくゆ》」を完成させた。戦前戦後にかけて軍事史研究家として多くの成果を残した松下芳男は、これらについて「服従の順、統制の正、軍紀の厳を根本思想とするものであって、当時の軍隊及び軍人の弊風《へいふう》を厳に誡《いまし》めたもの」と説いているように、新たな道徳を全軍に徹底し、秩序の確立を目指したものであった。

一方、敗戦後の体制の転換にともなう混乱は、占領軍の存在によって流血事件が防止されたために、幕末維新ほどには注目されてこなかったが、天皇を総攬《そうらん》者とする体制の崩壊、多くの皇族の皇籍離脱と華族制度の廃止、全植民地の喪失、陸海軍の解隊、農地改革による不在地主制と小作制の否定等は、その変動の規模の大きさ、事態の深刻さにおいて、明治維新に匹敵するものであった。ところが、その日の衣食住の確保に懸命だった国民の間には、新しい道徳を模索する動きは起こらなかった。体制が根底から変わったにもかかわらず、それは奇妙な現象であったと言わねばならない。そして従来、戦争や軍事分野に振り向けられて来た日本人のエネルギーが、あらたに経済分野へと注ぎ込まれることになった結果、価値観は徐々に変容していくことになる。

防衛大学校の前身である保安大学校は、こうした時代を背景にして開校した。大学校の目的からして、道徳の堅持は不可欠である。しかし国民の間に新しい道徳が打ち立てられていない状況の下で、槇先生は非常な苦心をされたのではないかと推察される。当然のことながら、みずから新しい道徳を創出するような無謀なことはされなかったし、戦前の旧道徳を継承すればよいとも言われなかった。新しい道徳を体得した自衛隊幹部を育成することができないとすれば、少なくとも戦後の政治体制を理解し、それを最善と信じ、それを守ることが責務と考える自衛隊幹部の育成が必要であると考えられたのではないか。

新生日本はGHQの指導に沿った民主主義体制の確立に務めた。しかし当時の日本人に、その真の意義を理解する者は少なく、GHQの命令によって急ピッチで推進された諸政策の渦の中で、漠然と民主主義の在り方を感じ取ったに過ぎなかった。槇先生は若い頃、英国オックスフォード大学で古代ギリシャの政治哲学と近代民主主義の政治思想を学ばれ、民主主義の歴史、思想と哲学、権利と義務等について語ることができる、当時数少ない日本人の一人であった。

民主主義は必然的に権利と義務をともなう。民主主義体制確立の諸条件を考察すれば、新しい道徳を導き出すことができるはずである。学生を真に民主主義を理解する人間に育て上げれば、新しい時代の幹部をつくることができると期待された槇先生は、学生たちに民主主義及びその下での人間の在り方を繰り返しお話しになった。戦前の軍隊が天皇の軍隊すなわち皇軍であったとすれば、戦後の自衛隊は民主主義を国是とする国家の防衛隊である。したがって、将来の幹部を育成する防衛大学校は、民主主義について正しく学び、これを守る強い信念を培《つちか》う場であり、その機会を提供する場であらねばならないのである。

槇先生の歴史的役割は、明治初期における山縣有朋や西周らのそれに相当し、先生が話された内容は、その重みにおいて「軍人訓誡」や「軍人勅諭」に匹敵するものであったというのは過言であろうか。しかし槇先生の話が、自衛官となった卒業生たちの生涯の指針になったと言われるのは、けっして誇張ではない。旧軍人が常に「軍人勅諭」を服膺《ふくよう》して軍人の道を確かめていたように、本校の卒業生が槇先生の話を思い出しては、幹部自衛官の道を見つめ直したという回想は、先生の話が戦後の日本社会における自衛官幹部の指針として受け止められていたことを物語っている。

戦前の軍隊は、「軍人勅諭」が説く天皇を頭首、軍人を股肱《ここう》とする関係を敷衍《ふえん》して、将校を頭首、部下を股肱とする関係で構成されていた。上官は親鳥が子供を羽の中にかばうように部下をかばう代わりに、部下は上官に絶対的服従しなければならなかった。他方、民主主義社会ではすべての個人は自立し、その個性は尊重されなければならない存在であった。民主主義の軍隊における上官は、部下を自立した一個の人間として扱わねばならない。無論、階級の存在する組織では、上官と部下の対等・平等の関係が否定されることが多いが、それは職務上の場合に限られる。

槇先生は、自衛隊幹部となる卒業生に対して、戦前との大きな違いを理解させ、上官、仲間、部下を自立した個人として認めるのが民主主義の原則であり、この原則に則《のっと》りながら上官の命令に従い、自分が上官になった場合の部下に対する心構えを説いた。本書において個性、自主自律といった言葉が頻出するのは、民主主義社会の根本を明らかにし、その実践のむずかしさを認識させるとともに、これからの幹部に求められる視座について理解させたかったのであろう。

槇先生は十二年間にわたり校長職にあり、先生の話を直に聞くことができた学生は十二期生までである。この間に、先生が説く民主主義下の自衛官幹部像も広く受容され、本校の存在目的も鮮明になった。しかし「軍人勅諭」や「教育勅語」が文字化され、これが明治政権の不変の典拠となったように、典拠がなければ伝統に対する解釈は都合にまかせて変わりやすい。先生が学生に語った内容も、在学中の学生間に解釈の差があり、口承による継承のあやういのが世の常である。

こうした意味でも、上田教授が槇先生の式辞をまとめて一冊としたことは大きな意義を持つものであった。第三代校長猪木正道先生が本書の価値を高く評価し、これを学生に広く勧めてくださったおかげで、槇先生の話を直接聞く機会がなかった在校生にも愛読され、槇先生の精神はいささかも変わりなく継承されるかに見えた。だが槇先生とともに歩んだ教職員は、時の流れとともに相次いで定年退職し、あるいはまた異動、逝去などにより、先生の精神を繋《つな》いでいこうとする防衛大学校内の意欲が次第に薄らぎ、本書を読む学生も数えるほどになった。平成二十（二〇〇八）年に槇記念室が設立されるまで、槇家の御遺族と本校との連絡が途絶えていたことが、それを象徴的に物語っている。

　このたびの第四版とも言うべき本書の刊行は、槇記念室の開設が直接の契機となったが、槇先生がつくりあげた幹部像がゆらぎ、民主主義体制下の幹部の在り方、責務が忘れられつつあるのではないかという懸念が大きな原動力であった。新たに「自衛隊の精神的拠点」の副題が付されたのも、こうした理由からである。この企図は五百旗頭《いおきべ》眞《まこと》学校長の御理解をいただき、同窓会も支援してくれることが決まって、ようやく刊行に向けた作業に着手することができた。このためにプロジェクトチームを編成し、槇家、同窓会、上田家、初版から第三版までを刊行した甲陽書房への挨拶、第四版の刊行を引き受けてくださった中央公論新社との調整などの、必要な諸作業を行なった。チームのメンバーは左記の通りである。

　岡﨑匠（前副校長　企画・管理担当）　渡邉芳久（副校長　教育担当）　尾頭誠（八期ＯＢ）
　山田道雄（十一期ＯＢ）　田中宏巳（教官ＯＢ）　高橋由紀子（総務課企画室）

編集作業は第三版に基づいて行なったが、口絵写真を差し替え、収録する編目の加除にともなって目次構成を変更した。また判型をこれまでよりやや大きい四六判に改め、装幀も一新することになった。本文は読みやすさを考慮して、一部の文字遣いや送り仮名等について統一を図った。構成については、各部にⅠ〜Ⅳの番号を付し、第三版の「再版増補の諸文」は「Ⅳ　民主主義時代の幹部教育の創造のために」とタイトルを改めた。

編目の加除は、次の通りである。

〔削除〕

「ローガンへの十年の道」（第三版「再版増補の諸文」所収。教育に言及する点がないため）

〔追加〕

Ⅱ　「たくましい体力と魂」「防衛と倫理」

Ⅲ　「増える〝考えぬ葦〟」「〝暇のない葦〟防大生」「〝暇のない葦〟を読んで」

Ⅳ　「心と行為に規律を——国防に就く青年のために」「市民教育と軍人教育」「国民の気性と子弟のしつけ」「教えを受ける者の嘆き」「防衛の任務と広い視野——米国士官学校の場合」「小泉信三先生塾長時代の一面」

このうち第Ⅲ部の三篇は、槇先生自身の文章ではないが、参考資料として収録したものである。編目の加除は最小限に止めるつもりであったが、意外に大幅になってしまった。しかしこの変更によって、槇先生が求めた幹部自衛官像、自衛官及び自衛隊が何をなすべきか、何を守るべきかが、より一層明確になったと確信している。

（平成二十一年九月）

略年譜

明治二十四年　一八九一年
十二月十二日、仙台市北七番町で父武、母千歳の長男として誕生。
明治二十七年　一八九四年　三歳
七月二十五日、日清戦争開戦。
明治三十一年　一八九八年　七歳
仙台本町小学校に入学。
明治三十二年　一八九九年　八歳
父の三井銀行神戸支店勤務に伴い、神戸尋常小学校に転校。
明治三十七年　一九〇四年　十三歳
東京の慶應義塾普通部一年に編入。二月八日、日露戦争開戦。
明治四十四年　一九一一年　二十歳
慶應義塾大学本科に進学。
大正三年　一九一四年　二十三歳
慶應義塾大学理財科卒業。七月二十八日、第一次世界大戦開戦。
大正五年　一九一六年　二十五歳
英国に留学、オックスフォード大学にて政治史専攻。
大正九年　一九二〇年　二十九歳
オックスフォード大学卒業、バチェラー・オブ・アーツを授与さる。一月十日、国際連盟発足。
大正十年　一九二一年　三十歳
英国より帰国、慶應義塾大学予科教員となる。
大正十一年　一九二二年　三十一歳
小田切萬寿之助長女、冬子と結婚。
大正十三年　一九二四年　三十三歳
慶應義塾大学法学部教授となり、政治学、英国憲法史等を担当。
大正十四年　一九二五年　三十四歳
慶應義塾大学体育会理事となる。
昭和六年　一九三一年　四十歳
九月十五日、『西洋政治制度史』を出版。
昭和七年　一九三二年　四十一歳
慶應義塾高等部主任となる。五月十五日、五・一五事件。
昭和八年　一九三三年　四十二歳
慶應義塾大学学務担当理事となる。日吉校舎（大学予科）建設に参画。三月二十七日、国際連盟脱退。
昭和十一年　一九三六年　四十五歳
二月二十六日、二・二六事件。

昭和十二年　一九三七年　四十六歳
七月七日、日中戦争勃発。
昭和十六年　一九四一年　五十歳
十二月八日、太平洋戦争開戦。
昭和十七年　一九四二年　五十一歳
藤原工業大学予科主任となる。
昭和二十年　一九四五年　五十四歳
八月十四日、日本、ポツダム宣言受諾、敗戦。
昭和二十一年　一九四六年　五十五歳
慶應義塾大学理事を退職。
昭和二十五年　一九五〇年　五十九歳
慶應義塾大学評議員となる。
昭和二十七年　一九五二年　六十一歳
保安大学校長として保安大学校創設に当たる。二月八日、「保安隊警備隊合同学校の方針」決定。四月二十六日、海上警備隊創設。五月二十七日、警察予備隊本部内に大学校設立準備室。八月一日、保安庁創設、警備隊設置。
昭和二十八年　一九五三年　六十二歳
四月一日、久里浜で保安大学校開校。四月八日、第一期生（四百名）入校式。
昭和二十九年　一九五四年　六十三歳
七月一日、防衛庁創設、陸海空自衛隊発足。防衛大学校と改称。
昭和三十年　一九五五年　六十四歳
三月二十四日、防衛大学校、久里浜から小原台へ移転。
昭和三十一年　一九五六年　六十五歳
米・英・仏の士官学校等視察のため外遊。三月二十二日、内局・統幕・各幕僚幹部等、霞ヶ関庁舎移転。
昭和三十二年　一九五七年　六十六歳
三月二十六日、第一期生の卒業式。
昭和三十五年　一九六〇年　六十九歳
一月一日、内局・三幕僚監部等、檜町移転開始。
昭和三十六年　一九六一年　七十歳
六月十二日、理工学研究科（大学院）設置。
昭和三十九年　一九六四年　七十三歳
十二月十日、学生綱領制定。
昭和四十年　一九六五年　七十四歳
防衛大学校長を退職、勲二等瑞宝章を授与さる。白梅短期大学学長となる。『防衛の務め』刊行。
昭和四十二年　一九六七年　七十六歳
十月三十一日、故吉田茂元首相の国葬。
昭和四十三年　一九六八年
十月三日、自衛隊中央病院で逝去、東京芝青松寺で葬儀。

編集付記

一、本書は二〇〇九（平成二十一）年十一月に小社より刊行された『防衛の務め——自衛隊の精神的拠点』の新版である。

一、新版では新たに國分良成・防衛大学校長の「新版への序」を冒頭に付した。また旧版の口絵写真九点は一部を差し替えたうえ二十六点に増補し、本文一一～二三頁に収録した。

（二〇二〇年二月、編集部）

装幀　中央公論新社デザイン室
カバー写真　撮影・久保田博幸
課業行進中の防衛大学校学生（昭和四十一年五月）
第八期生入校式典（昭和三十五年四月七日）
表紙写真　提供・読売新聞社
第一期生卒業式典（昭和三十二年三月二十六日）

槇 智雄（まき・ともお）

1891（明治24）年、宮城県仙台市生まれ。慶應義塾大学理財科を卒業後、英国に留学、オックスフォード大学を卒業。慶應義塾大学法学部教授として政治学、英国憲法史等を担当。1952（昭和27）年、保安大学校（のち防衛大学校）の創設に際し初代校長に就任。1965（昭和40）年、防衛大学校長を退職し、白梅短期大学学長に就任。1968（昭和43）年、逝去。主な著書に『防衛の務め』『米・英・仏士官学校歴訪の旅』などがある。

新版《しんぱん》 防衛《ぼうえい》の務《つと》め　自衛隊《じえいたい》の精神的拠点《せいしんてききょてん》

著 者 槇《まき》 智《とも》雄《お》

2020年3月25日　初版発行

発行者 松田陽三

発行所 中央公論新社
〒100-8152 東京都千代田区大手町1-7-1
電話 03-5299-1730（販売）
03-5299-1740（編集）
URL http://www.chuko.co.jp/

DTP 市川真樹子
印 刷 大日本印刷
製 本 小泉製本

Published by CHUOKORON-SHINSHA, INC.
Printed in Japan　ISBN978-4-12-005290-3 C0031
定価はカバーに表示してあります。